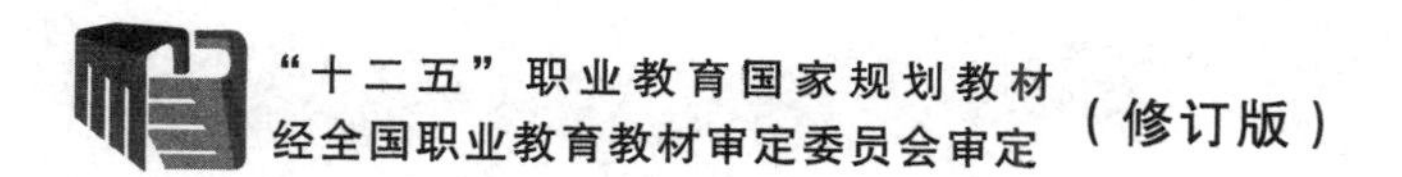

普通高等学校学前教育专业系列教材

数学（合订本）

（第三版）

主　编　孔宝刚
执行主编　薛祖华
副 主 编　戴　琛　顾正刚　董艳艳
编写人员（按姓氏笔画排列）
于洪波　王新冉　孔宝刚　付　勇
刘　艳　汤小如　许文龙　李军华
李振亮　邢　玲　张　鹏　张平奎
赵筑申　耿　焱　顾正刚　董艳艳
靳一娜　樊亚东　薛祖华　戴　琛

復旦大學出版社

内容提要

本书以五年制“幼师”大专和3年制“幼师”中专为使用对象。内容包括：集合、不等式、 函数、指数函数与对数函数、数列、三角函数、排列与组合、概率与统计八个单元内容，每个单元包括问题、知识点、例题、复习要点、习题（难度分级）几个栏目。整本书在参照最新教育部职业教育数学文化基础课课程标准的基础上，又针对学前教育专业的实际情况做了很多恰当的调整。本次第三版的修订包括以下几个方面：第一，许多引例得到更新，使其更能体现专业性和时代性；第二，参考部分使用学校的人才培养方案，删减了部分较难且与知识点联系不密切相关内容，同时调整部分内容为选讲内容，以便增加教师使用本教材的机动性，也同时满足不同人才培养方案下学校的个性化需求；第三，调整了部分章节的顺序，更好地体现知识由浅到深，由特殊到一般的规律，使学生更易掌握好相关内容；第四，更新和调整了习题，并体现习题的难易层级（设置为A、B、C三级）；第五，根据现代学生的学习特点，借助新媒体（扫码学习习题讲解），制作了部分解题视频，增强学习的知识点。

第三版前言

“十二五”职业教育国家规划教材学前教育《数学》(合订本)，凭藉它的“三性”(学前教育专业的适切性、女生学习的贴近性、教师教学的实用性)优势，深受全国百多所院校初中起点三年、五年制学前教育专业师生的广泛欢迎和充分肯定。自2010年第一版出版以来，至今已走过了10多个年头。现阶段国家教育改革的发展不断深入，学前教育课程改革也同步在积极推进，尤其是学前教育课程标准和教育部中等职业学校数学课程标准的颁布，都向学前教育、数学教学指出了新要求、新思想、新思维，这是本教材第三版修订的大背景。

本次修订，主要做了以下工作：一是删除和精减了与时代要求和专业需要不够紧密的部分内容，参照教育部职业学校数学课程标准的要求，课时缩减到现在的108课时(必修部分)，总课时量得到了缩减；二是在每一章节的引文、例题、练习中，增添和更新了与学前教育相关的内容，还对部分内容的编排次序作了重新调整，进一步彰显学前教育的专业特色；三是对习题难度进行了分层化处理，分为A、B、C三层，可供不同类别学校，不同水平学生的教学选择，满足学校和学生的个性化需要；四是借助新时代技术手段，增设了新媒体(二维码扫码阅读)手段，直观呈现教学思路。总之，三版修订皆在落实最新课标，体现时代特点，进一步遵循数学教学规律，力求更好地服务学前教育专业，进一步提高数学教学的有效性。

第三版修订过程中，得到了苏州幼儿师范高等专科学校数学教研室薛祖华、戴琛、顾正刚、董艳艳等老师的大力支持和帮助，在此，向他们表示感谢。由于时间有限，难免有错误和不当之处，敬请各位专家和老师给予指正。

编　者

2021年5月

第二版前言

2010 年复旦大学出版社出版了由孔宝刚主编的全国学前教育专业(新课程标准)“十二五”规划教材《数学》(合订本).此教材已经在全国 70 多所幼儿师范院校使用了 7 年,使用者普遍认为该教材观念较新、实践性较强.教材一方面通过具体的实例,帮助学生观察、比较、分析、综合、抽象和推理,得出数学概念和规律;另一方面让学生能够运用所学知识,将实际问题抽象成数学问题,建立数学模型,并加以解决.2013 年再版之际,我们对这套教材进行了修订,针对幼儿师范学校学生的思维和专业特点,力求进一步考虑数学与女生思维特点的结合,并充分关注学前教育专业学生未来的职业需求.

在第二版中,我们一方面适当删除了部分与学前教育专业要求不密切的内容;另一方面,在每一章节的引文、例题和练习中尽量使用幼儿园实例,且在大部分章节的后面增加了“知识与实践”环节,试图将幼儿教师教学过程中经常碰到的相关数学问题进行呈现和分析,以丰富学生运用数学知识解决实际问题的实践经验并提升他们的职业素养.

修改后的教材具有以下两个特点:一是能充分根据幼师学生中绝大多数为女生的实际情况,以感性的图像、图片作为切入口,由浅入深地介绍数学知识,很好地集知识、趣味、实用性为一体;二是能够以幼儿教师未来职业中面临的实例为媒介去进行理论探讨,并把重点放在解决学前教育专业中遇到的与数学相关的实际问题上,使教材内容与专业要求更贴近,从而突出了“学以致用”的特点.我们希望通过修订,能很好地解决幼儿师范学校数学教学中的一些矛盾,即:数学知识的高度抽象性与学生以形象思维为主要特点之间的矛盾;数学知识严密的逻辑性与学生重记忆轻推理之间的矛盾;数学知识在幼儿教育中应用的广泛性与学生思路狭窄不擅迁移之间的矛盾.希望通过学习,既激发学生学习数学的积极性,又强化数学在学生未来工作中的实用性.

在本教材修订的过程中,得到了苏州高等幼儿师范学校数学教研室的薛祖华、顾正刚、戴琛、董艳艳、刘艳、张鹏和其他老师的大力支持和帮助,特别是苏州大学唐复苏教授给予的指导和鼓励.在此,一并向他们表示感谢.

由于我们能力有限,时间仓促,难免有一些错误,敬请各位专家和同仁给予批评指正.

本书编写组

2013 年 5 月

第一版前言

随着我国幼儿师范教育体制改革的不断深入，我国大部分中等幼儿师范学校已升格为专科学校，因此编写一本具有时代特征并且针对性较强的学前教育数学教材，显得十分迫切和必要，因此我们组织编写了这本学前教育数学教材.

教材的内容汲取国内外先进的数学教育思想、教育观念和教育方法，融合教育部《普通高中数学课程标准(实验)》的精神，贴近学前教育专业的目标与要求，体现学前教育专业数学课程的基本理念，突出数学基础知识和技能的系统性、科学性、示范性和实用性，旨在帮助学生认识数学的科学价值、文化价值和应用价值，并获得适应现代生活、胜任幼儿教育和未来发展所需要的数学素养.

教材具有以下几个主要特点：

1. 注重内容的基础性和系统性.教材在内容安排上突出知识和技能的基础性，在数学理论、方法、思想上体现了与时俱进的“双基”内涵，改变了“繁、难、偏、旧”状态，增加了符合时代要求的新的基础知识和基本技能.教材按知识发展、问题背景、思想方法、数学理论、简单应用等主要环节逐步展开，通过问题将知识贯通.

2. 注重理论与实践相结合.教材充分关注数学与自然、生活、科技、文化等多门学科的联系，力图使学生在丰富的、现实的、与他们经验密切联系的背景中感受数学思想、建立数学模型、运用数学方法，在知识的发展与运用过程中，培养学生的思维能力、创新意识和应用意识，让学生感受到数学与外部世界是息息相关、紧密相连的.

3. 突出选择性和针对性.教材在内容安排上分必学内容和选择性内容两部分(章节前面有 * 为选择性内容)，充分考虑不同地区、不同学生的需求，为学生的不同发展提供了一定的选择空间，也为教师的教学留有一定的余地.另外，针对培养的学生是未来从事幼儿教育的实际，在每章内容安排上都有针对性地插入适量的“习题课”，以进行知识巩固练习和技能练习，提高学生的基本技能.

4. 教材编写结构新颖.全书主要按“问题背景→意义建构→思想方法→数学理论→实际应用→小结回顾”的呈现方式进行组织和编写，内容通俗易懂，特别重视知识与方法的发生过程，选题的起点虽低，但注重本质且形式多样，易于教，也易于学.

本教材在编写过程中，经过了专家的反复论证和编写人员的多次修改，并得到了参编学校领导的大力支持及有关专家的帮助，在此表示感谢.由于时间有限，难免有错误和不当之处，敬请各位专家、同行给予指正.

编　者

2010 年 3 月

目 录

第一单元

集合 / 1

1.1 集合及其表示 / 2
1.2 集合之间的关系 / 5
1.3 集合的运算 / 7
1.4 复习与巩固 / 11

第二单元

不等式 / 15

2.1 不等关系 / 16
2.2 一元二次不等式 / 18
2.3 含绝对值的不等式 / 21
2.4 不等式的解法举例 / 24
2.5 基本不等式及其应用 / 25
2.6 复习与巩固 / 29

第三单元

函数 / 33

3.1 函数的概念 / 34
3.2 函数的表示法 / 38
3.3 函数的基本性质 / 40
3.3.1 函数的单调性 / 40
3.3.2 函数的最值性 / 42
3.3.3 函数的奇偶性 / 44
3.4 复习与巩固 / 47

第四单元

指数函数与对数函数 / 51

4.1 指数与指数幂运算 / 52
4.1.1 根式 / 52
4.1.2 分数指数幂 / 53
4.1.3 无理数指数幂 / 55
4.2 指数函数及其性质 / 56
4.3 对数与对数运算 / 60
4.3.1 对数与对数运算 / 60
4.3.2 对数的运算性质 / 62
4.4 对数函数及其性质 / 64
4.5 复习与巩固 / 68

第五单元

数列 / 71

5.1 数列的概念 / 72

5.2 等差数列 / 76

  5.2.1 等差数列及其通项公式 / 76

  5.2.2 等差数列的前 n 项和 / 80

5.3 等比数列 / 82

  5.3.1 等比数列及其通项公式 / 82

  5.3.2 等比数列的前 n 项和 / 85

5.4 复习与巩固 / 88

第六单元

三角函数 / 91

6.1 角的概念的推广 / 92

6.2 弧度制 / 94

6.3 任意角的正弦函数、余弦函数和正切函数 / 97

6.4 同角三角函数的基本关系 / 101

6.5 诱导公式 / 104

6.6 两角和与两角差的三角函数 / 108

  6.6.1 两角和的三角函数 / 108

  6.6.2 两角差的三角函数 / 112

  6.6.3 二倍角的三角函数 / 113

6.7 正弦函数的图像与性质 / 116

6.8 余弦函数的图像与性质 / 119

6.9 正切函数的图像与性质 / 121

6.10 已知三角函数值求角 / 123

6.11 复习与巩固 / 125

第七单元

排列与组合 / 131

7.1 分类计数原理和分步计数原理 / 132

7.2 排列 / 136

7.3 组合 / 142

  7.3.1 组合及组合数公式 / 142

  7.3.2 组合数的两个性质 / 147

7.4 复习与巩固 / 150

第八单元

概率与统计 / 153

8.1 概率 / 154

  8.1.1 随机事件的概率 / 154

  8.1.2 古典概型 / 157

8.1.3 互斥事件有一个发生的概率 / 160
8.1.4 相互独立事件同时发生的概率 / 164
*8.1.5 独立重复试验 / 167
*8.2 统计 / 169
8.2.1 抽样方法 / 169
8.2.2 总体分布的估计 / 173
8.3 复习与巩固 / 178

附　录

阅读材料 1 / 181
阅读材料 2 / 182
阅读材料 3 / 183

本书部分常用符号 / 185

第一单元 集 合

1.1 集合及其表示
1.2 集合之间的关系
1.3 集合的运算
1.4 复习与巩固

A B

在幼儿园的一次活动中，老师要求小朋友在观察给定的一些树叶后，按树叶的大小、外形、颜色进行分类，并记下分类后的数量，也就是说“集合”知识的运用已渗透到了学前教育的活动中.在本章，我们将学习集合的一些基本知识，用集合的语言来表示有关的数学对象，用集合的方法解决有关的数学问题.

1.1 集合及其表示

在某幼儿园举办的一次体育比赛中，共有两类项目的比赛：田径项目和球类项目. 星星班有3号、4号、10号、17号、25号、28号、29号共7名同学参加了田径项目比赛，有4号、7号、11号、13号、15号、25号、27号、30号共8名同学参加了球类项目比赛，在这次体育比赛中，这个班有哪几名同学参加了田径比赛和球类比赛？

观察下面一些例子：

(1) 星星班的所有同学的全体；

(2) 星星班所有参加田径项目比赛的同学的全体；

(3) 星星班所有参加球类项目比赛的同学的全体.

例(1)中，我们把星星班的每一名同学作为一个元素，这些元素的全体便组成一个集合；例(2)中，我们把星星班所有参加田径项目比赛的每一名同学作为一个元素，这些元素的全体便组成一个集合；同样，例(3)中，我们把星星班所有参加球类项目比赛的每一名同学作为一个元素，这些元素的全体便组成一个集合.

一般地，我们把一定范围内研究的对象统称为**元素**(element)，把一些确定的元素组成的总体叫做**集合**(set).

给定的集合中的元素必须是确定的，也就是说给定一个集合，那么任何一个元素在不在这个集合中就确定了. 例如，“中国的直辖市”构成一个集合，该集合的元素就是北京、天津、上海和重庆，南京、合肥等就不是这个集合的元素；“China”中的字母构成一个集合，该集合中的元素就是C，h，i，n，a.“歌唱得好的人”不能构成集合，因为组成它的元素是不确定的.

给定集合中的元素是互不相同的，也就是说，集合中的元素是不重复出现的.

集合常用大写的拉丁字母来表示，如集合A、集合B…，用小写的拉丁字母表示元素，如元素a、元素b….

如果a是集合A中的元素，就记作$a \in A$，读作“a属于A”；如果a不是集合A的元素，就记作$a \notin A$，读作“a不属于A”. 例如，用集合A表示

“1～30 之间的偶数”组成的集合，则 $2 \in A$，$3 \notin A$.

数学中一些常用的数集及其记法如下：

所有非负整数组成的集合称为**非负整数集**(或**自然数集**)，记为 $\mathbf{N}$；

所有正整数组成的集合称为**正整数集**，记为 $\mathbf{N}^*$ 或 $\mathbf{N}_+$；

所有整数组成的集合称为**整数集**，记为 $\mathbf{Z}$；

所有有理数组成的集合称为**有理数集**，记为 $\mathbf{Q}$；

所有实数组成的集合称为**实数集**，记为 $\mathbf{R}$.

表示集合的常用方法有以下两种：

列举法：将集合的元素一一列举出来，并置于大括号“{ }”内，如{北京，天津，上海，重庆}，$\{C, h, a, i, n\}$.用这种方法表示集合，元素之间要用逗号分隔，但列举法与元素的次序无关.

描述法：将集合的所有元素都具有的性质(满足的条件)表示出来，写成 $\{x \mid P(x)\}$ 的形式，如 $\{x \mid x$ 是 $1 \sim 20$ 之间的偶数$\}$.有时用文氏(Venn)图来示意集合更加形象直观，如图 1-1-1 所示。

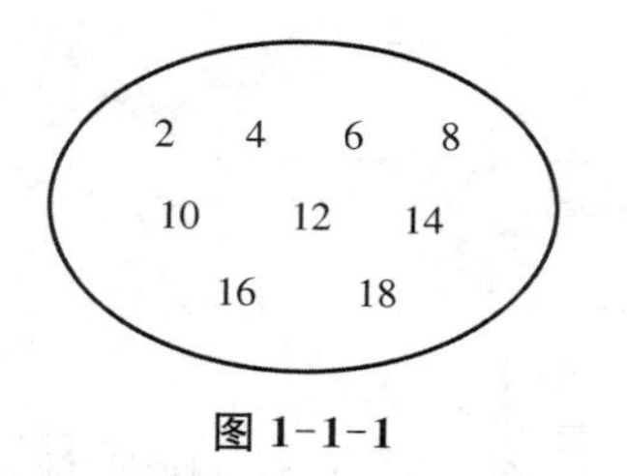

图 1-1-1

例 1 试分别用列举法和描述法表示下列集合.

(1) 方程 $x^2-4=0$ 的所有实数根组成的集合；

(2) 大于 5 小于 12 的所有自然数组成的集合.

解 (1) 设方程 $x^2-4=0$ 的实数根为 x，方程 $x^2-4=0$ 的解集用描述法表示为

$$A=\{x \mid x^2-4=0,\ x \in \mathbf{R}\}.$$

方程 $x^2-4=0$ 的实数根是 2，-2，因此集合 A 用列举法表示为

$$A=\{2,\ -2\}.$$

(2) 设大于 5 小于 12 的整数为 x，因此，所要表示的集合用描述法以及列举法可分别表示为

$$B=\{x \mid 5<x<12,\ x \in \mathbf{N}\},$$
$$B=\{6,\ 7,\ 8,\ 9,\ 10,\ 11\}.$$

例 2 求不等式 $2x-5<3$ 的解集.

解 由 $2x-5<3$ 可得 $x<4$，所以，不等式 $2x-5<3$ 的解集为

$$\{x \mid x<4,\ x \in \mathbf{R}\}.$$

这里 $\{x \mid x<4,\ x \in \mathbf{R}\}$ 可简记为 $\{x \mid x<4\}$.

我们知道，方程 $x^2+1=0$ 没有实数根，所以方程 $x^2+1=0$ 的实数根组成的集合中没有元素.

我们把不含任何元素的集合叫做**空集**(empty set)，记为 $\varnothing$.

例 3 求方程 $x^2+x+1=0$ 的所有实数解的集合.

解 因为 $x^2+x+1=0$ 没有实数解，所以

$$\{x \mid x^2+x+1=0,\ x \in \mathbf{R}\}=\varnothing.$$

1. 用符号“$\in$”或“$\notin$”填空：

(1) 一次教学活动中，幼儿教师让小朋友通过实验来判断纸片、软木塞、铁块是能浮于水面还是沉入水中.设 A 为能浮于水面的物体组成的集合，则纸片________A，软木塞______A，铁块________A；

(2) 0________$\mathbf{N}$，-4________$\mathbf{N}$，π________$\mathbf{Q}$，$\frac{3}{2}$________$\{2, 3\}$，3.2________$\mathbf{Z}$，-9________$\mathbf{Q}$，$\sqrt{3}$________$\mathbf{R}$，0________$\varnothing$；

(3) $A=\{x \mid x^2-3x=0\}$，则 0________A，-3________A；

(4) $B=\{x \mid 2<x<9, x\in\mathbf{N}\}$，则$\frac{1}{2}$________$B$，$3$________$B$；

(5) $C=\{x \mid -2<x<9, x\in\mathbf{R}\}$，则$\frac{1}{2}$________$C$，$9$________$C$；

(6) 若 $I\in\{x \mid x^2+px-1=0\}$，则 $p=$________；

(7) 若集合 $A=\{x \mid ax^2-2x+1=0\}$ 中仅有一个元素，则实数 $a=$________.

2. 判断下列命题是否正确：

(1) “某幼师学校舞蹈跳得好的同学”构成一个集合；

(2) 小于 4 且不小于 -1 的奇数集合是 $\{-1, 1, 3\}$；

(3) 集合 $\{0\}$ 中不含有元素；

(4) $\{-1, 3\}$ 与集合 $\{3, -1\}$ 是两个不同的集合；

(5) “充分接近$\sqrt{5}$的实数”，构成一个集合；

(6) 已知集合 $S=\{a, b, c\}$ 中的元素是 $\triangle ABC$ 的三边长，那么，$\triangle ABC$ 一定不是等腰三角形.

3. 用列举法表示下列集合：

(1) $A=\{x \mid x^2-3=0\}$；

(2) $B=\{x \mid 3<x<10, x\in\mathbf{N}\}$；

(3) $C=\{x \mid x$ 是“mathematics”中的字母$\}$；

(4) $D=\{(x, y) \mid 0\leqslant x\leqslant 2, 0\leqslant y<2, x, y\in\mathbf{Z}\}$.

4. 用描述法表示下列集合：

(1) 由方程 $x^2-8=0$ 所有的实数根组成的集合；

(2) 不等式 $3x+5>0$ 的解集；

(3) 正偶数的集合.

5. 用两种方法表示方程组 $\begin{cases}x-y=0\\x+y=2\end{cases}$ 的解集.

6. 2 是否为集合 $M=\{1, x, x^2-x\}$ 中的元素？若是，请求出 x 的值，若不是，请说出理由.

知识与实践

结合本节所学知识，针对下列物体设计一个幼儿园的“分类”活动：玩具小汽车、鞋、钢笔、粉笔、衬衫、玩具摩托车、记号笔、玩具卡车、腰带、袜子、铅笔、练习本、裤子.

1.2 集合之间的关系

在实数集合中，任意两个实数间有相等关系、大小关系等.类比实数之间的关系，集合之间会有什么关系？

观察下列各组集合，你能发现两个集合间的关系吗？你能用语言来表述这种关系吗？

(1) $A=\{1, 2, 3\}$， $B=\{-1, 0, 1, 2, 3, 4\}$；

(2) $A=\{x \mid x$ 是某幼师 10 级(8)班的学生$\}$，
   $B=\{x \mid x$ 是某幼师 10 级的学生$\}$；

(3) $A=\{x \mid x$ 是中国的四大发明$\}$，$B=\{$指南针，造纸，火药，活字印刷$\}$.

在问题(1)、(2)中，集合 A 与集合 B 都有这样的一种关系，即集合 A 中的任何一个元素都是集合 B 的元素.

一般地，如果集合 A 的任何一个元素都是集合 B 的元素，则称集合 A 为集合 B 的**子集(subset)**，记为 $A \subseteq B$ 或 $B \supseteq A$，读作“集合 A 包含于集合 B”，或“集合 B 包含集合 A”.如

$$\{1, 2, 3\} \subseteq \{-1, 0, 1, 2, 3, 4\},$$

$\{x \mid x$ 是某幼师 10 级(8)班的学生$\} \subseteq \{x \mid x$ 是某幼师 10 级的学生$\}$.

$A \subseteq B$ 可以用 Venn 图示意，如图 1-2-1 所示.

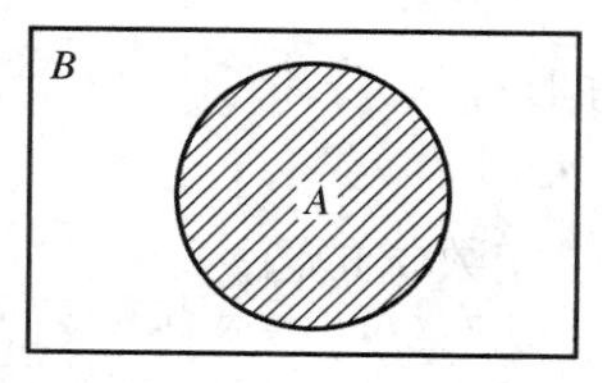

图 1-2-1

根据子集的定义，我们知道 $A \subseteq A$. 也就是说，任何一个集合是它本身的子集，对于空集 $\varnothing$，我们规定 $\varnothing \subseteq A$，即**空集是任何集合的子集.**

在问题(3)中由于“中国的四大发明”的内涵就是指南针、造纸、火药、活字印刷，因此，集合 A 中的元素与集合 B 中的元素是相同的.

如果两个集合所含的元素完全相同(即集合 A 中的元素都是集合 B 的元素，集合 B 中的元素也都是 A 的元素)，则称这两个集合**相等**，记作 $A=B$，即：$A \subset B$，$B \subset A$，则 $A=B$.如

$A=\{x \mid x$ 是中国的四大发明$\}$，$B=\{$指南针，造纸，火药，活字印刷$\}$.

例 1 写出集合$\{a, b\}$的所有子集.

解 集合$\{a, b\}$的所有子集是$\varnothing$，$\{a\}$，$\{b\}$，$\{a, b\}$.

如果$A \subseteq B$并且$A \neq B$，这时集合A称为集合B的**真子集**(proper subset)，记作$A \subset B$或$B \supset A$，读作"A真包含于B"或"B真包含A"，如$\{a\} \subset \{a, b\}$；$\{b\} \subset \{a, b\}$.

例 2 下列各组的3个集合中，哪两个集合之间具有真包含关系？

(1) $S=\{-3, -1, 0, 1, 3\}$，$A=\{-3, -1\}$，$B=\{0\}$；

(2) $S=\{x \mid x$为地球人$\}$，$A=\{x \mid x$为中国人$\}$，$B=\{x \mid x$为新加坡人$\}$.

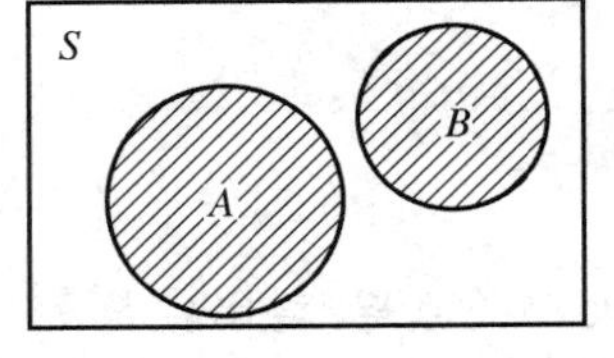

图 1-2-2

解 在(1)、(2)中都有$A \subset S$，$B \subset S$，可用图1-2-2来表示.

练 习

1. 判断下列表示是否正确：

(1) $\{0, 2, 5\} \subseteq \{0, 2, 5\}$； (2) $a \subseteq \{a\}$；

(3) $\{1\} \in \{1, 2\}$； (4) $\varnothing \subset \{0\}$；

(5) $\{a, b\}=\{b, a\}$； (6) $\varnothing=\{0\}$；

(7) $A=\{x \mid 1<x<4\}$，$B=\{x \mid 0<x<2\}$，则$A \subset B$.

2. 写出集合$\{1, 2, 3\}$的所有子集，并指出哪些是它的真子集，哪些是它的非空真子集.

3. 用适当的符号填空：

(1) a________$\{a\}$；

(2) d________$\{a, b, c\}$；

(3) 0________$\{x \mid x^2-x=0\}$；

(4) $\varnothing$________$\{x \mid x^2+1=0, x \in \mathbf{R}\}$；

(5) $\{2, 1\}$________$\{x \mid x^2-3x+2=0, x \in \mathbf{R}\}$.

4. 判断下列两个集合之间的关系：

(1) $A=\{1, 3, 9\}$，$B=\{x \mid x$是27的约数$\}$；

(2) $A=\{x \mid x$是平行四边形$\}$，$B=\{x \mid x$是正方形$\}$；

(3) $A=\{x \mid x=3k, k \in \mathbf{N}\}$，$B=\{x \mid x=6k, k \in \mathbf{N}\}$.

5. 已知$A=\{1, 3, x\}$，$B=\{1, x^2\}$，且$B \subset A$，求实数x的值.

6. 满足$\{1\} \subset M \subseteq \{1, 2, 3, 4\}$的集合$M$的个数为( ).

A. 3 B. 4 C. 7 D. 8

7. 若$A=\{x \mid 1<x<2\}$，$B=\{x \mid x<a\}$且$A \subset B$，求a的取值范围.

8. 已知$A=\{x \mid kx=1\}$，$B=\{x \mid x^2-1=0\}$，若$A \subset B$，求实数k.

知识与实践

结合本节所学的集合包含关系，按以下要求设计一个幼儿园活动：有一堆红、黄、蓝3种颜色的积木，让幼儿按3种颜色的不同组合要求将积木分成3堆，并帮助幼儿处理部分与整体的关系.

1.3 集合的运算

问题

我们知道，给出两个实数，通过不同的运算可得到新的实数.类比实数的运算，对于给定的集合，是否通过一些运算，能得到新的集合呢？

观察下列各组集合，说出集合 C 与集合 A，B 之间的关系.

(1) $A=\{x \mid x$ 是某校学前教育专业 2010 级至 2012 级学生$\}$，$B=\{x \mid x$ 是学前教育专业 2011 级至 2013 级学生$\}$，$C=\{x \mid x$ 是学前教育专业 2011 级或 2012 级学生$\}$；

(2) $A=\{1, 2, 3, 5\}$，$B=\{3, 5, 6, 7\}$，$C=\{3, 5\}$.

1. 交集

在问题(1)、(2)中，集合 A、B 与 C 之间都有这样的一种关系.集合 C 中每一个元素，既在集合 A 中又在集合 B 中.

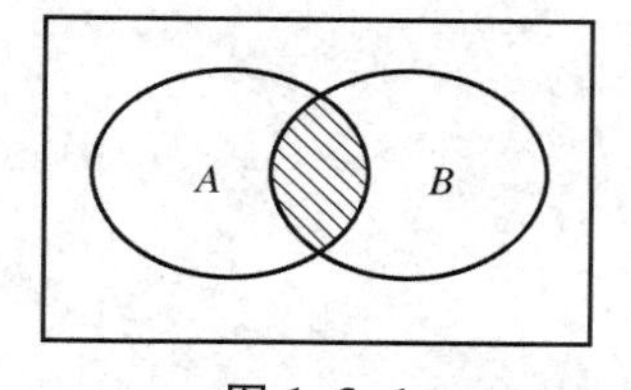

图 1-3-1

一般地，由所有属于集合 A 且属于集合 B 的元素组成的集合，称为 A 与 B 的**交集**，记作 $A \cap B$（读作"A 交 B"），即

$$A \cap B=\{x \mid x \in A \text{ 且 } x \in B\}.$$

$A \cap B$ 可用图 1-3-1 中的阴影部分来表示.

这样问题(1)、(2)中集合 C 是 A 与 B 的交集，即 $A \cap B=C$.

例 1 某高等幼师在大一年级开设了甲、乙两门学科的选修课，设 $A=\{x \mid x$ 为选修甲学科的学生$\}$，$B=\{x \mid x$ 为选修乙学科的学生$\}$，求 $A \cap B$.

解 $A \cap B$ 就是那些既选修甲学科又选修乙学科的学生组成的集合.

所以，$A \cap B=\{x \mid x$ 为既选修甲学科又选修乙学科的学生$\}$.

例 2 设 $A=\{x \mid -4<x<-1\}$，$B=\{x \mid -3<x<2\}$，求 $A \cap B$.

解 $A \cap B=\{x \mid -4<x<-1\} \cap \{x \mid -3<x<2\}=\{x \mid -3<x<-1\}$.

我们还可以在数轴上表示例 2 中的交集，如图 1-3-2 所示.

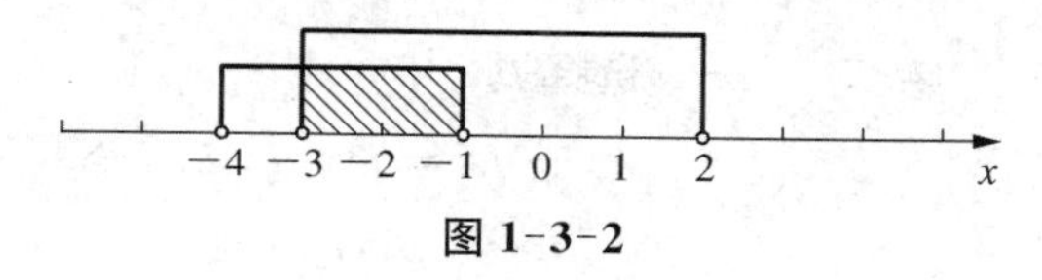

图 1-3-2

思 考

下列等式成立吗？

(1) $A \cap A = A$；(2) $A \cap \varnothing = A$.

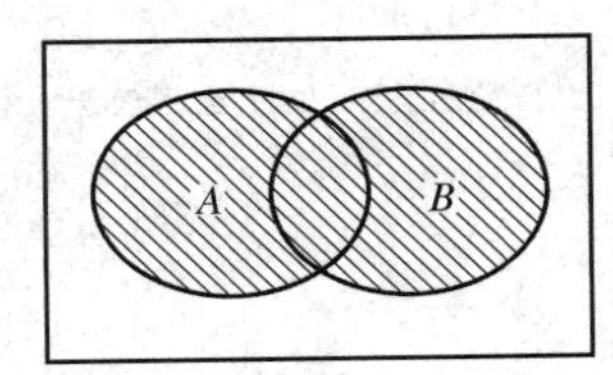

图 1-3-3

2. 并集

一般地，由所有属于集合 A 或属于集合 B 的元素组成的集合，称为 A 与 B 的**并集**，记作 $A \cup B$（读作“A 并 B”），即

$$A \cup B = \{x \mid x \in A,或 \in B\},$$

所以 $A \cup B$ 可用图 1-3-3 的阴影部分来表示，即 $A \cup B = C$.

例 3　设 $A=\{-1, 0, 2, 3\}$，$B=\{1, 2, 3, 4\}$，求 $A \cup B$.

解　$A \cup B = \{-1, 0, 2, 3\} \cup \{1, 2, 3, 4\} = \{-1, 0, 1, 2, 3, 4\}$.

注 意　在求两个集合的并集中，它们的公共元素只能出现一次.

例 4　设集合 $A=\{x \mid -2 < x < 3\}$，$B=\{x \mid 1 < x < 4\}$，求 $A \cup B$.

解　$A \cup B = \{x \mid -2 < x < 3\} \cup \{x \mid 1 < x < 4\} = \{x \mid -2 < x < 4\}$.

我们还可以在数轴上表示例 4 中的并集 $A \cup B$，如图 1-3-4 所示.

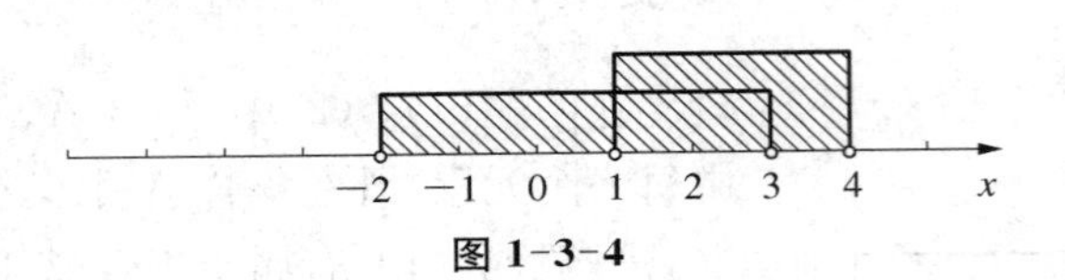

图 1-3-4

思 考　下列等式成立吗？

(1) $A \cup A = A$；　　(2) $A \cup \varnothing = A$.

例 5　若 $A=\{x \mid x^2 - px - q = 0\}$，$B=\{x \mid x^2 + qx - p = 0\}$，且 $A \cap B = \{1\}$，求 $A \cup B$.

解　由 $A \cap B = \{1\}$ 可得，

$$\begin{cases} 1 - p - q = 0, \\ 1 + q - p = 0, \end{cases} 即 \begin{cases} p = 1, \\ q = 0. \end{cases}$$

故 $A=\{x \mid x^2 - x = 0\} = \{0, 1\}$，$B=\{x \mid x^2 - 1 = 0\} = \{-1, 1\}$，则 $A \cup B = \{-1, 0, 1\}$.

练 习　**一、选择题**

1. 若 $M=\{e, d, b\}$，$N=\{a, b, c, d\}$，则 $M \cup N$ 等于（　　）.

A. $\varnothing$　　B. $\{d\}$

C. $\{a, c\}$　　D. $\{a, b, c, d, e\}$

2. 设$A=\{$直角三角形$\}$，$B=\{$等腰三角形$\}$，$C=\{$等边三角形$\}$，$D=\{$等腰直角三角形$\}$，则下列结论中不正确的是(　　).

A. $A\cap B=D$　B. $A\cap D=D$　C. $B\cap C=C$　D. $A\cup B=D$

3. 已知集合$A=\{x|x\leqslant 5, x\in\mathbf{N}\}$，$B=\{x \mid x>1, x\in\mathbf{N}\}$，那么$A\cap B$等于(　　).

A. $\{1, 2, 3, 4, 5\}$　　B. $\{2, 3, 4, 5\}$

C. $\{2, 3, 4\}$　　D. $\{x|1<x\leqslant 5, x\in\mathbf{R}\}$

二、解答题

1. 设$A=\{3, 5, 6, 8\}$，$B=\{4, 5, 7, 8\}$，求$A\cap B$，$A\cup B$.

2. $A=\{x|x$是某幼师具有书法等级考核合格证书的学生$\}$，$B=\{x|x$是某幼师具有钢琴等级考核合格证书的学生$\}$，求$A\cap B$，$A\cup B$.

3. $A=\{x \mid x^2-4x-5=0\}$，$B=\{x \mid x^2=1\}$，求$A\cap B$，$A\cup B$.

4. $A=\{x \mid x>3\}$，$b=\{x \mid 0<x<6\}$，求$A\cap B$，$A\cup B$.

5. 已知$A=\{(x, y) \mid y=1-x\}$，$B=\{(x, y) \mid y=2x-2\}$，求$A\cap B$.

知识与实践

结合本节所学的集合的基本运算，按以下要求设计一个幼儿园活动：

(1) 有两堆积木，一堆是红色的，一堆是正方形的，首先让幼儿将两堆中既是红色又是正方形的积木取出；

(2) 有两堆水果，种类各异，让幼儿回答两堆中一共有几种水果，并每种取出一个.

通过活动让孩子们初步了解交集和并集的思想.

3. 补集

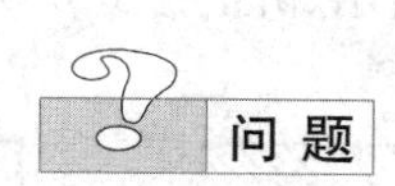

问题

某幼师一年级(1)班要在会议室召开支部大会，召集人要求：请非团员留在教室自习，其余的人到会议室开会.设

$U=\{x|x$为某幼师一年级(1)班学生$\}$，$A=\{x|x$是某幼师一年级(1)班的团员$\}$，$B=\{x|x$是某幼师一年级(1)班的非团员$\}$.

观察集合U，A，B，你能说出它们之间有什么新的关系吗?

容易看出，某幼师一年级(1)班的非团员就是在某幼师一年级(1)班中除去团员后所留下的同学，即集合B就是集合U中除去集合A之后余下来的集合，也就是说集合U含有我们研究的集合A和集合B的所有元素，并且集合A与集合B没有公共元素.

一般地，如果一个集合含有所研究问题中涉及的所有元素，那么就称这个集合为**全集**(universe set)，通常记作U.

设$A\subseteq U$，由U中不属于A的所有元素组成的集合称为U的子集A

的**补集**(complementary set),记为 $\complement_U A$(读作 A 在 U 中的补集),即

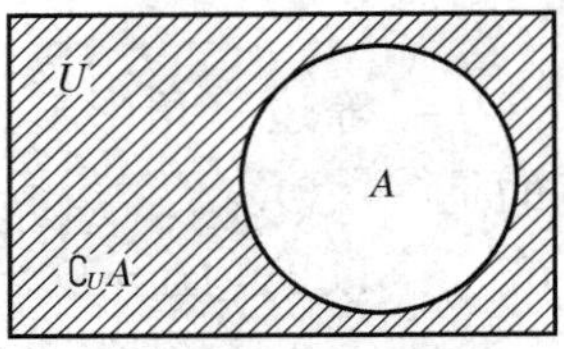

$$\complement_U A=\{x \mid x \in U \text{ 且 } x \notin A\}.$$

$\complement_U A$ 可用图 1-3-5 中的阴影部分来表示.

图 1-3-5

对于问题中的 3 个集合,显然集合 B 是 U 的子集 A 的**补集**,即

$$B=\complement_U A.$$

在实数范围内讨论问题时,可以把实数集 $\mathbf{R}$ 看成全集 U,那么,有理数 $\mathbf{Q}$ 的补集 $\complement_U \mathbf{Q}$ 是全体无理数的集合.

例 6 设$U=\{x \mid x$ 是小于8的自然数$\}$, $A=\{0, 1, 2,\}$, $B=\{3, 4, 5\}$,求 $\complement_U A$, $\complement_U B$.

解 根据题意可知 $U=\{0, 1, 2, 3, 4, 5, 6, 7\}$, 所以

$$\complement_U A=\{3, 4, 5, 6, 7\},$$
$$\complement_U B=\{0, 1, 2, 6, 7\}.$$

例 7 设 $U=\{x \mid x$ 是三角形$\}$, $A=\{x \mid x$ 是锐角三角形$\}$,$B=\{x \mid x$ 是钝角三角形$\}$,求 $A \cap B$, $\complement_U(A \cup B)$.

解 根据三角形的分类可知,

$A \cap B=\varnothing$,

$A \cup B=\{x \mid x$ 是锐角三角形或钝角三角形$\}$,

$\complement_U(A \cup B)=\{x \mid x$ 是直角三角形$\}$.

例 8 设 $U=\mathbf{R}$,不等式组$\begin{cases}3x-1>0\\2x-6 \leqslant 0\end{cases}$的解集为 A,试求 A 及 $\complement_U A$, 并把它们分别表示在数轴上.

解 $A=\{x \mid 3x-1>0 \text{ 且 } 2x-6 \leqslant 0\}=\left\{x \,\middle|\, \frac{1}{3}<x \leqslant 3\right\}$,

$\complement_U A=\left\{x \,\middle|\, x \leqslant \frac{1}{3}, \text{或 } x>3\right\}$, 在数轴上分别表示如图 1-3-6 所示.

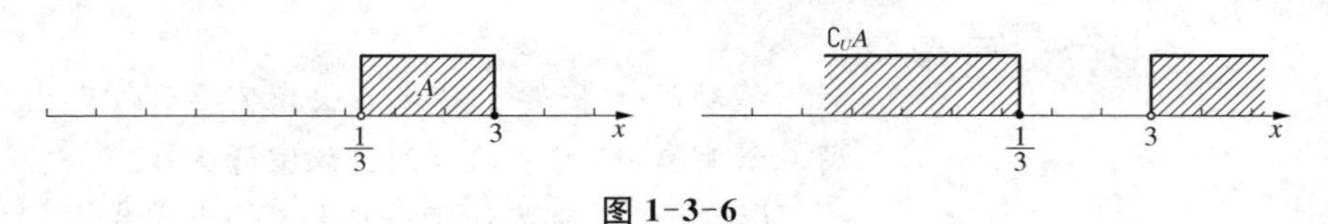

图 1-3-6

例 9 设全集 $U=\{1, 3, 5, 7, 9\}$, $A=\{1, 3, |a-11|\}$, $A \subseteq U$, $\complement_U A=\{5, 7\}$, 求 a.

解 根据题意可知 $A=\{1, 3, 9\}$, 有

$$|a-11|=9,$$

可得 $a=20$ 或 $a=2$.

练 习

1. 设 $U=\{x \mid x$ 是小于 9 的正整数$\}$, $A=\{1, 2, 3\}$, $B=\{3, 4, 5, 6\}$,则 $\complement_U A=$________, $\complement_U B=$________.
2. 若 $U=Z$, $A=\{x \mid x=2k, k \in \mathbf{Z}\}$, $B=\{x \mid x=2k+1, k \in \mathbf{Z}\}$,则

$\complement_U A=$________，$\complement_U B=$________.

3. 设 $U=\{x \mid x$ 是三角形$\}$，$A=\{x \mid x$ 是直角三角形$\}$，则 $\complement_U A=$________.
4. 设 $U=\{x \mid x$ 是平行四边形或梯形$\}$，$A=\{x \mid x$ 是平行四边形$\}$，$B=\{x \mid x$ 是菱形$\}$，$C=\{x \mid x$ 是矩形$\}$， 求 $B \cap C$，$\complement_U A$.
5. 已知 $A=\{1, 3, 5, 7, 9\}$，$\complement_U A=\{2, 4, 6, 8\}$，$\complement_U B=\{1, 4, 6, 8, 9\}$，求集合 B.
6. 已知 $U=\{1, 2, x^2-2\}$，$A=\{1, x\}$，求 $\complement_U A$.
7. 已知全集 $U=\{1, 2, 3, 4, 5, 6, 7, 8, 9, 10\}$，$A=\{1, 2, 3, 4, 5\}$，$B=\{4, 5, 6, 7, 8\}$，求：(1) $A \cup B$；(2) $A \cap B$；(3) $\complement_U A \cup \complement_U B$；(4) $\complement_U A \cap \complement_U B$.
8. 已知集合 $A=\{x \mid 3 \leqslant x < 7\}$，$B=\{x \mid 2 < x < 10\}$，求 $\complement_{\mathbf{R}}(A \cup B)$，$\complement_{\mathbf{R}}(A \cap B)$，$(\complement_{\mathbf{R}} A) \cap B$，$A \cup (\complement_{\mathbf{R}} B)$.

知识与实践

结合本节所学的补集思想，按以下要求开展一个小班幼儿园活动：

准备一筐有红色和绿色两个品种的苹果，问孩子们："如何将这筐苹果变成只有红色的苹果呢？"

通过这个活动培养幼儿的逆向思维能力，另一方面，可以在活动最后的总结中告诉孩子们如何做到，其实就是将原来筐中所有的绿色苹果全部取出，剩下来的苹果组成的就是老师需要小朋友完成的那个"集合".通过此活动让幼儿初步了解补集的求解过程.

1.4 复习与巩固

一、知识结构

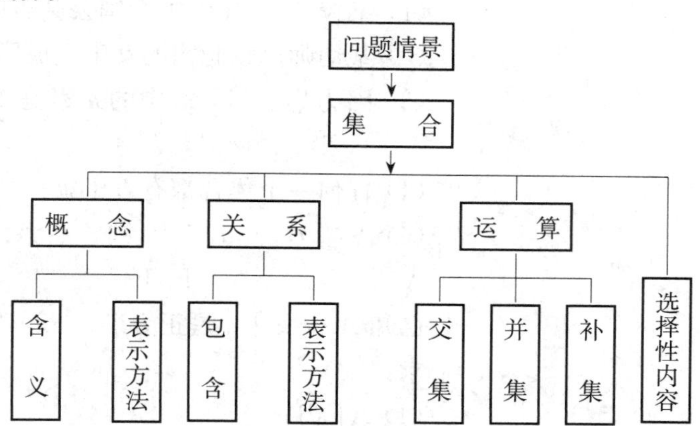

二、回顾与思考

1. 集合语言是现代数学的基本语言，你能结合实例选择文字语言、图形语言、集合语言（列举法、描述法）来描述具体问题吗？

2. 集合中的元素必须是确定的、互异的、无序的.你能结合例子来说明集合的这些基本特征吗？你能根据学习和生活中的情景来构建满足这些基本要求的集合吗？

3. 类比两个实数的关系和运算，你能准确地使用相关术语和符号来表示元素与集合之间的关系（属于、不属于）吗？来表示两个集合之间的关系（包含、相等）吗？来进行两个集合间的运算（交、并、补）吗？

复习参考题

1. 下列各组对象中可以构成集合的是（　　）.

A. 数学中的难题

B. 比较接近 0 的数的全部

C. 大于 5 的奇数

D. 著名的音乐家

2. 以下 7 个关系：

(1) $\sqrt{5} \notin \mathbf{R}$；(2) $0.8 \in \mathbf{Q}$；(3) $0 \notin \varnothing$；(4) $5 \in \{(5, 5)\}$；

(5) $\{6\} \in \{$偶数$\}$；(6) $\{1, 2, 3\} = \{3, 1, 2\}$；

(7) $\{1, 2\} = \{(1, 2)\}$.

其中正确的个数是（　　）.

A. 1　　B. 2　　C. 4　　D. 3

3. 给出以下命题：

(1) 空集没有子集；(2) 空集是任何集合的真子集；(3) 任何集合必须有两个或两个以上的子集；(4) $x^2 + 4 = 4x$ 的解集可表示为$\{2, 2\}$.

其中正确命题的个数是（　　）.

A. 1　　B. 3　　C. 0　　D. 2

4. 设 A，B 是全集 U 的两个真子集，且 $A \subseteq B$，则以下成立的是（　　）.

A. $\complement_U A \supseteq \complement_U B$　　B. $\complement_U A \cup \complement_U B = U$

C. $\complement_U A \cap \complement_U B = \varnothing$　　D. $\complement_U A \cap B = \varnothing$

5. 以下命题中正确的有几个（　　）.

(1) 某校 2005 年参加全国公共英语三级考核的同学组成了一个集合；

(2) 某幼师比较聪明的女生组成了一个集合；

(3) 因为集合$\{1, 2\}$中的元素是 1，2，所以 1，2 也可构成集合$\{1, 2, 1, 2\}$；

(4) 任何一个集合都有真子集；

(5) $A \subseteq B$，若 $a \notin B$，则 $a \notin A$.

A. 0　　B. 1　　C. 2　　D. 3

6. 已知 $A = \{x \mid x$ 是正方形$\}$，$B = \{x \mid x$ 是菱形$\}$，$C = \{x \mid x$ 是矩形$\}$，求：

(1) $A \cap B$；　　(2) $A \cup B$；

(3) $B\cap C$；　　　　(4) $A\cup C$.

7. 在图 1-4-1 中用阴影表示：

(1) $A\cap \complement_U B$；　(2) $(\complement_U A\cap B)\cup[(\complement_U B)\cap A]$；　(3) $\complement_U(A\cap B)$.

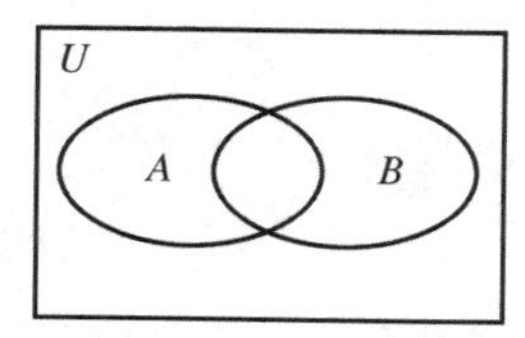

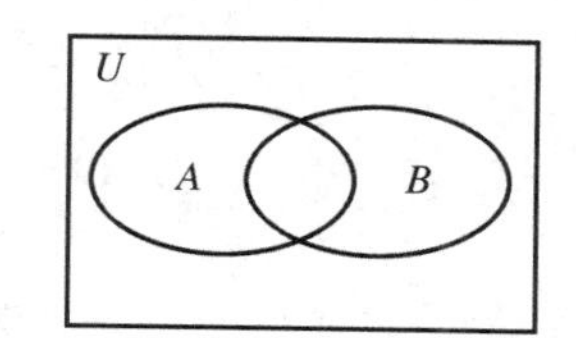

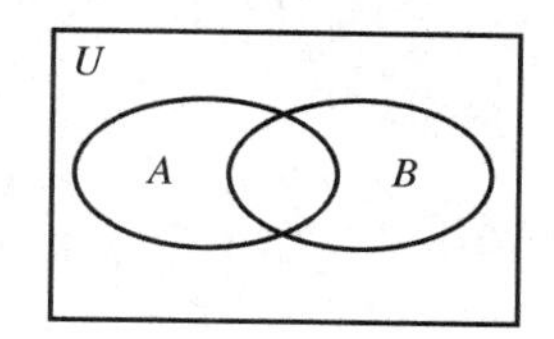

图 1-4-1

8. 已知 $A=\{x\mid x<3\}$, $B=\{x\mid x>1\}$,求 $A\cup B$, $A\cap B$.
9. 已知集合 $M=\{1, 4\}$,$N=\{a^2, ab\}$,若 $M=N$,求实数 a 的值.
10. 已知 $A=\{-2, 3x+1, x^2\}$, $B=\{x-4, 1-x, 16\}$,且 $A\cap B=\{16\}$,求 x 的值.

B 组

11. 已知集合 $U=\mathbf{R}$, $A=\{x\mid x\leqslant 6\}$,求：

(1) $A\cap\varnothing$, $A\cup\varnothing$；　　(2) $A\cap\mathbf{R}$, $A\cup\mathbf{R}$；

(3) $\complement_U A$；　　(4) $A\cup \complement_U A$, $A\cap \complement_U A$.

12. 设集合 $U=\{x\mid |x|<12\}$, $A=\{x\mid -10\leqslant x\leqslant -1\}$, $B=\{x\mid |x|\leqslant 4\}$,求 $A\cup B$, $A\cap B$, $A\cap \complement_U B$, $\complement_U A\cup \complement_U B$.
13. 若 $A=\{-3, 1-2a\}$, $B=\{a-5, 1-a, 9\}$,且 $A\cap B=\{9\}$,求 a 的值.
14. 已知集合 $A=\{x\mid ax^2+2x+1=0, a\in\mathbf{R}\}$ 中只有一个元素,求 a 的值.
15. 若方程 $x^2-px+15=0$ 与方程 $x^2+5x+q=0$ 的解集分别是 M 和 N,且 $M\cap N=\{3\}$,求 p 和 q 的值.
16. 设 $A=\{x\mid x^2-3x+2=0\}$, $B=\{x\mid x^2-ax+2=0\}$,若 $A\cup B=A$,求实数 a.

C 组

17. 已知集合 $A=\{x\mid z\leqslant x\leqslant 8\}$, $B=\{x\mid x>a\}$ 若 $A\cap B=\varnothing$,则 a 的取值范围是________.
18. 10 名学生组成一个小组,在某次期中考试时,组内有 8 名同学数学成绩优秀,有 5 名同学语文成绩优秀.语文、数学成绩双优的同学可能有几位?

第 17 题解题参考

第 18 题解题参考

第二单元　不 等 式

2.1　不等关系
2.2　一元二次不等式
2.3　含绝对值的不等式
2.4　不等式的解法举例
2.5　基本不等式及其应用
2.6　复习与巩固

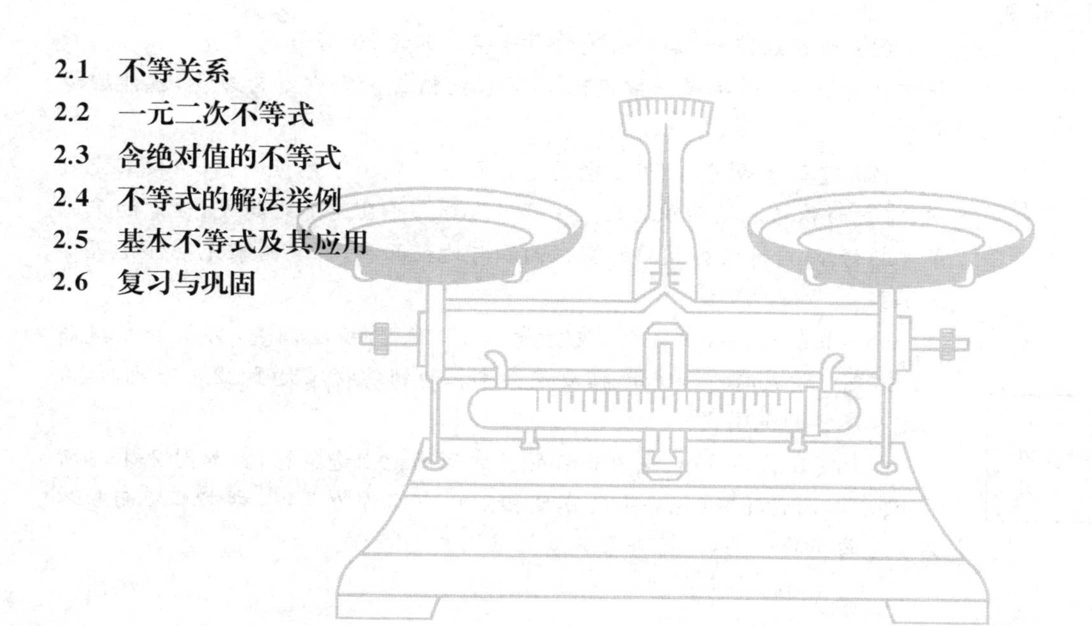

幼儿园经常遇到需要比较有关大小、多少、高低、快慢、轻重、长短和远近等问题，而这些问题的比较结果，反映在数量关系上存在着相等与不等两种情况，抽象成数学语言，就是等式与不等式的问题.其中不等的情况是大量的，因此，不等式在幼儿园实际问题中有着广泛的应用.

在本章，我们将从实际问题引入不等关系，学习绝对值不等式、一元二次不等式的解法和基本不等式的简单应用，初步感受不等关系以及不等式的重要性和应用的广泛性.

2.1 不等关系

(1) 商家经销一批苹果，进价每千克 1.5 元，运费是每千克 0.02 元，销售中估计有 5%的苹果正常损耗.问商家把销售价至少定为多少，就能避免亏本？

(2) 建筑学规定，民用住宅的窗户面积必须小于地板面积，但按采光标准，窗户面积与地板面积的比应不小于 10%，并且这个比越大，住宅的采光条件越好.问同时增加相同的窗户面积与地板面积，住宅的采光条件是否变好了？

(3) 某杂志单价 2 元时，发行量为 10 万册，经过调查，若单价每提高 0.2元，发行量就减少 5 000 册，要使杂志社的销售收入大于 22.4 万元，单价应定在怎样的范围内？

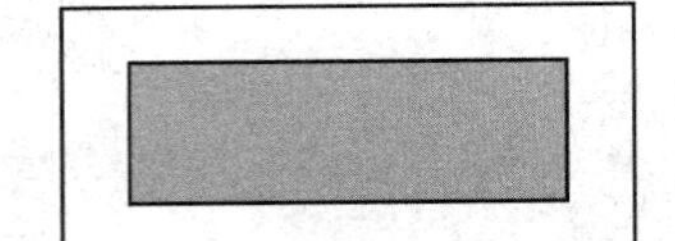

图 2-1-1

(4) 要在长为 8 m、宽为 6 m 的长方形场地上进行绿化，如图 2-1-1 所示，要求四周种花卉(花卉带的宽度相同)，中间作为草坪，要求草坪面积不少于总面积的一半，则花卉带宽度的范围应为多少？

分析 (1) 设销售定价为 x(元/千克)，将各种关系列表，如表 2-1-1 所示.

表 2-1-1

购进价格	购进总量	运　　费	损　耗	销售定价	销售总量
1.5(元/千克)	a(千克)	0.02(元/千克)	$5\%a$(千克)	x(元/千克)	$a-5\%a$(千克)

商家不亏本，必须满足销售的总收入不小于总支出.即有

$$a(1-5\%)x \geqslant 1.5a+0.02a.$$

像这样用不等号连接起来的数量关系叫不等关系.

(2) 设原住宅的窗户面积与地板面积分别为 a，b(平方单位)，同时增加的面积为 m(平方单位).依题意，有 $0<a<b<10a$，$m>0$.

于是，我们要判断比值 $\frac{a+m}{b+m}$ 是否变大，即是判断不等式 $\frac{a+m}{b+m}>\frac{a}{b}$ 是否成立.

(3) 设杂志的单价提高 x 元，则发行量减少 $0.5\times\frac{x}{0.2}=\frac{5}{2}x$ (万册).

据题意，$(2+x)\left(10-\frac{5}{2}x\right)>22.4$，即 $5x^2-10x+4.8<0$.

如果设花卉带的宽度为 x m，由题意得：

$$(8-2x)\cdot(6-2x)\geqslant\frac{1}{2}\times(8\times6), \quad ①$$

化简，可得

$$x^2-7x+6\geqslant0. \quad ②$$

怎样解上述不等式？

上面的例子说明，我们可以利用不等式(组)来刻画不等关系.

你能举一些生活中蕴涵不等关系的例子吗？

将下列问题转化为数学模型(不求解)：

1. 有一批货物的成本为 a 元，如果本月初出售，可获利 100 元，然后可将本利都存入银行，已知银行月息为 2%；如果下月初出售，可获利 120 元，但要付 5 元保管费，试问是本月初出售还是下月初出售好？并说明理由.
2. 某商品进货单价为 40 元，若按 50 元一个销售，能卖出 50 个.若销售单价每涨 1 元销售量就减少一个，为了获得最大利润，该商品的最佳销售价为多少元？
3. 某车间进行优化劳动组合后，提高了工作效率，每人一天多做 10 个零件，这样 8 个工人一天做的零件超过了 216 个.后来又进行了技术革新，每人一天又多做了 28 个零件，这样他们 4 个人一天所做的零件就超过了优化劳动组合前 12 个人一天所做的零件，问他们进行了技术革新后的生产效率是优化劳动组合前的几倍？
4. 东风商场文具部的某种毛笔每支售价 25 元，书法练习本每本售价 5 元，该商场为促销制定了两种优惠办法.

   甲：买一支毛笔就赠送一本书法练习本；

   乙：按购买金额打九折.

   某校欲为校书法兴趣小组购买这种毛笔 10 支，书法练习本 x $(x\geqslant10)$ 本.写出每种优惠办法实际付款金额 $y_{甲}$(元)、$y_{乙}$(元)与 x(本)之间的关系式.

知识与实践

结合本节所学知识，以幼儿园“10 以内加减法”这一知识为基础设计一个幼儿园数学活动，帮助幼儿初步了解数的大小及不等关系.

2.2 一元二次不等式

问题

2.1 节的问题(4)中，我们得到不等式 $x^2-7x+6\geqslant 0$，像这样只含有一个未知数，并且未知数的最高次数是 2 的不等式叫做**一元二次不等式**.

一元二次不等式的一般形式是 $ax^2+bx+c>0\ (a\neq 0)$ 或 $ax^2+bx+c<0\ (a\neq 0)$.

现在，我们来研究一元二次不等式的解法.

为此，先探索一元二次不等式和对应的一元二次方程及对应的二次函数之间的内在联系.

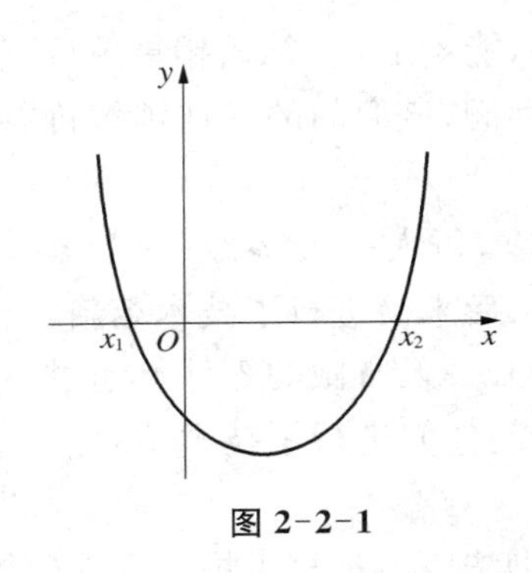

图 2-2-1

观察图 2-2-1，可以看出，一元二次不等式 $ax^2+bx+c<0\ (a>0)$ 的解集 $\{x \mid ax^2+bx+c<0\ (a>0)\}$ 就是二次函数 $y=ax^2+bx+c$ 的图像(抛物线)上位于 x 轴下方的点 (x, y) 的横坐标 x 的集合.

类似地，$ax^2+bx+c>0\ (a>0)$ 的解集 $\{x \mid ax^2+bx+c>0\ (a>0)\}$ 就是函数 $y=ax^2+bx+c$ 的图像上位于 x 轴上方的点 (x, y) 的横坐标 x 的集合.

因此，求解一元二次不等式可以先解相应的一元二次方程，确定抛物线与 x 轴的交点的横坐标，再根据图像写出一元二次不等式的解集.

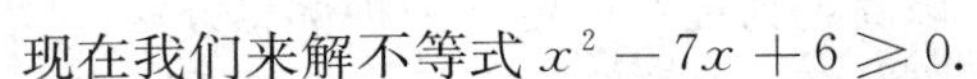

现在我们来解不等式 $x^2-7x+6\geqslant 0$.

第一步　解方程 $x^2-7x+6=0$，得 $x_1=1$，$x_2=6$；

第二步　画出抛物线 $y=x^2-7x+6$ 的草图，如图 2-2-2 所示；

第三步　根据抛物线的图像，可知 $x^2-7x+6\geqslant 0$ 的解集为

$$\{x \mid x\leqslant 1 \text{ 或 } x\geqslant 6\}.$$

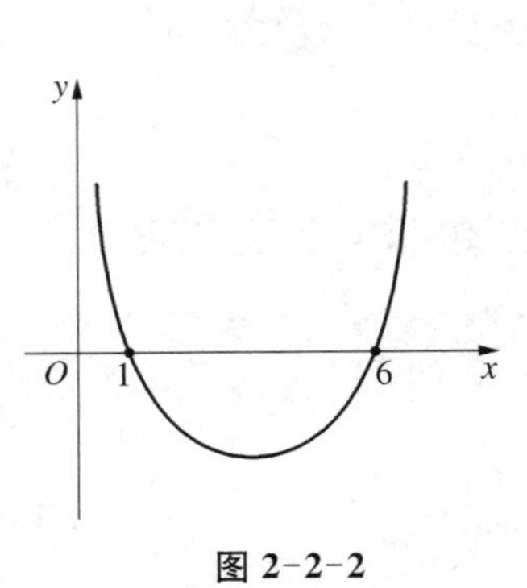

图 2-2-2

但实际问题告诉我们，x 表示矩形的宽度，因此有 $\begin{cases} x>0, \\ 8-2x>0, \\ 6-2x>0. \end{cases}$

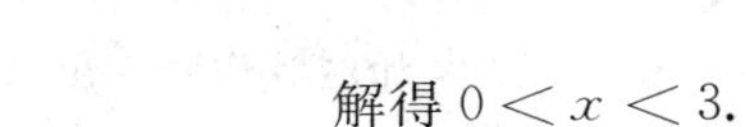

解得 $0<x<3$.

所以，不等式 $x^2-7x+6\geqslant 0$ 的解集为

$$x\in\{x \mid x\leqslant 1 \text{ 或 } x\geqslant 6\}\cap\{x \mid 0<x<3\}=\{x \mid 0<x\leqslant 1\}.$$

这就是说，花卉带的宽度应在不超过 1 m 的范围之内.

例 1 解下列不等式：

(1) $2x^2-3x-2>0$；　　(2) $4x^2-4x+1>0$；

(3) $-x^2+2x-3>0$；　　(4) $-3x^2+6x>2$.

图 2-2-3

解 (1) 因为 $\Delta=(-3)^2-4\times2\times(-2)>0$，方程 $2x^2-3x-2=0$ 的解是 $x_1=-\dfrac{1}{2}$，$x_2=2$.

根据函数 $y=2x^2-3x-2$ 的图像可知，不等式的解集是 $\left\{x\,\middle|\,x<-\dfrac{1}{2}\text{ 或 }x>2\right\}$，如图 2-2-3 所示.

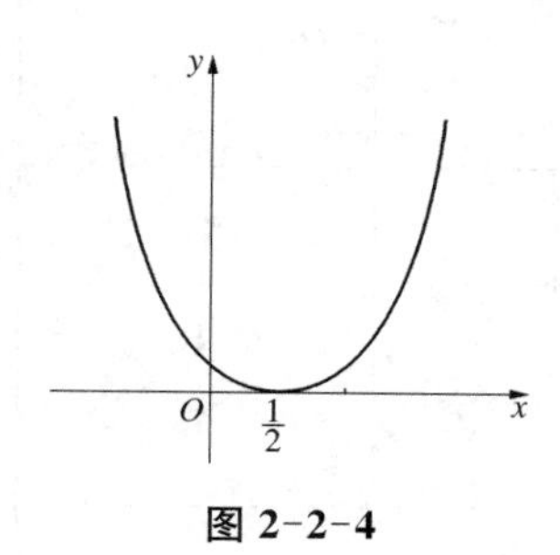

图 2-2-4

(2) $\Delta=(-4)^2-4\times4\times1=0$，方程 $4x^2-4x+1=0$ 的解是 $x_1=x_2=\dfrac{1}{2}$. 根据函数 $y=4x^2-4x+1$ 的图像可知，不等式的解集是 $\left\{x\,\middle|\,x\neq\dfrac{1}{2}\right\}$，如图 2-2-4 所示.

(3) 将不等式整理，得 $x^2-2x+3<0$.

因为 $\Delta=(-2)^2-4\times1\times3<0$，方程 $x^2-2x+3=0$ 无实数解，根据函数 $y=x^2-2x+3$ 的图像可知，不等式的解集是空集 $\varnothing$，如图 2-2-5 所示.

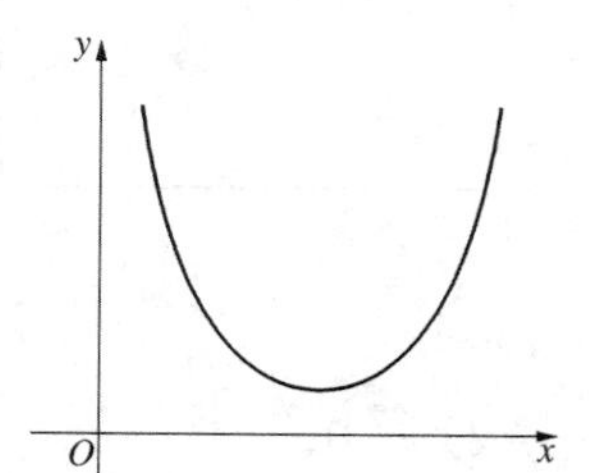

(4) 将不等式整理，得 $3x^2-6x+2<0$.

因为 $\Delta=(-6)^2-4\times3\times2>0$，方程 $3x^2-6x+2=0$ 的解是

$$x_1=1-\frac{\sqrt{3}}{3},\ x_2=1+\frac{\sqrt{3}}{3}.$$

根据函数 $y=3x^2-6x+2$ 的图像可知，原不等式的解集是 $\left\{x\,\middle|\,1-\dfrac{\sqrt{3}}{3}<x<1+\dfrac{\sqrt{3}}{3}\right\}$，如图 2-2-6 所示.

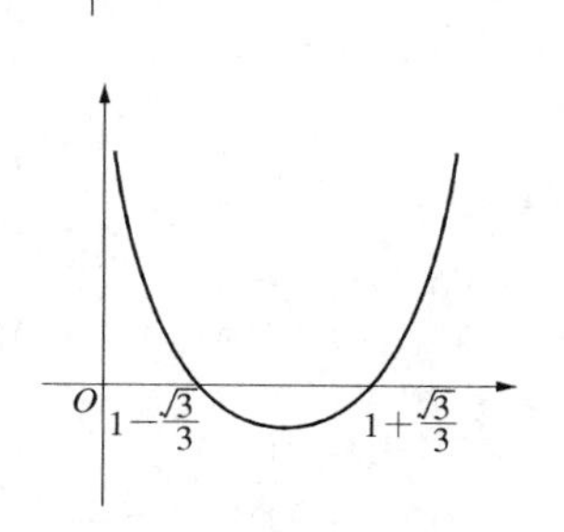

图 2-2-6

例 2 解不等式 $5x^2-10x+4.8<0$.

解 解方程 $5x^2-10x+4.8=0$，得 $x_1=0.8$，$x_2=1.2$；画出抛物线 $y=5x^2-10x+4.8$ 的草图，如图 2-2-7 所示. 根据抛物线的图像，可知 $5x^2-10x+4.8<0$ 的解集为 $\{x\mid0.8<x<1.2\}$.

根据例 2，我们可以回答 2.1 节的问题(3)，要使杂志社的销售收入大于 22.4 万元，单价应定在 2.8 元与 3.2 元之间.

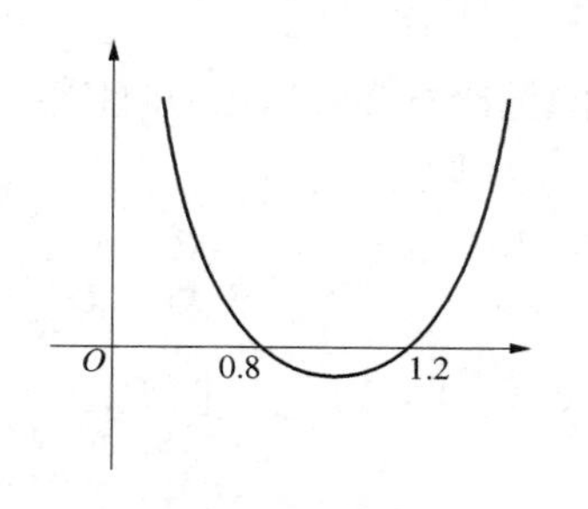

图 2-2-7

一般地，当 $a>0$ 时，我们有表 2-2-1.

表 2-2-1

判别式 $\Delta=b^2-4ac$	$\Delta>0$	$\Delta=0$	$\Delta<0$
$ax^2+bx+c=0$ 的根	有两个相异的实根 $x_1, x_2(x_1<x_2)$	有两个相同的实根 $x_1=x_2=-\frac{b}{2a}$	没有实数根
二次函数 $y=ax^2+bx+c$ 的图像	y, x, x_1, O, x_2	y, x, O, $x_1=x_2$	y, x, O
$ax^2+bx+c>0$ 的解集	$(-\infty, x_1)\cup(x_2, +\infty)$	$\left(-\infty, -\frac{b}{2a}\right)\cup\left(-\frac{b}{2a}, +\infty\right)$	$\mathbf{R}$
$ax^2+bx+c<0$ 的解集	(x_1, x_2)	$\varnothing$	$\varnothing$

练习

1. 解下列不等式：

(1) $(x+2)(x-3)<0$；　(2) $x(x-2)<0$；

(3) $(x-1)(x+1)\geqslant 0$；　(4) $(1-x)(1+x)\geqslant 0$.

2. 解不等式：

(1) $2x^2-5x+3<0$；　(2) $3x^2-x-4>0$；

(3) $2x^2-4x+3\leqslant 0$；　(4) $9x^2-6x+1\geqslant 0$.

3. 解下列不等式：

(1) $x^2-3x\leqslant 15$；　(2) $1-4x^2>4x+2$；

(3) $1-3x<x^2$；　(4) $(x+3)(x-5)>2x-1$.

4. x 是什么实数时，函数 $y=-x^2+5x+14$ 的值分别为：

(1) 零；　(2) 正数；　(3) 负数.

5. 求下列函数的定义域：

(1) $y=\lg(x^2-3x+2)$；　(2) $y=\sqrt{12+x-x^2}$.

6. 制作一个高为 20 cm 的长方体容器，底面矩形的长比宽多 10 cm，并且容积不小于 4 000 cm³. 试问底面矩形的宽至少应为多少？

7. 已知 $U=\mathbf{R}$，且 $A=\{x \mid x^2+3x+2<0\}$，$B=\{x \mid x^2-4x+3\geqslant 0\}$. 求：

(1) $A\cap B$；(2) $A\cup B$；(3) $\complement_U(A\cap B)$；(4) $(\complement_U A)\cup(\complement_U B)$.

2.3　含绝对值的不等式

当实际问题化为不等关系(不等式或不等式组)时，要解决这些实际问题，首先要会解不等式(或证明不等式).下面我们就来研究常见的一些不等式的解法.

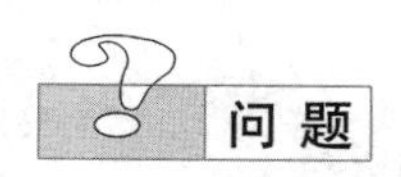

按商品质检部门规定，商店出售的标明 20 kg 的大米，其实际重量与标明重量的误差不超过 0.25 kg，现有某品牌大米，其单价为每千克 3 元，则一袋该品牌大米的实际重量可能为多少？

假设一袋大米的实际重量为 x kg，那么，x 应满足

$$\begin{cases} x-20 \leqslant 0.25, \\ 20-x \leqslant 0.25. \end{cases}$$

由绝对值的意义，这个结果也可表示为

$$|x-20| \leqslant 0.25.$$

像这样含有绝对值且绝对值符号内含有未知数的不等式叫做**绝对值不等式**.

那么，怎样解绝对值不等式呢？我们从简单的情况入手，先来解不等式 $|x|<3$.

由绝对值的几何意义可知，不等式 $|x|<3$ 表示数轴上到原点的距离小于 3 的点的集合，在数轴上表示如图 2-3-1 所示.所以，不等式 $|x|<3$ 的解集是

$$\{x \mid -3<x<3\}.$$

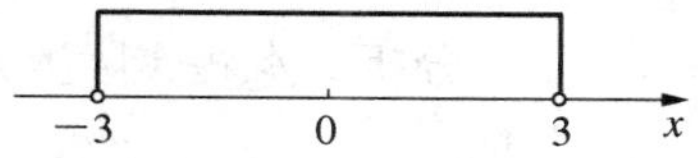

图 2-3-1

类似地，不等式 $|x|>3$ 的解集表示数轴上到原点的距离大于 3 的点的集合，在数轴上表示如图 2-3-2 所示，所以，不等式 $|x|>3$ 的解集是

$$\{x \mid x < -3 \text{ 或 } x > 3\}.$$

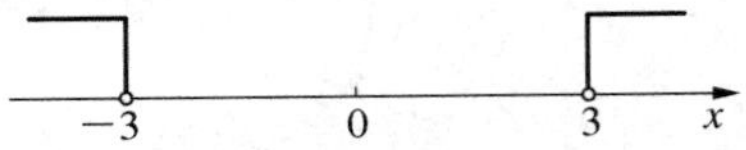

图 2-3-2

一般地，不等式$|x| < c(c > 0)$的解集是

$$\{x \mid -c < x < c\}, \tag{1}$$

不等式$|x| > c(c > 0)$的解集是

$$\{x \mid x < -c \text{ 或 } x > c\}. \tag{2}$$

思 考

当$c < 0$时，不等式$|x| < c$与$|x| > c$的解集分别是什么？

例 1 解下列不等式：

(1) $|2x - 3| < 2$；　　(2) $|3x + 2| \geqslant 4$.

解 (1) 原不等式即为

$$-2 < 2x - 3 < 2,$$

所以 $$-2 + 3 < 2x < 2 + 3,$$

即 $$1 < 2x < 5.$$

因此 $$\frac{1}{2} < x < \frac{5}{2}.$$

所以，原不等式的解集是$\left\{x \middle| \frac{1}{2} < x < \frac{5}{2}\right\}$.

(2) 原不等式即为

$$3x + 2 \leqslant -4 \text{ 或 } 3x + 2 \geqslant 4,$$

整理得

$$x \leqslant -2 \text{ 或 } x \geqslant \frac{2}{3}.$$

所以，原不等式的解集是$\left\{x \middle| x \leqslant -2 \text{ 或 } x \geqslant \frac{2}{3}\right\}$.

例 2 解不等式$1 < |2x + 1| \leqslant 3$.

分析 本题实际上是两个绝对值不等式的问题，可分别解出，再求出交集.

解 原不等式等价于$\begin{cases} |2x + 1| > 1, \\ |2x + 1| \leqslant 3. \end{cases}$

由$|2x + 1| > 1$，解得$x < -1$或$x > 0$；

由$|2x + 1| \leqslant 3$，解得$-2 \leqslant x \leqslant 1$.

所以，原不等式的解集为 $\{x \mid -2 \leqslant x < -1$ 或 $0 < x \leqslant 1\}$.

这个不等式的解集可以在数轴上表示，如图 2-3-3 所示.

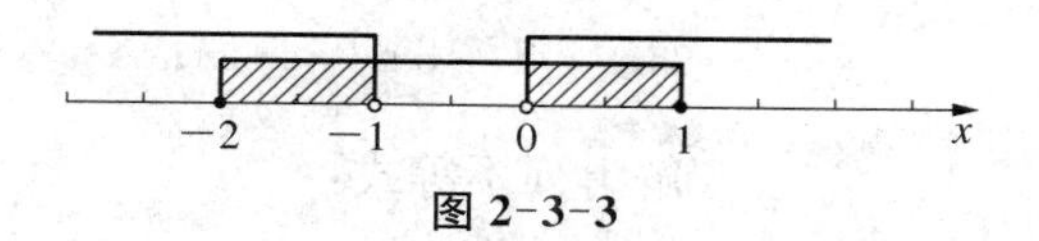

图 2-3-3

思考

$1 < |2x+1| \leqslant 3$ 还有其他解法吗？能将其化为不含绝对值符号的不等式吗？

例 3 解下列不等式：

(1) $|2x-4| < x-1$；　　(2) $|2x-4| > x-1$.

分析　把 $2x-4$ 看成一个整体，则所要求解的不等式可化为基本类型的绝对值不等式.

解　(1) 由绝对值的意义，对于任何实数 x 都有 $|2x-4| \geqslant 0$，又 $|2x-4| < x-1$，所以必有 $x-1>0$，从而

$$|2x-4| < x-1 \Leftrightarrow -(x-1) < 2x-4 < x-1.$$

化简，得 $\begin{cases} x > 1, \\ \dfrac{5}{3} < x < 3. \end{cases}$

所以原不等式的解集是 $\left\{x \,\middle|\, \dfrac{5}{3} < x < 3\right\}$.

(2) ① 当 $x-1 \leqslant 0$，即 $x \leqslant 1$ 时，因为 $|2x-4| \geqslant 0$，所以原不等式显然成立，此时不等式解为 $x \leqslant 1$.

② 当 $x-1>0$，即 $x>1$ 时，原不等式可化为

$$2x-4 < -(x-1) \text{ 或 } 2x-4 > x-1,$$

解得 $x < \dfrac{5}{3}$ 或 $x > 3$.

根据 $x>1$ 可知，此时不等式的解为 $1 < x < \dfrac{5}{3}$ 或 $x>3$.

综合①、②可知，原不等式的解集为

$$\{x \mid x \leqslant 1\} \cup \left\{x \,\middle|\, 1 < x < \frac{5}{3} \text{ 或 } x > 3\right\} = \left\{x \,\middle|\, x < \frac{5}{3} \text{ 或 } x > 3\right\}.$$

练习

1. 解下列不等式组：

(1) $\begin{cases} 2x+1 > 3x-6, \\ 3(x+1) < 5x-7; \end{cases}$　　(2) $\begin{cases} 3x+2 > 2(x-1), \\ 4x-3 \leqslant 2x-2; \end{cases}$

(3) $\begin{cases} \dfrac{-2x-1}{3} < 1, \\ \dfrac{3x-1}{2} > x + \dfrac{3}{2}; \end{cases}$　　(4) $\begin{cases} \dfrac{x}{2} > \dfrac{x+1}{5}, \\ \dfrac{2x-1}{5} > \dfrac{x+1}{2}. \end{cases}$

2. 解下列不等式：

(1) $|2x+3|\leqslant 1$；　　(2) $|6x-1|>2$；

(3) $|8-3x|\leqslant 13$；　　(4) $\left|4x+\frac{1}{6}\right|\geqslant 3$.

3. 解下列不等式：

(1) $1\leqslant|3x+4|\leqslant 6$；　　(2) $|3x-4|<2x+1$.

2.4 不等式的解法举例

问题

我们已经学习过一元一次不等式、一元二次不等式和简单的绝对值不等式的解法，对一些较复杂的不等式，如何将求解问题转化为上述 3 类不等式来解呢？

例 1 解不等式 $|x^2-5x+5|<1$.

分析 不等式 $|x|<a\ (a>0)$ 的解集是 $\{x\mid -a<x<a\}$，因此，这个不等式可化为

$$-1<x^2-5x+5<1,$$

即

$$\begin{cases}x^2-5x+5<1,\\x^2-5x+5>-1.\end{cases}$$

解这个不等式组，其解集就是原不等式的解集.

解 原不等式可化为

$$-1<x^2-5x+5<1,$$

即

$$\begin{cases}x^2-5x+5<1, & ①\\x^2-5x+5>-1. & ②\end{cases}$$

解不等式①，得解集 $\{x\mid 1<x<4\}$.

解不等式②，得解集 $\{x\mid x<2 \text{ 或 } x>3\}$.

原不等式的解集是不等式①和不等式②的解集的交集，即

$$\{x\mid 1<x<4\}\cap\{x\mid x<2 \text{ 或 } x>3\}=$$
$$\{x\mid 1<x<2 \text{ 或 } 3<x<4\}.$$

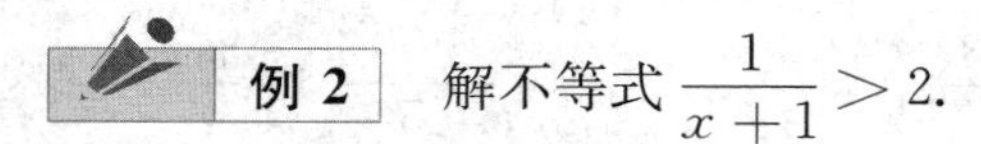

例 2 解不等式 $\frac{1}{x+1}>2$.

式中，符号“$\Leftrightarrow$”表示“等价于”.

解 $\dfrac{1}{x+1}>2 \Leftrightarrow \dfrac{2\left(x+\frac{1}{2}\right)}{x+1}<0 \Leftrightarrow \dfrac{x+\frac{1}{2}}{x+1}<0$，

根据商的符号法则可知，原不等式又等价于

$$\left(x+\frac{1}{2}\right)(x+1)<0.$$

从而，原不等式的解集为 $\left\{x \,\middle|\, -1<x<-\dfrac{1}{2}\right\}$.

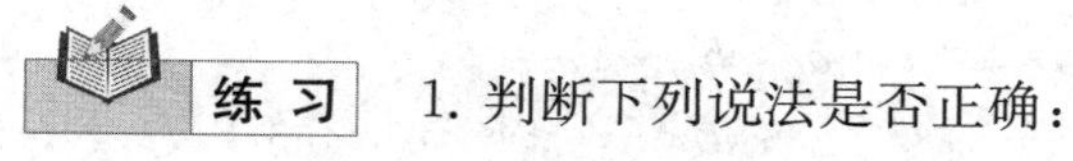

练习

1. 判断下列说法是否正确：

 (1) 不等式 $\dfrac{x+1}{x+2}<0$ 与不等式 $x^2+3x+2<0$ 的解集相同；

 (2) 不等式 $\dfrac{2-x}{2+x}<0$ 与不等式 $x^2-4>0$ 的解集相同.

2. 解下列不等式：

 (1) $0<x^2-x-2<4$； (2) $-2<x^2-5x-6<2x$.

3. 解下列不等式：

 (1) $|4x^2-10x-3|<3$； (2) $|5x-x^2|>6$.

4. 解不等式 $\dfrac{1}{x}>x$.

5. 求函数 $y=\sqrt{x^2+x-12}+\sqrt{49-x^2}$ 的定义域.

知识与实践

根据所学的知识，设计比较幼儿园小朋友身高或体重的活动方案.

2.5 基本不等式及其应用

在许多实际问题中，经常用到不等式来求一些具体问题的最大值与最小值.最常用的是下面的定理.

定理 如果 a，b 是正数，那么 $\dfrac{a+b}{2} \geqslant \sqrt{ab}$（当且仅当 $a=b$ 时，取“=”）.

下面我们来证明这个定理.

证法1 因为 a，b 是正数，所以

$$\frac{a+b}{2}-\sqrt{ab}=\frac{1}{2}[(\sqrt{a})^2+(\sqrt{b})^2-2\sqrt{ab}]$$

$$=\frac{1}{2}(\sqrt{a}-\sqrt{b})^2\geqslant 0,$$

即

$$\frac{a+b}{2}\geqslant\sqrt{ab}.$$

当且仅当 $\sqrt{a}=\sqrt{b}$，即 $a=b$ 时，取"="。

证法 2 对于正数 a，b，要证

$$\frac{a+b}{2}\geqslant\sqrt{ab},$$

只要证

$$a+b\geqslant 2\sqrt{ab},$$

$$a+b-2\sqrt{ab}\geqslant 0,$$

$$(\sqrt{a}-\sqrt{b})^2\geqslant 0.$$

因为最后一个不等式成立，所以 $\frac{a+b}{2}\geqslant\sqrt{ab}$.

当且仅当 $a=b$ 时，取"="。

证法 3 对于正数 a，b，

$$(\sqrt{a}-\sqrt{b})^2\geqslant 0,$$

即

$$a+b-2\sqrt{ab}\geqslant 0,$$

$$a+b\geqslant 2\sqrt{ab},$$

$$\frac{a+b}{2}\geqslant\sqrt{ab}.$$

当且仅当 $a=b$ 时，取"="。

如果 a，b 是正数，那么 $\frac{a+b}{2}\geqslant\sqrt{a\cdot b}$（当且仅当 $a=b$ 时，取"="）.显然，当且仅当 $a=b$ 时，$\sqrt{a\cdot b}=\frac{a+b}{2}$.

我们把 $\frac{a+b}{2}$ 叫做 a，b 的**算术平均值**，$\sqrt{ab}$ 叫做 a，b 的**几何平均值**，不等式 $\frac{a+b}{2}\geqslant\sqrt{ab}$ 叫做**平均值不等式**，或称为**基本不等式**.

现给出基本不等式的一种几何解释，如图 2-5-1 所示.

以 $a+b$ 长的线段为直径作圆，在直径 AB 上取点 C，使 $AC=a$，$CB=b$.过点 C 作垂直于直径 AB 的弦 DD'，连接 AD，DB，易证

$$\mathrm{Rt}\triangle ACD\backsim\mathrm{Rt}\triangle DCB,$$

那么

$$CD^2=CA\cdot CB,$$

即

$$CD=\sqrt{ab}.$$

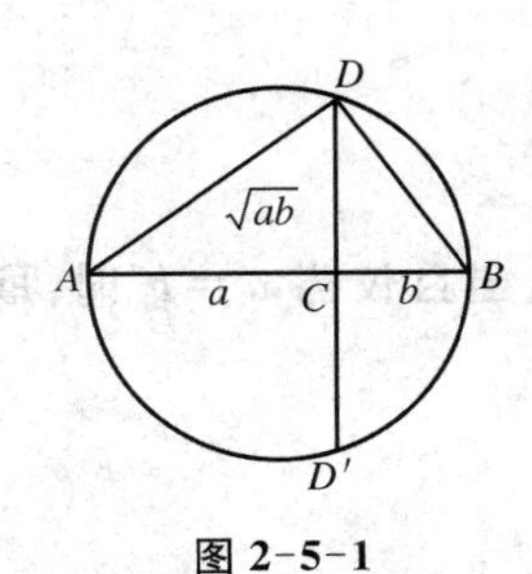

图 2-5-1

这个圆的半径为$\frac{a+b}{2}$，显然，它大于或等于 CD，即

$$\frac{a+b}{2} \geqslant \sqrt{ab},$$

其中当且仅当点 C 与圆心重合时，即当 $a=b$ 时，等号成立.

例 1 设 a，b 为正数，证明下列不等式成立：

(1) $\frac{b}{a}+\frac{a}{b} \geqslant 2$；　　(2) $a+\frac{1}{a} \geqslant 2$.

证明 (1) 因为 a，b 为正数，所以$\frac{b}{a}$，$\frac{a}{b}$也为正数，由基本不等式，得

$$\frac{b}{a}+\frac{a}{b} \geqslant 2\sqrt{\frac{b}{a} \cdot \frac{a}{b}}=2,$$

所以，原不等式成立.

(2) 因为 a，$\frac{1}{a}$均为正数，由基本不等式，得

$$a+\frac{1}{a} \geqslant 2\sqrt{a \cdot \frac{1}{a}}=2,$$

所以，原不等式成立.

例 2 已知 x，y 都是正数，求证：

(1) 如果积 $x \cdot y=P$（定值），那么当 $x=y$ 时，和 $x+y$ 有最小值 $2\sqrt{P}$；

(2) 如果和 $x+y=S$（定值），那么当 $x=y$ 时，积 $x \cdot y$ 有最大值$\frac{1}{4}S^2$.

证明 因为 x，y 都是正数，所以 $\frac{x+y}{2} \geqslant \sqrt{x \cdot y}$.

(1) 积 $x \cdot y=P$（定值）时，有 $x+y \geqslant 2\sqrt{P}$.

当且仅当 $x=y$ 时，上不等式中的"="成立，因此，当 $x=y$ 时，和 $x+y$ 有最小值 $2\sqrt{P}$.

(2) 和 $x+y=S$（定值）时，有$\sqrt{x \cdot y} \leqslant \frac{S}{2}$，即

$$x \cdot y \leqslant \frac{1}{4}S^2.$$

当且仅当 $x=y$ 时，上不等式中的"="成立，因此，当 $x=y$ 时，积 $x \cdot y$ 有最大值$\frac{1}{4}S^2$.

基本不等式在实际问题中有着广泛的应用.

例 3 把一条长是 l 的铁丝截成两段，各围成一个正方形，怎样截使得这两个正方形的面积之和最小？

解 设截成的两段长度分别为 x, y,则 $x+y=l$(定值),再设 S 为这两个正方形的面积之和,有

$$S=\left(\frac{x}{4}\right)^2+\left(\frac{y}{4}\right)^2=\frac{1}{4}(x^2+y^2)\geqslant\frac{1}{4}\cdot 2\cdot\left(\frac{x+y}{2}\right)^2=\frac{1}{8}l^2.$$

当且仅当 $x=y=\frac{l}{2}$ 时取等号,此时 $S_{\min}=\frac{1}{8}l^2$.

答 把铁丝截成相等的两段,各围成的正方形面积之和最小.

例 4 某工厂建造一个无盖的长方体贮水池,其容积为 4 800 m^3,深度为 3 m,如果池底每 1 m^2 的造价为 150 元,池壁每 1 m^2 的造价为 120 元,怎样设计水池能使总造价最低?最低总造价为多少元?

解 设总造价为 y 元,池底的一边长为 x m,则另一边长为$\frac{4\,800}{3x}$ m,即$\frac{1\,600}{x}$ m.

$$\begin{aligned}y&=150\left(x\cdot\frac{1\,600}{x}\right)+2\times120\times3\times\left(x+\frac{1\,600}{x}\right)\\&=150\times1\,600+720\left(x+\frac{1\,600}{x}\right).\end{aligned}$$

因为 $x+\frac{1\,600}{x}\geqslant2\sqrt{1\,600}=80$ (当 $x=40$ 时,取"="),

所以 $y\geqslant150\times1\,600+720\times80=297\,600$ (元).

答 当水池设计成底面边长为 40 m 的正方形时,总造价最低,为 297 600元.

练 习

1. 求证:$\left(\frac{a+b}{2}\right)^2\leqslant\frac{a^2+b^2}{2}$.
2. 已知 a, b 都是正数,且 $a\neq b$,求证:$\frac{2ab}{a+b}<\sqrt{ab}$.
3. 已知 x, y 都是正数,求证:

   (1) $x+\frac{1}{x}\geqslant2$;　　(2) $\frac{y}{x}+\frac{x}{y}\geqslant2$.
4. 已知 $x\neq0$,当 x 取什么值时,$x^2+\frac{81}{x^2}$ 的值最小?最小值是多少?
5. 已知 $x>0$,求 $2-3x-\frac{4}{x}$ 的最大值.
6. 用一段长为 L m 的篱笆围成一个一边靠墙的矩形菜园,问这个矩形的长、宽各为多少时,菜园的面积最大?最大值是多少?
7. 某工厂建一座平面图为矩形且面积为 200 m^2 的三级污水处理池,如图2-5-2所示,如果池外圈周壁建造单价为每米 400 元,中间两条隔墙建造单价为每米 248 元,池底建造单价为每平方米 80 元,池壁的厚度忽略不计.试设计污水池的长和宽,使总造价最低,并求出最低造价.

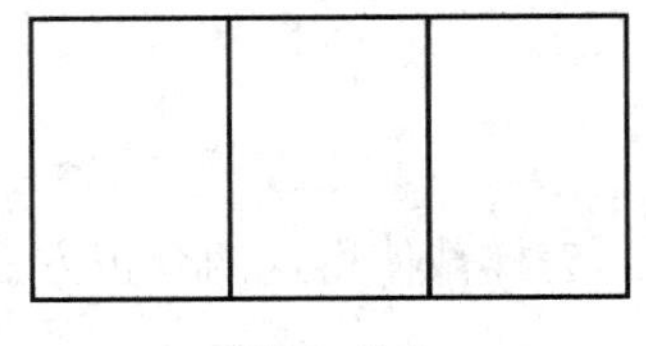

图 2-5-2

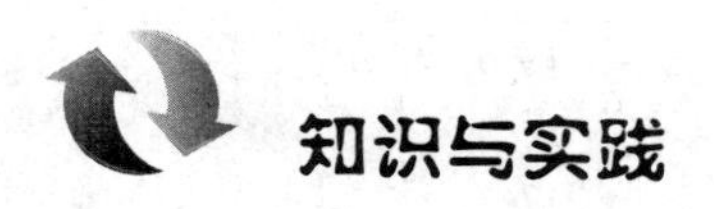

若 a，b 是正数，利用所学的知识探讨正数 $\frac{a+b}{2}$，$\sqrt{ab}$，$\frac{2}{\frac{1}{a}+\frac{1}{b}}$ 的大小.

2.6 复习与巩固

一、知识结构

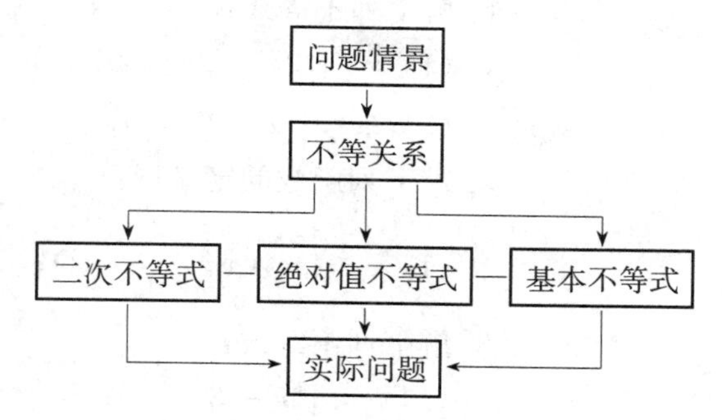

二、回顾与思考

1. 不等关系是刻画客观事物的基本数量关系之一，你能结合生活中实例找出不等关系吗？

2. 根据绝对值不等式、一元二次不等式的解法，你能总结出解不等式的过程实质上是运用不等式的性质进行同解变形的过程，所以在解不等式时一定要注意每一步变形必须是同解变形，每一步转化都必须是等价转化吗？你能否将这种思想运用在实际的解题过程中？

3. 不等式是研究不等关系的数学工具，你能否利用不等式解决简单的实际问题？以后我们还会遇到大量的不等式问题，相信你一定会数学地思考身边的实际问题！

复习参考题

1. 不等式 $|x-2|>-1$ 的解集是(　　).

A. $\varnothing$　　B. $\{x \mid x<1$ 或 $x>3\}$

C. $\{x \mid 1<x<3\}$　　D. $\mathbf{R}$

2. 若 $0<a<1$，则不等式 $(x-a)\cdot\left(x-\frac{1}{a}\right)<0$ 的解集是(　　).

A. $\left\{x \middle| a < x < \frac{1}{a}\right\}$　　B. $\left\{x \middle| x > \frac{1}{a} 或 x < a\right\}$

C. $\left\{x \middle| \frac{1}{a} < x < a\right\}$　　D. $\left\{x \middle| x < \frac{1}{a} 或 x > a\right\}$

3. 不等式 $\frac{1-x}{4x-3} \leqslant 0$ 的解集是(　　).

A. $\left\{x \middle| x \leqslant \frac{3}{4} 或 x \geqslant 1\right\}$　　B. $\left\{x \middle| \frac{3}{4} \leqslant x \leqslant 1\right\}$

C. $\left\{x \middle| x < \frac{3}{4} 或 x \geqslant 1\right\}$　　D. $\left\{x \middle| \frac{3}{4} < x \leqslant 1\right\}$

4. 设 $x > y > 0$, 则下列各式中正确的是(　　).

A. $x > \frac{x+y}{2} > \sqrt{xy} > y$　　B. $y > \frac{x+y}{2} > \sqrt{xy} > x$

C. $x > \frac{x+y}{2} > y > \sqrt{xy}$　　D. $y > \frac{x+y}{2} \geqslant \sqrt{xy} > x$

5. 求下列不等式的解集,并在数轴上把它表示出来:

(1) $|2x+3| \geqslant 5$;　　(2) $|5-3x| < 2$.

6. 解下列不等式:

(1) $x^2+2x-24 \leqslant 0$;　　(2) $x^2-4x+5 < 0$;

(3) $2x^2-x-6 > 0$;　　(4) $4x^2+4x+1 > 0$.

7. 求下列函数的定义域:

(1) $y=\log_2(x^2-x-2)$;　　(2) $y=\sqrt{\frac{x-4}{x+4}}$.

8. 解下列不等式:

(1) $1 < |x-3| < 5$;　　(2) $|x^2-3x-4| < 6$.

9. 某商品进货单价为 40 元,若按 50 元一个销售,能卖出 50 个.若销售单价每涨价 1 元销售量就减少一个,为获得最大利润,该商品的最佳售价为多少元?

10. 某种植物适宜生长在温度为 18℃～20℃ 的山区.已知山区海拔每升高 100 m,气温下降 0.55℃.现测得山脚下的平均气温为 22℃,将该植物种在山区多高处为宜?

B组

11. k 为何值时,函数 $y=kx^2-(k-8)x+1$ 的值总大于零?

12. 求函数 $y=x+\frac{16}{x+2}$, $x \in (-2, +\infty)$ 的最小值.

13. 解下列不等式:

(1) $2 < |2x-5| < 7$;

(2) $|x^2-3x| > 4$.

14. 已知 $x, y \in \mathbf{R}_+$,且 $xy=2$, 求 $2x+y$ 的最小值.

15. 若 $\lg x+\lg y=2$, 求 $\frac{1}{x}+\frac{1}{y}$ 的最小值.

16. 设 $x > 0$,求 $y=3-3x-\frac{1}{x}$ 的最大值.

C组

17. 设 $\log_a \frac{3}{4} > 1$，则实数 a 的取值范围是____________.

18. 解不等式 $\frac{3x^2-4x-23}{x^2-9} > 2$.

第 17 题解题参考

第 18 题解题参考

第三单元 函 数

3.1 函数的概念
3.2 函数的表示法
3.3 函数的基本性质
3.3.1 函数的单调性
3.3.2 函数的最值性
3.3.3 函数的奇偶性
3.4 复习与巩固

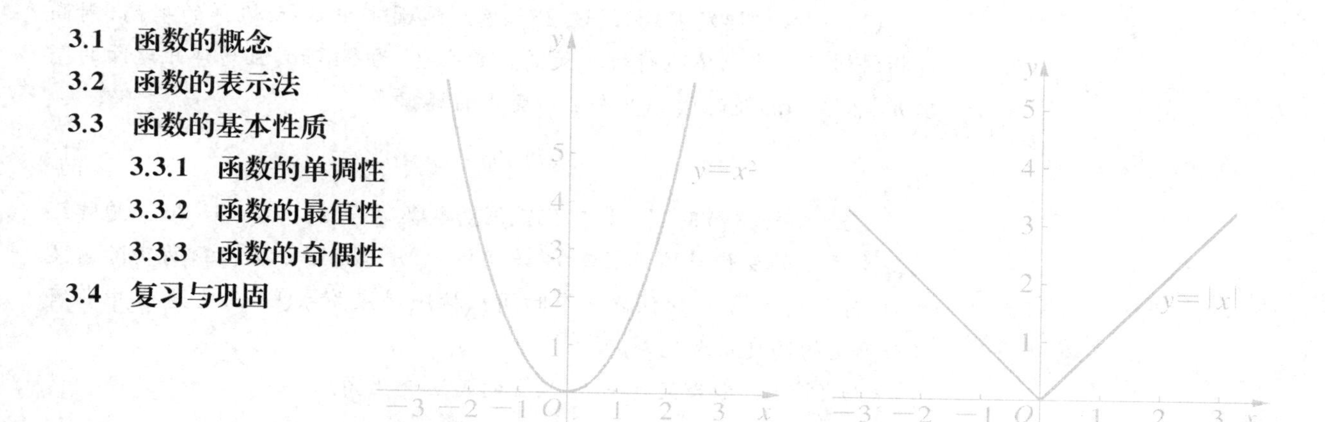

现实世界中许多运动与变化的现象都表现出变量之间的依赖关系.数学上，我们用函数模型来描述这种依赖关系，并通过研究函数的性质来认识运动与变化的规律.

在本章，我们将运用集合与对应的语言进一步描述函数的概念，感受建立函数模型的过程和方法.并将在初中学习的函数及其图像等内容的基础上，进一步研究函数的性质，以及函数在日常生活中的简单应用.

3.1 函数的概念

在初中我们已经学习过函数的概念,现在将进一步学习函数及其构成要素,下面先看几个实例.

(1) 一枚炮弹发射后,经过 26 s 落到地面击中目标.炮弹的射高(射高是指斜抛运动中物体飞行轨迹最高点的高度)为 845 m,且炮弹距地面的高度 h(单位: m)随时间 t(单位: s)变化的规律是

$$h=130t-5t^2. \quad ①$$

这里,炮弹飞行时间 t 的变化范围是数集 $A=\{t\mid 0\leqslant t\leqslant 26\}$,炮弹距地面高度 h 的变化范围是数集 $B=\{h\mid 0\leqslant h\leqslant 845\}$. 从问题的实际意义可知,对于数集 A 中的任意一个时间 t,按照对应关系①,在数集 B 中都有唯一确定的高度 h 和它对应.

(2) 图 3-1-1 为某市一天 24 h 的气温变化图.

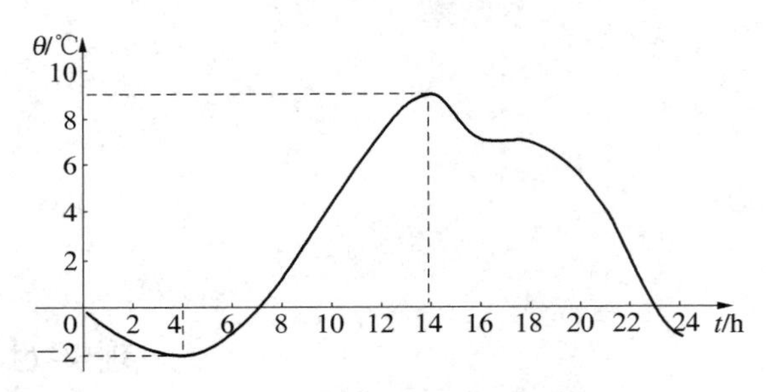

图 3-1-1

根据图 3-1-1 中的曲线可知,时间 t 的变化范围是数集 $A=\{t\mid 0\leqslant t\leqslant 24\}$,气温的变化范围是数集 $B=\{\theta\mid -2\leqslant \theta\leqslant 9\}$,并且,对于数集 A 中的每一个时刻 t,按照图中曲线,在数集 B 中都有唯一确定的温度 θ 和它对应.

(3) 估计人口数量变化趋势是我们制定一系列相关政策的依据.从人口统计年鉴中可以查得我国从 1949 年至 2015 年以及 2019 年人口数据资料如表 3-1-1 所示.

表 3-1-1

年　份	1949	1955	1960	1965	1973	1979	1985	1991	1997	2003	2009	2015	2019
人口数/百万	542	614	662	725	892	975	1 058	1 158	1 236	1 292	1 334	1 375	1 400

请你仿照(1)、(2)描述表 3-1-1 中人口数量和时间的关系.

以上 3 个实例,它们有什么共同特点?

上述例子的共同特点如下:变量之间的关系都可以描述为:对于数集 A 中的每一个 x,按照某种对应关系 f,在数集 B 中都有唯一确定的 y 和 x 对应.

一般地,我们有:

设 A, B 是两个非空的数集,如果按照某种确定的对应关系 f,使对于集合 A 中的任意一个数 x,在集合 B 中都有唯一确定的数 y 和 x 对应,那么就称 f 为从集合 A 到集合 B 的一个**函数**,记作

$$y=f(x),\ x\in A,\quad \text{或 } f: A\to B,$$

其中,集合 A 叫做函数的**定义域**;与 x 的值相对应的 y 的值叫做**函数值**,函数值的集合 $\{f(x)\mid x\in A\}$ 叫做函数的**值域**.

我们所熟悉的一次函数 $y=3x+2$ 的定义域是 $\mathbf{R}$,值域也是 $\mathbf{R}$.对于 $\mathbf{R}$ 中的任意一个数 x,在 $\mathbf{R}$ 中都有唯一一个数 $y=3x+2$ 和 x 对应.

二次函数 $y=x^2+2x+3$ 的定义域是 $\mathbf{R}$,值域是 $\{y\mid y\geqslant 2\}$.对于 $\mathbf{R}$ 中的任意一个数 x,在值域中都有唯一一个数 $y=x^2+2x+3$ 和 x 对应.

反比例函数 $y=\dfrac{1}{x}$ 的定义域、对应关系和值域各是什么?

研究函数时常用到区间的概念.

设 a, b 是两个实数,而且 $a<b$.我们规定:

(1) 满足不等式 $a\leqslant x\leqslant b$ 的实数 x 的集合叫做**闭区间**,记为 $[a, b]$;

(2) 满足不等式 $a<x<b$ 的实数 x 的集合叫做**开区间**,记为 (a, b);

(3) 满足不等式 $a\leqslant x<b$ 或 $a<x\leqslant b$ 的实数 x 的集合叫做**半开半闭区间**,分别记为 $[a, b)$, $(a, b]$.

这里的实数 a 与 b 都叫做相应区间的端点.

表 3-1-2

集　　合	名　称	记　号	数轴表示
$\{x\mid a\leqslant x\leqslant b\}$	闭区间	$[a, b]$	a b
$\{x\mid a<x<b\}$	开区间	(a, b)	a b
$\{x\mid a\leqslant x<b\}$	半开半闭区间	$[a, b)$	a b
$\{x\mid a<x\leqslant b\}$	半开半闭区间	$(a, b]$	a b

在数轴上表示区间,用实心点表示包括在区间内的端点,用空心点表示不包括在区间内的端点,如表 3-1-2 所示.

实数集 $\mathbf{R}$ 也可以用区间表示为 $(-\infty, +\infty)$,"∞"读作"无穷大","$-\infty$"读作"负无穷大","$+\infty$"读作"正无穷大".我们还可以把满足

$x \geqslant a$，$x > a$，$x \leqslant b$，$x < b$ 的实数 x 的集合分别表示为 $[a, +\infty)$，$(a, +\infty)$，$(-\infty, b]$，$(-\infty, b)$.

例 1 求下列函数的定义域：

(1) $f(x)=\dfrac{1}{x-2}$；

(2) $f(x)=\sqrt{3x+2}$；

(3) $f(x)=\sqrt{x+1}+\dfrac{1}{2-x}$.

分析 函数的定义域通常由问题的实际背景确定.如果只给出解析式 $y=f(x)$，而没有指明它的定义域，那么函数的定义域就是指能使这个式子有意义的实数 x 的集合.

解 (1) 因为 $x-2=0$，即 $x=2$ 时，分式 $\dfrac{1}{x-2}$ 没有意义，而 $x \neq 2$ 时，分式 $\dfrac{1}{x-2}$ 有意义.所以，这个函数的定义域是

$$\{x \mid x \neq 2\}.$$

(2) 因为 $3x+2<0$，即 $x<-\dfrac{2}{3}$ 时，根式 $\sqrt{3x+2}$ 没有意义，而 $3x+2 \geqslant 0$ 时，即 $x \geqslant -\dfrac{2}{3}$ 时，根式 $\sqrt{3x+2}$ 才有意义. 所以，这个函数的定义域是

$$\left[-\frac{2}{3}, +\infty\right).$$

(3) 使根式 $\sqrt{x+1}$ 有意义的实数 x 的集合是 $\{x \mid x \geqslant -1\}$，使分式 $\dfrac{1}{2-x}$ 有意义的实数 x 的集合是 $\{x \mid x \neq 2\}$. 所以，这个函数的定义域是

$$\{x \mid x \geqslant -1\} \cap \{x \mid x \neq 2\}=[-1, 2) \cup (2, +\infty).$$

自变量 x 在定义域中任取一个确定的值 a 时，对应的函数值用符号 $f(a)$ 来表示.

例如，函数 $f(x)=x^2+3x+1$，当 $x=2$ 时的函数值是

$$f(2)=2^2+3\times 2+1=11.$$

例 2 已知函数 $f(x)=3x^2-5x+2$，求 $f(3)$，$f(-\sqrt{2})$，$f(a)$，$f(a+1)$.

解

$$f(3)=3\times 3^2-5\times 3+2=14;$$

$$\begin{aligned} f(-\sqrt{2}) &= 3\times(-\sqrt{2})^2-5\times(-\sqrt{2})+2 \\ &= 6+5\sqrt{2}+2 \\ &= 8+5\sqrt{2}; \end{aligned}$$

$$f(a)=3a^2-5a+2;$$

$$\begin{aligned} f(a+1) &= 3(a+1)^2-5(a+1)+2 \\ &= 3a^2+6a+3-5a-5+2 \\ &= 3a^2+a. \end{aligned}$$

例 3 下列函数中哪个与函数 $y=x$ 是同一个函数？

(1) $y=(\sqrt{x})^2$；(2) $y=\sqrt[3]{x^3}$；(3) $y=\sqrt{x^2}$.

解 (1) $y=(\sqrt{x})^2=x\ (x\geqslant 0)$，这个函数与函数 $y=x\ (x\in\mathbf{R})$ 虽然对应关系相同，但是定义域不相同，所以这两个函数不是同一个函数.

(2) $y=\sqrt[3]{x^3}=x\ (x\in\mathbf{R})$，这个函数与函数 $y=x\ (x\in\mathbf{R})$ 不仅对应关系相同，而且定义域也相同，所以这两个函数是同一个函数.

(3) $y=\sqrt{x^2}=|x|=\begin{cases}x, & x\geqslant 0,\\ -x, & x<0.\end{cases}$

这个函数与函数 $y=x\ (x\in\mathbf{R})$ 的定义域都是实数集 $\mathbf{R}$，但是当 $x<0$ 时它的对应关系与函数 $y=x\ (x\in\mathbf{R})$ 不相同，所以这两个函数不是同一个函数.

练 习

1. 某班级学号为 1～6 的学生参加数学测试的成绩如表 3-1-3 所示，试将学号与成绩的对应关系用“箭头图”表示在图 3-1-2 中.

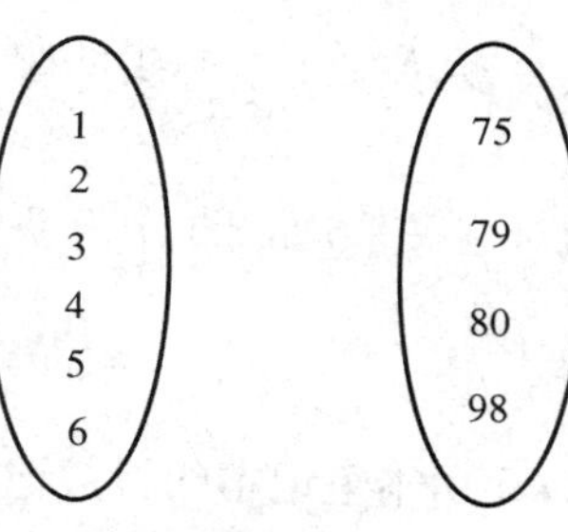

图 3-1-2

表 3-1-3

学号	1	2	3	4	5	6
成绩	80	75	79	80	98	80

2. 判断下列对应是否为集合 A 到集合 B 的函数：
   (1) A 为正实数集，$B=\mathbf{R}$，对于任意的 $x\in A$，$x\to x$ 的算术平方根；
   (2) $A=\{1, 2, 3, 4, 5\}$，$B=\{0, 2, 4, 6, 8\}$，对于任意的 $x\in A$，$x\to 2x$.
3. 求下列函数的定义域：
   (1) $f(x)=\dfrac{1}{4x+7}$；(2) $f(x)=\sqrt{1-x}+\sqrt{x+3}-1$.
4. 判断下列各题中的函数是否为同一函数，并说明理由：
   (1) 表示导弹飞行高度 h 与时间 t 关系的函数 $h=500t-5t^2$ 和二次函数 $y=500x-5x^2$；
   (2) $f(x)=1$ 和 $g(x)=x^0$.
5. 已知函数 $f(x)=x-x^2$，求 $f(0)$，$f(1)$，$f\left(\dfrac{1}{2}\right)$，$f(n+1)-f(n)$.
6. 求下列函数的值域：
   (1) $f(x)=x^2+x$，$x\in\{1, 2, 3\}$；
   (2) $f(x)=(x-1)^2-1$；
   (3) $f(x)=x+1$，$x\in(1, 2]$.

知识与实践

“孙悟空 72 变”游戏.大班小朋友学 10 以内的加减法后，教师准备两个放有数字卡片的盒子，第一个放有 1 到 9 的数字卡片，第二个放有 1 到 20 的数字卡片.先让小朋友从第一个盒子里选一张数字卡片，然后教师说，“孙悟空要怎么变这个数字呢？——把第一个盒子里取的卡片数字加5”，再让小朋友按规则在第二个盒子里找一张数字卡片与之对应.

请设计一个类似的幼儿园游戏.

3.2　函数的表示法

函数常用的表示方法有3种：解析法、图像法和列表法.

解析法，就是用数学表达式表示两个变量之间的对应关系，如3.1节开头问题中的实例(1).

图像法，就是用图像表示两个变量之间的对应关系，如3.1节开头问题中的实例(2).

列表法，就是列出表格来表示两个变量之间的对应关系，如3.1节开头问题中的实例(3).

例 1　某种笔记本的单价是5元，买 x ($x \in \{1, 2, 3, 4, 5\}$) 本笔记本的钱数记为 y(元).试用函数的3种表示法表示函数 $y=f(x)$.

解　这个函数的定义域是集合$\{1, 2, 3, 4, 5\}$.

用解析法可将函数 $y=f(x)$ 表示为

$$y=5x,\ x \in \{1, 2, 3, 4, 5\}.$$

用列表法可将函数 $y=f(x)$ 表示如下表3-2-1：

表 3-2-1

笔记本数 x	1	2	3	4	5
钱 数 y	5	10	15	20	25

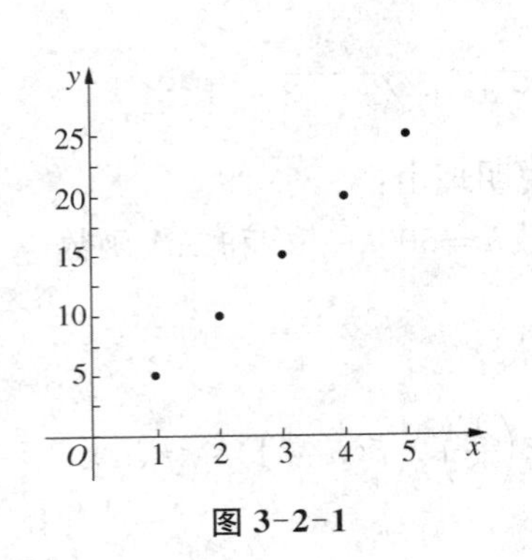

图 3-2-1

用图像法可将函数 $y=f(x)$ 表示为图3-2-1.

对于一个具体的问题，我们应当学会选择恰当的方法表示问题中的函数关系.

例 2　画出函数 $y=|x|$ 的图像.

解　由绝对值的概念，我们有

$$y=\begin{cases} x, & x \geqslant 0, \\ -x, & x < 0. \end{cases}$$

函数 $y=|x|$ 的图像如图3-2-2所示.

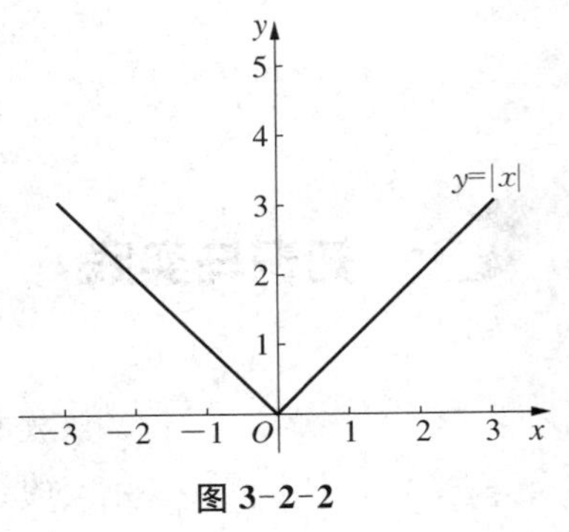

图 3-2-2

例 3　某市空调公共汽车的票价按下列规则制定：

(1) 5 km 以内(含 5 km)，票价 2 元；

(2) 5 km 以上，每增加 5 km，票价增加 1 元(不足 5 km 按 5 km 计算)。

已知两个相邻的公共汽车站间相距均为 1 km，如果沿途(包括起点站和终点站)有 21 个站，请根据题意，写出票价与里程之间的函数解析式，并画出函数图像.

解　设票价为 y，里程为 x，则根据题意有：

如果某空调汽车运行路线中设 21 个汽车站，那么汽车行驶的里程为 20 km，所以自变量 x 的取值围是 $(0, 20]$.

由空调汽车票价制定规定，可得到以下函数解析式：

$$y=\begin{cases}2, & 0<x\leqslant 5,\\ 3, & 5<x\leqslant 10,\\ 4, & 10<x\leqslant 15,\\ 5, & 15<x\leqslant 20.\end{cases}$$

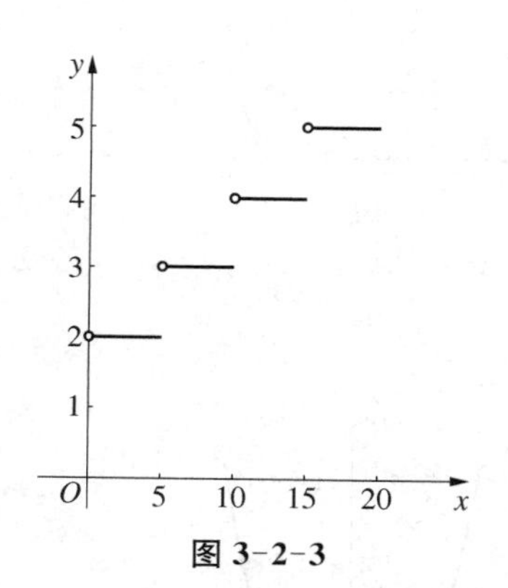

图 3-2-3

根据这个函数解析式，可画出函数图像如图 3-2-3 所示.

像例 2、例 3 这样的函数又称为**分段函数**.生活中，有很多可以用分段函数描述的实际问题，如出租车的计费、个人所得税纳税额等.

练习

1. 如图 3-2-4 所示，把截面半径为 25 cm 的圆形木头锯成矩形木料，如果矩形的一边长为 x，面积为 y，把 y 表示为 x 的函数.
2. 画出函数 $f(x)=|x+3|$ 的图像.
3. 图 3-2-5 中哪几个图像与下述 3 件事分别吻合得最好？请你为剩下的那个图像写出一件事.

   (1) 我离开家不久，发现自己把作业本忘在家里了，于是返回家里找到作业本再上学；

   (2) 我骑着车一路匀速行驶，只是在途中遇到一次交通堵塞，耽搁了一些时间；

   (3) 我出发后，心情轻松，缓缓行进，后来为了赶时间开始加速.

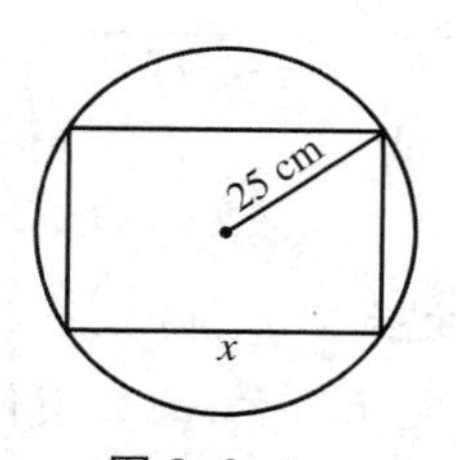

图 3-2-4

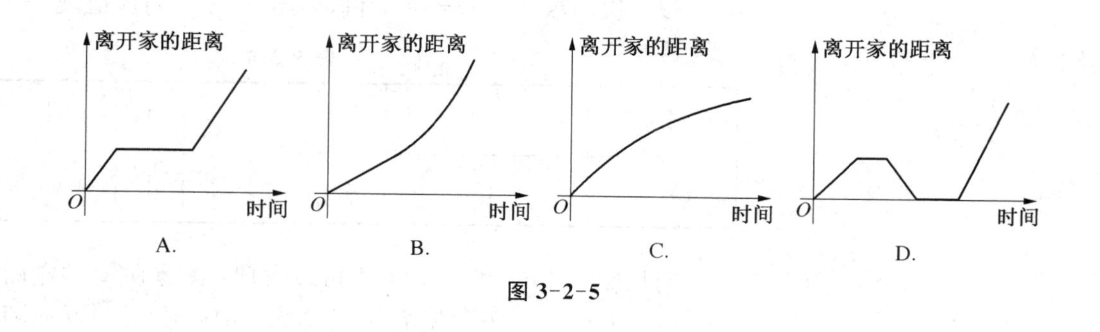

图 3-2-5

3.3 函数的基本性质

3.3.1 函数的单调性

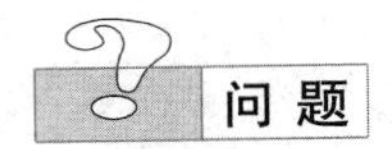

观察图 3-3-1,可以看到:

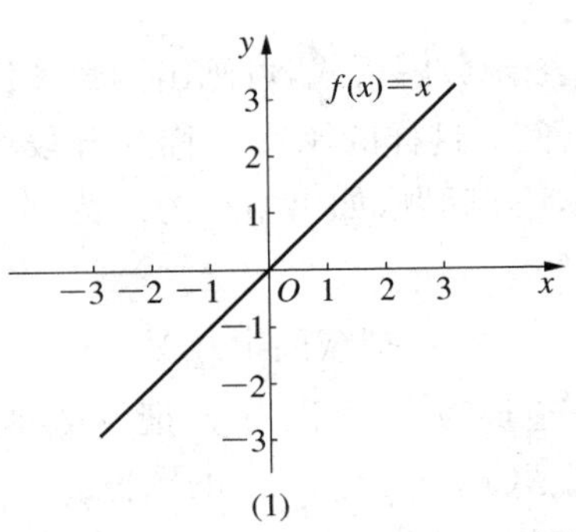

(1)

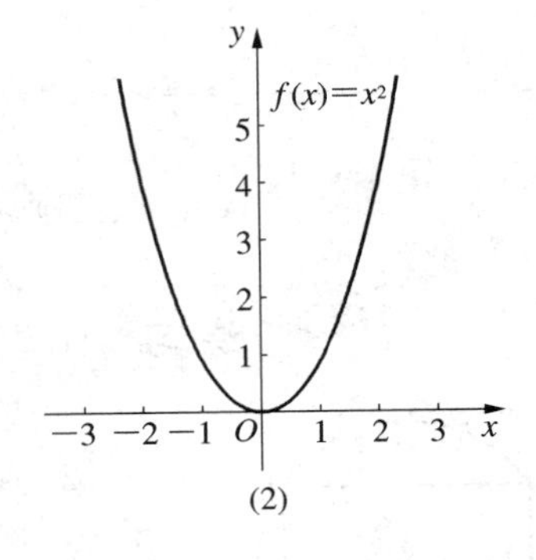

(2)

图 3-3-1

一次函数 $f(x)=x$ 的图像由左至右是上升的;二次函数 $f(x)=x^2$ 的图像由左至右在 y 轴的左侧是下降的,在 y 轴的右侧是上升的.函数图像的“上升”“下降”反映了函数的一个基本性质——单调性.那么,如何用数学语言来描述函数图像的“上升”和“下降”呢?

以二次函数 $f(x)=x^2$ 为例,列出 x, y 的对应值表 3-3-1.

表 3-3-1

x	…	−4	−3	−2	−1	0	1	2	3	4	…
$f(x)=x^2$	…	16	9	4	1	0	1	4	9	16	…

对比图 3-3-1 和表 3-3-1 可以发现:图像在 y 轴左侧“下降”,也就是,在区间$(-\infty, 0)$上,随着 x 的增大,相应地 $f(x)$反而随之减小;图像在 y 轴右侧“上升”,也就是,在区间$(0, +\infty)$上,随着 x 的增大,相应的 $f(x)$也随之增大.

对于二次函数 $f(x)=x^2$“在区间$(0, +\infty)$上,随着 x 的增大,相应地

$f(x)$也随之增大”,也就是说在区间$(0, +\infty)$上,任取两个 x_1, x_2,当 $x_1 < x_2$ 时,有 $f(x_1) < f(x_2)$.

一般地,设函数 $y=f(x)$ 的定义域为A,区间 $I \subseteq A$.

如果对于区间 I 内的任意两个值 x_1, x_2,当 $x_1 < x_2$ 时,都有 $f(x_1) < f(x_2)$,那么就说 $y=f(x)$ 在区间 I 上是**单调增函数**(如图 3-3-2(1)所示),I 称为 $y=f(x)$ 的**单调增区间**.

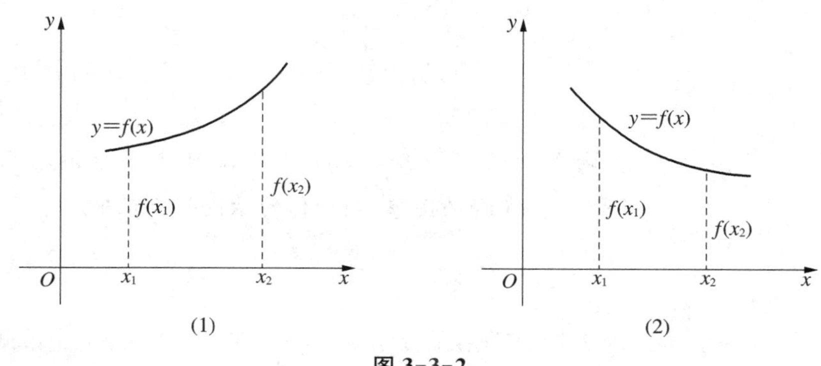

图 3-3-2

如果对于区间 I 内的任意两个值 x_1, x_2,当 $x_1 < x_2$ 时,都有 $f(x_1) > f(x_2)$,那么就说 $y=f(x)$ 在区间 I 上是**单调减函数**(如图 3-3-2(2)所示),I 称为 $y=f(x)$的**单调减区间**.

如果函数 $y=f(x)$在区间 I 上是单调增函数或单调减函数,那么就说函数 $y=f(x)$在区间 I 具有**单调性**.单调增区间和单调减区间统称为**单调区间**.在单调区间上增函数的图像是上升的,减函数的图像是下降的.

3.1 节开头的第二个问题中,气温 θ 是关于时间 t 的函数,记为 $\theta=f(t)$,观察如图 3-3-3 所示的气温变化图,指出 $\theta=f(t)$ 的单调区间,以及在每一单调区间上,$\theta=f(t)$ 是单调增函数还是单调减函数.

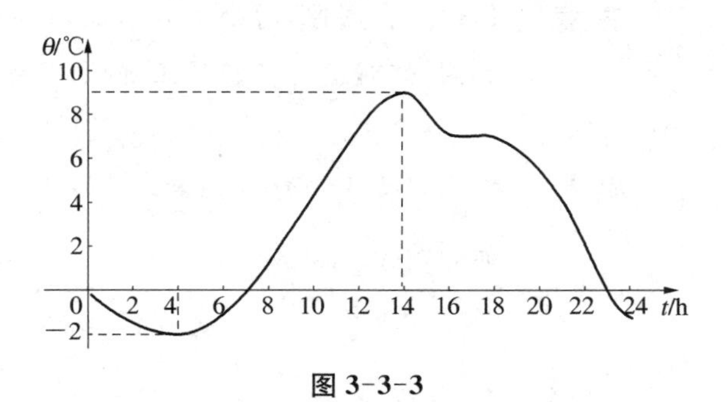

图 3-3-3

解 函数 $\theta=f(t)$ 的单调区间有$[0, 4)$, $[4, 14)$, $[14, 24]$,其中 $\theta=f(t)$ 在区间$[0, 4)$, $[14, 24]$上是单调减函数,在区间$[4, 14)$上是单调增函数.

要了解函数在某一区间是否具有单调性,从图像上进行观察是一种常用而又较为粗略的方法.严格地说,它需要根据单调函数的定义进行证明.

例 2 求证：函数 $f(x)=3x+2$ 在区间 $\mathbf{R}$ 上是单调增函数.

证明 设 x_1，x_2 是 $\mathbf{R}$ 上的任意两个实数，且 $x_1<x_2$，则

$$f(x_1)-f(x_2)=(3x_1+2)-(3x_2+2)=3(x_1-x_2).$$

由于 $x_1<x_2$，得 $x_1-x_2<0$，于是

$$f(x_1)-f(x_2)<0,$$

即
$$f(x_1)<f(x_2).$$

所以，函数 $f(x)=3x+2$ 在区间 $\mathbf{R}$ 上是单调增函数.

思考 函数 $f(x)=-3x+2$ 在 $\mathbf{R}$ 上是单调增函数还是单调减函数？试画出 $f(x)$ 的图像，判断你的结论是否正确.

例 3 求证：函数 $f(x)=\dfrac{1}{x}$ 在 $(0,+\infty)$ 上是单调减函数.

证明 设 x_1，x_2 是 $(0,+\infty)$ 上的任意两个实数，且 $x_1<x_2$，则

$$f(x_1)-f(x_2)=\frac{1}{x_1}-\frac{1}{x_2}=\frac{x_2-x_1}{x_1x_2}.$$

由 x_1，$x_2\in(0,+\infty)$，得 $x_1x_2>0$.

又由 $x_1<x_2$，得 $x_2-x_1>0$，于是

$$f(x_1)-f(x_2)>0,$$

即
$$f(x_1)>f(x_2).$$

所以，$f(x)=\dfrac{1}{x}$ 在 $(0,\infty)$ 上是单调减函数.

注意 通过观察图像，对函数是否具有某种性质作出一种猜想，然后通过推理的办法，证明这种猜想的正确性，是发现和解决问题的一种常用数学方法.

思考 如果 $x\in(-\infty,0)$，函数 $f(x)=\dfrac{1}{x}$ 是单调增函数还是单调减函数？证明你的结论.

3.3.2 函数的最值性

问题

我们再来观察图 3-3-1，比较其中的两个函数图像，可以发现，函数 $f(x)=x^2$ 的图像上有一个最低点 $(0,0)$. 那么，如何用数学语言来描述图

像的最低点呢？

当函数 $f(x)$ 的图像上最低点是 $(0, 0)$ 时，也就是说，对于任意的 $x \in \mathbf{R}$，都有 $f(x) \geqslant f(0)$. 这时，我们就说函数 $f(x)$ 有最小值. 而如果函数 $f(x)=x$ 的图像没有最低点，那么函数 $f(x)=x$ 没有最小值.

一般地，设 $y=f(x)$ 的定义域为 A.

若存在定值 $x_0 \in A$，使得对于任意 $x \in A$，有 $f(x) \geqslant f(x_0)$ 恒成立，则称 $f(x_0)$ 为 $y=f(x)$ 的最小值，记为

$$y_{\min}=f(x_0).$$

若存在定值 $x_0 \in A$，使得对于任意 $x \in A$，有 $f(x) \leqslant f(x_0)$ 恒成立，则称 $f(x_0)$ 为 $y=f(x)$ 的最大值，记为

$$y_{\max}=f(x_0).$$

例 4 3.1 节开头的第二个问题中，气温 θ 是关于时间 t 的函数，记为 $\theta=f(t)$，观察如图 3-3-3 所示的气温变化图，指出全天的最高、最低气温分别是多少？

解 观察函数图像可以知道，图像上位置最高的点是 $(14, 9)$，最低的点是 $(4, -2)$，所以函数 $\theta=f(t)$ 当 $t=14$ 时取得最大值，即 $\theta_{\max}=9$；当 $t=4$ 时取得最小值，即 $\theta_{\min}=-2$. 也就是说，全天的最高气温是 9℃，最低气温是 -2℃.

例 5 求下列函数的最小值：

(1) $y=x^2-2x$；

(2) $y=\dfrac{1}{x}$, $x \in [1, 3]$.

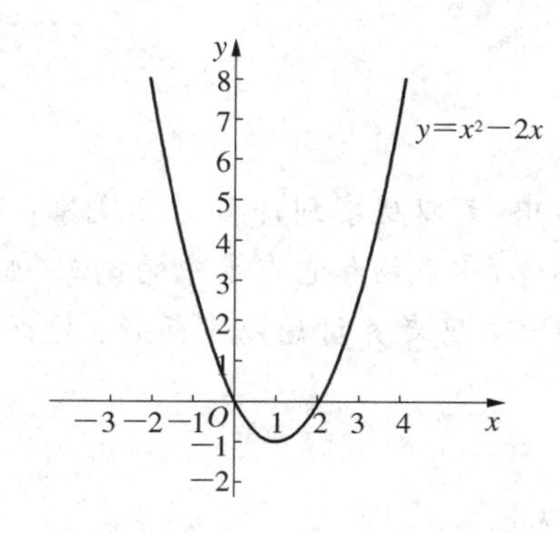

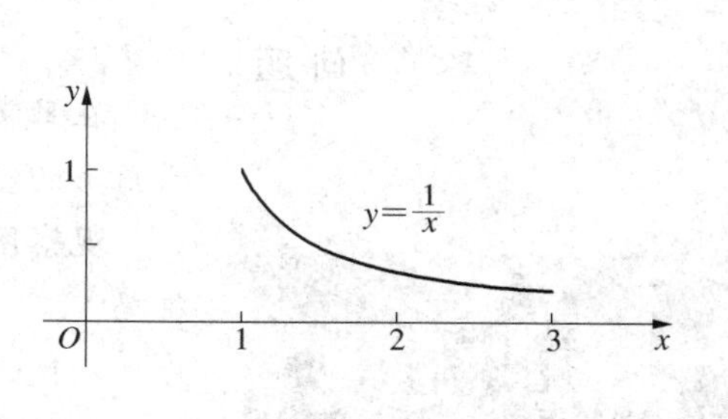

图 3-3-4

解 (1) 因为

$$y=x^2-2x=(x-1)^2-1 \geqslant -1,$$

且当 $x=1$ 时 $y=-1$，所以函数取得最小值 -1，即 $y_{\min}=-1$.

(2) 因为对于任意实数 $x \in [1, 3]$，都有 $\dfrac{1}{x} \geqslant \dfrac{1}{3}$，且当 $x=3$ 时，$\dfrac{1}{x}=\dfrac{1}{3}$，所以函数取得最小值 $\dfrac{1}{3}$，即 $y_{\min}=\dfrac{1}{3}$.

1. 整个上午(8.00 AM～12.00 AM)天气越来越暖,中午时分(12.00 AM～13.00 PM)一场暴风雨使天气骤然凉爽了许多.暴风雨过后,天气转暖,直到太阳落山(18.00 PM)才又开始转凉.画出这一天(8.00 AM～20.00 PM)气温作为时间函数的一个可能的图像,并说出所画函数的单调区间.
2. 判断 $f(x)=x^2-1$ 在$(0, +\infty)$上是增函数还是减函数.
3. 判断 $f(x)=-\frac{1}{x}$ 在$(-\infty, 0)$上是增函数还是减函数.
4. 证明函数 $f(x)=-2x+1$ 在 **R** 上是单调减函数.
5. 设 $f(x)$是定义在区间$[-6, 11]$上的函数.如果 $f(x)$在区间$[-6, -2]$上递减,在区间$[-2, 11]$上递增,画出 $f(x)$的一个大致的图像,从图像上可以发现 $f(-2)$是函数 $f(x)$的一个________.
6. 求 $f(x)=-x^2+2x$ 在$[0, 10]$上的最大值和最小值.

知识与实践

好朋友比高矮游戏.

(1) 教师:找一个好朋友比比高矮.高的小朋友拿红色的纸片,矮的小朋友拿绿色的纸片.可以请别的小朋友或老师帮忙看看谁高谁矮.注意:方法正确,记住好朋友,不要拿错纸片.

(2) 在 3 个好朋友中找到最高的小朋友.

请结合本节内容设计一个类似的幼儿园游戏.

3.3.3 函数的奇偶性

在日常生活中,可以观察到许多对称现象:美丽的蝴蝶,盛开的花朵,六角形的雪花晶体,建筑物和它在水中的倒影(如图 3-3-5 所示).

观察图 3-3-6,思考并讨论以下问题:这两个函数图像有什么共同特征吗?

图 3-3-5

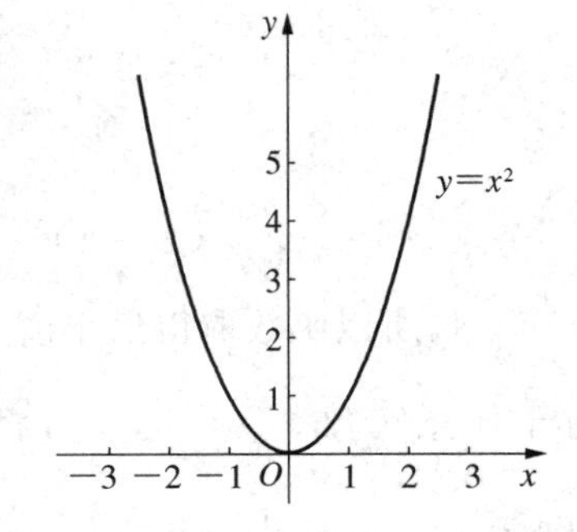

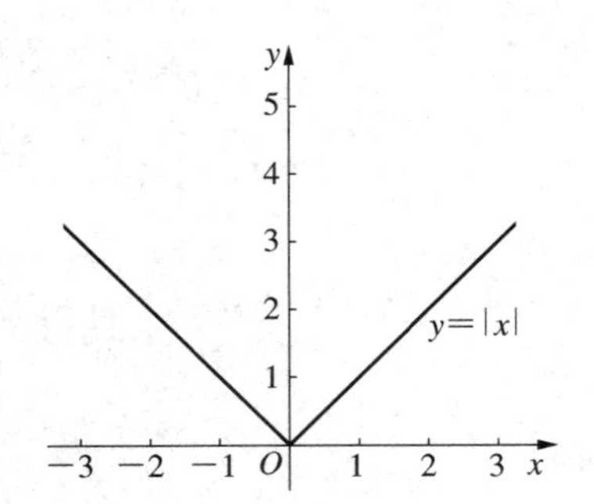

图 3-3-6

我们看到，这两个函数的图像都关于 y 轴对称. 那么，如何用数学语言来描述函数的这种对称性呢？

从函数值对应表表 3-3-2 和表 3-3-3 可以看到，当自变量 x 取一对相反数时，相应的两个函数值相同.

表 3-3-2

x	-3	-2	-1	0	1	2	3
$f(x)=x^2$	9	4	1	0	1	4	9

表 3-3-3

x	-3	-2	-1	0	1	2	3
$f(x)=\|x\|$	3	2	1	0	1	2	3

例如，对于函数 $f(x)=x^2$ 有：

$f(-3)=9=f(3)$；$f(-2)=4=f(2)$；$f(-1)=1=f(1)$.

实际上，对于 **R** 内的任意的一个 x，都有

$$f(-x)=(-x)^2=x^2=f(x).$$

一般地，如果对于函数 $f(x)$ 的定义域内的任意一个 x，都有

$$f(-x)=f(x),$$

那么称函数 $y=f(x)$ 是**偶函数**. 偶函数的图像关于 y 轴对称.

例如，函数 $f(x)=x^2+1$，$f(x)=\dfrac{2}{x^2+11}$ 都是偶函数. 它们的图像如图 3-3-7 所示.

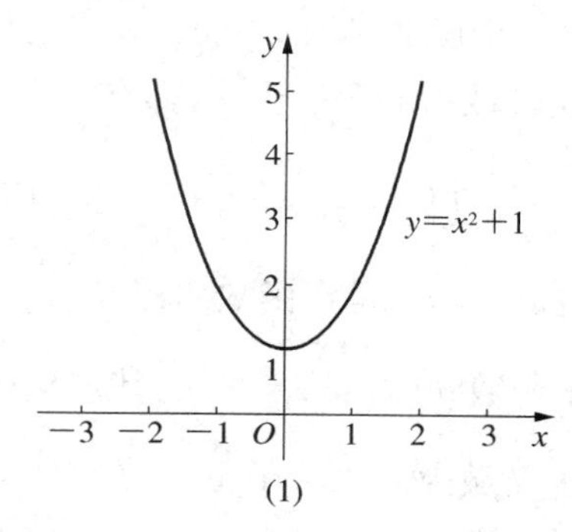

(1)

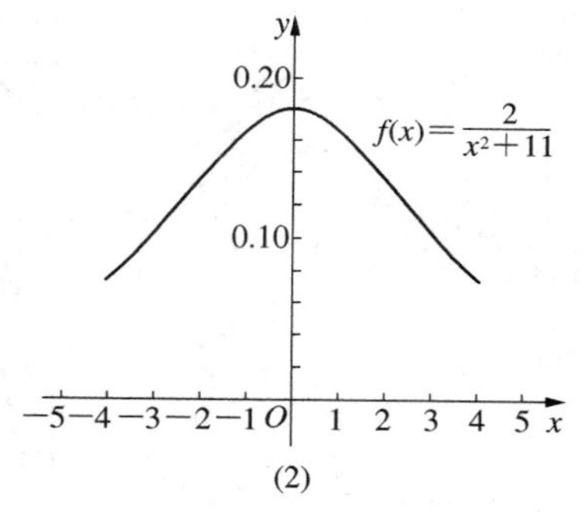

(2)

图 3-3-7

观察函数 $f(x)=x$ 和 $f(x)=\dfrac{1}{x}$ 的图像（如图 3-3-8 所示），并完成下面的两个函数值对应表（如表 3-3-4 和表 3-3-5 所示），这两个函数有什么共同特征吗？

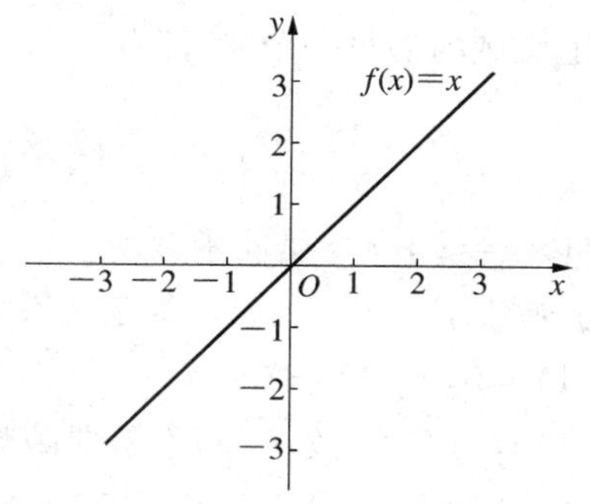

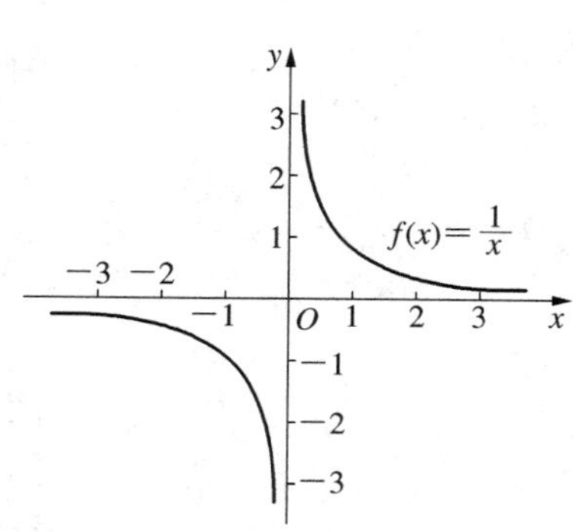

图 3-3-8

表 3-3-4

x	-3	-2	-1	0	1	2	3
$f(x)=x$				0			

表 3-3-5

x	-3	-2	-1	0	1	2	3
$f(x)=\frac{1}{x}$				/			

我们看到，两个函数的图像都关于原点对称.

一般地，如果对于函数 $f(x)$ 的定义域内的任意一个 x，都有

$$f(-x)=-f(x),$$

那么称函数 $y=f(x)$ 是**奇函数**.奇函数的图像关于原点对称.

如果函数 $f(x)$ 是奇函数或偶函数，我们就说函数 $f(x)$ 具有奇偶性.

例 6 判断下列函数的奇偶性：

(1) $f(x)=x^3$；

(2) $f(x)=x+\frac{1}{x}$；

(3) $f(x)=2|x|$；

(4) $f(x)=x+1$.

解 (1) 对于函数 $f(x)=x^3$，其定义域为 $(-\infty,+\infty)$.

因为对定义域内的每一个 x，都有

$$f(-x)=(-x)^3=-x^3=-f(x),$$

所以，函数 $f(x)=x^3$ 是奇函数.

(2) 对于函数 $f(x)=x+\frac{1}{x}$，其定义域为 $\{x\mid x\neq 0\}$.

因为对定义域内的每一个 x，都有

$$f(-x)=-x+\frac{1}{-x}=-\left(x+\frac{1}{x}\right)=-f(x),$$

所以，函数 $f(x)=x+\frac{1}{x}$ 是奇函数.

(3) 对于函数 $f(x)=2|x|$，其定义域为 $(-\infty,+\infty)$.

因为对定义域内的每一个 x，都有

$$f(-x)=2|-x|=2|x|=f(x),$$

所以，函数 $f(x)=2|x|$ 是偶函数.

(4) 对于函数 $f(x)=x+1$，其定义域为 $(-\infty,+\infty)$.

而 $f(-1)=0$, $f(1)=2$.

因 $f(-1)\neq f(1)$，故 $f(x)$ 不是偶函数；

又因 $f(-1)\neq -f(1)$，故 $f(x)$ 不是奇函数.

所以，$f(x)=x+1$既不是偶函数，也不是奇函数.

练 习

1. 已知 $f(x)$是偶函数，$g(x)$是奇函数，试将图 3-3-9 补充完整.

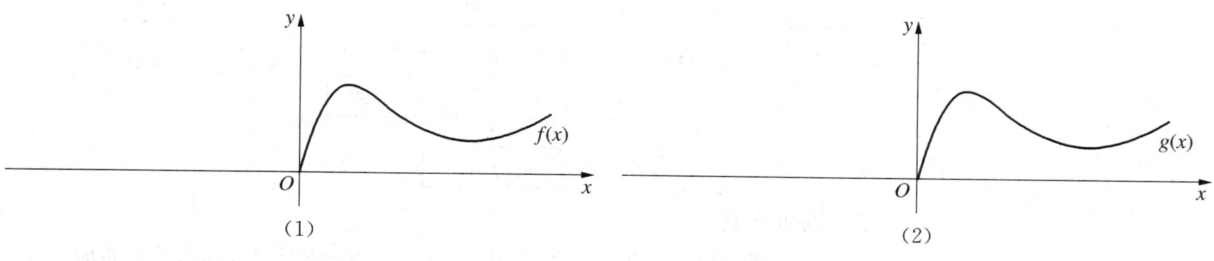

图 3-3-9

2. 判断下列函数的奇偶性：

(1) $f(x)=x^2-1$；

(2) $f(x)=x^3-3x$；

(3) $f(x)=x^2-2x+1$；

(4) $f(x)=\dfrac{x^4-1}{x^2}$.

知识与实践

准备小猫、小狗图卡一张，一半熊猫和一半松鼠拼成的怪物图卡一张，教师把小猫的图卡从中间折叠，拿其中的一半给幼儿看，请幼儿猜一猜是什么动物.然后出示小狗正面的图卡的一半，请幼儿猜猜是什么动物，并说说是怎么猜出来的？

接着故意将一半熊猫图卡和一半松鼠图卡拼在一起，折叠后请幼儿一半一半地欣赏.教师问："为什么你们觉得这是个怪物？它哪里比较奇怪？"出示完整的小猫和小狗的图片.

介绍"对称"这一名词，我们把左右两边大小、形状、颜色都一样的情况叫做对称.

制作"手掌印"图案.让小朋友讨论自己做的左右手的手掌印是否对称？请设计一个幼儿园游戏活动，让小朋友找一找教室里、生活中还有哪些"对称".

3.4 复习与巩固

本章从实际背景出发，抽象出函数的概念，给出函数的表示法，研究了函数的单调性、最(大、小)值和奇偶性.

一、知识结构

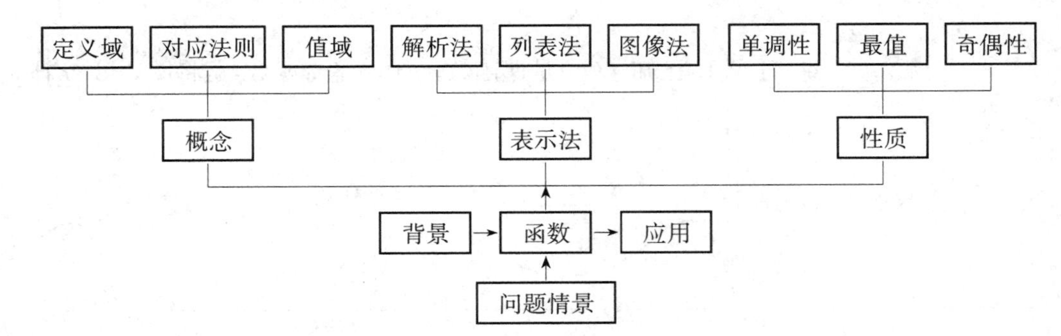

二、回顾与思考

1. 函数是两个集合上的一种对应关系.你能从实际问题中抽象出数学问题并用函数模型描述这种依赖关系吗？你能结合实例选择用解析法、列表法和图像法来描述不同的具体问题吗？

2. 本章主要运用数形结合的方法来研究函数的性质，通过函数的性质、定义探索函数，进一步作出函数的图像.你能运用函数性质解决问题吗？解决问题的关键是什么？

复习参考题

A 组

1. 举出几个实际生活中的函数例子，并说明相应于这些函数的定义域和值域各是什么？

2. 判断下列对应，哪些是函数，哪些不是函数：

(1) $A=\{1, 3, 5, 7, 9\}$，$B=\{2, 4, 6, 8, 10\}$，对应法则

$$f: a \to b=a+1,\ a \in A,\ b \in B;$$

(2) $A=\{\angle\alpha \mid 0^\circ < \angle\alpha < 90^\circ\}$，$B=\{y \mid 0 < y < 1\}$，对应法则

$$f: \angle\alpha \to y=\sin\alpha,\ \alpha \in A,\ y \in B;$$

(3) $A=\{x \mid x \in \mathbf{R}\}$，$B=\{y \mid y \geqslant 0\}$，对应法则

$$f: x \to y=x^2,\ x \in A,\ y \in B.$$

3. 画下列函数的图像：

(1) $F(x)=\begin{cases}0, & (x<1), \\ x, & (x \geqslant 1);\end{cases}$

(2) $G(x)=x\,|x-2|$，$x \in \mathbf{R}$.

4. 求下列函数的定义域：

(1) $f(x)=\sqrt{3x+5}$；　　(2) $f(x)=\dfrac{\sqrt{x+1}}{x+2}$；

(3) $f(x)=\dfrac{1}{\sqrt{3-2x}}$；　　(4) $f(x)=\sqrt{x-1}+\dfrac{1}{x+4}$.

5. 设函数 $f(x)=\dfrac{1+x^2}{1-x^2}$，求证：

(1) $f(-x)=f(x)$；　　(2) $f\left(\dfrac{1}{x}\right)=-f(x)$.

6. 设 $f(x)=\frac{1-x}{1+x}$，求：

(1) $f(a+1)$； (2) $f(a)+1$.

7. 设一个函数的解析式为 $f(x)=2x+3$，它的值域为 $\{-1, 2, 5, 8\}$，试求此函数的定义域.

8. 指出下列函数的单调区间，并说明在单调区间上函数是增函数还是减函数：

(1) $f(x)=-x^2+x-6$； (2) $f(x)=-\sqrt{x}$.

1. 已知 $f(\sqrt{x}+1)=x^2+2x-3$，求 $f(x)$.

2. 已知 $y=\frac{x^4-5}{ax^3+bx^2+c}$ 为奇函数，且 $f(1)=-4$，求 $a^2+b^2+c^2$ 的值.

第 1 题解题参考

第 2 题解题参考

第四单元　指数函数与对数函数

4.1　指数与指数幂运算

4.1.1　根式

4.1.2　分数指数幂

4.1.3　无理数指数幂

4.2　指数函数及其性质

4.3　对数与对数运算

4.3.1　对数与对数运算

4.3.2　对数的运算性质

4.4　对数函数及其性质

4.5　复习与巩固

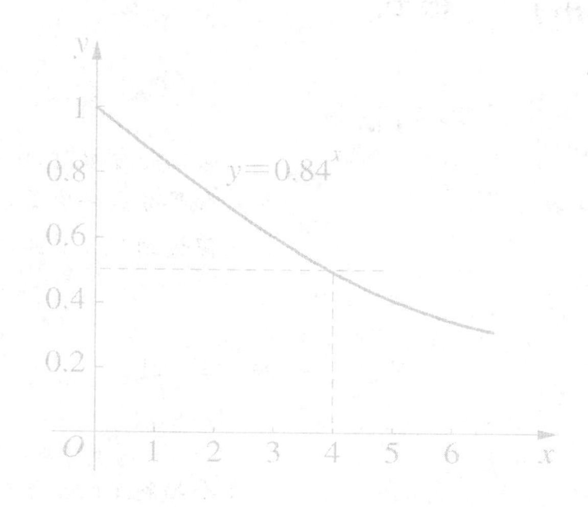

现实世界中许多运动和变化的现象都表现出变量之间的依赖关系.我们将在上一章的基础上，进一步描述指数与对数函数的概念、图像、性质及两类函数在日常生活中的应用.

4.1　指数与指数幂运算

4.1.1　根式

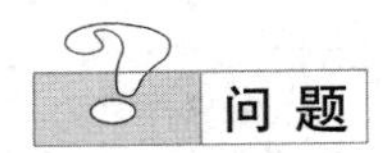

某细胞分裂时，由一个分裂成 2 个，2 个分裂成 4 个，4 个分裂成 8 个. 如果分裂一次需要 10 min，那么，1 个细胞 1 h 后分裂成多少个细胞？

假设细胞分裂的次数为 x，相应的细胞个数为 y，则

$$y=2^x.$$

当 $x=6$ 时，

$$y=2^6=64,$$

即 1 个细胞 1 h 后分裂成 64 个细胞.

在上述例子中，x 只能取正整数.我们还知道对于式子 2^x，x 取负整数和 0 也是有意义的.那么，x 能取分数甚至无理数吗？

我们知道，如果 $x^2=a$，那么 x 叫做 a 的**平方根**，例如，± 2 就是 4 的平方根；如果 $x^3=a$，那么 x 叫做 a 的立方根，例如，2 就是 8 的**立方根**.

类似地，由于 $(\pm 2)^4=16$，我们就把 ± 2 叫做 16 的 4 次方根；由于 $2^5=32$，2 就叫做 32 的 5 次方根.

一般地，如果一个实数 x 满足 $x^n=a$ $(n>1$，且 $n\in \mathbf{N}^*)$，那么 x 叫做 a 的 n 次方根.

当 n 是奇数时，正数的 n 次实数方根是一个正数，负数的 n 次实数方根是一个负数.这时，a 的 n 次实数方根用符号 $\sqrt[n]{a}$ 表示.例如

$$\because 3^3=27 \quad \therefore 3=\sqrt[3]{27}$$

$$\because (-2)^3=-8 \quad \therefore -2=\sqrt[3]{-8}$$

$$\because x^3=6 \quad \therefore x=\sqrt[3]{6}$$

当 n 是偶数时，正数的 n 次实数方根有两个，这两个数互为相反数，这时，正数 a 的正的 n 次实数方根用符号 $\sqrt[n]{a}$ 表示，负的 n 次实数方根用符号 $-\sqrt[n]{a}$ 表示.它们可以合并写成 $\pm\sqrt[n]{a}\ (a>0)$ 的形式，例如，

$$\because x^2=3 \quad \therefore x=\pm\sqrt{3}$$

$$\because x^4=6 \quad \therefore x=\pm\sqrt[4]{6}$$

需要注意的是，0 的 n 次实数方根等于 0，记作 $\sqrt[n]{0}=0$.

式子 $\sqrt[n]{a}$ 叫做**根式**，其中 n 叫做**根指数**，a 叫做**被开方数**.

根据 n 次方根的意义，可得

$$(\sqrt[n]{a})^n=a.$$

例如，$(\sqrt{5})^2=5$，$(\sqrt[3]{-2})^3=-2$.

探究

$\sqrt[n]{a^n}$ 表示 a^n 的 n 次方根，等式 $\sqrt[n]{a^n}=a$ 一定成立吗？如果不一定成立，那么 $\sqrt[n]{a^n}$ 等于什么？

通过探究可以得到：

当 n 是奇数时，$\sqrt[n]{a^n}=a$；

当 n 是偶数时，$\sqrt[n]{a^n}=|a|=\begin{cases}a\ (a\geqslant 0),\\ -a\ (<0).\end{cases}$

例 1 求下列各式的值：

(1) $\sqrt[3]{(-8)^3}$；　　(2) $\sqrt{(-10)^2}$；

(3) $\sqrt[4]{(3-\pi)^4}$；　　(4) $\sqrt{(a-b)^2}\ (a>b)$.

解 (1) $\sqrt[3]{(-8)^3}=-8$；

(2) $\sqrt{(-10)^2}=|-10|=10$；

(3) $\sqrt[4]{(3-\pi)^4}=|3-\pi|=\pi-3$；

(4) $\sqrt{(a-b)^2}=|a-b|=a-b\ (a>b)$.

4.1.2 分数指数幂

根据 n 次实数方根的意义，我们有：

$$\sqrt[5]{a^{10}}=\sqrt[5]{(a^2)^5}=a^2=a^{\frac{10}{5}}\ (a>0),$$

$$\sqrt[3]{a^{12}}=\sqrt[3]{(a^4)^3}=a^4=a^{\frac{12}{3}}\ (a>0).$$

这就是说，当根式的被开方数的指数能被根指数整除时，根式可以表示为分数指数幂的形式.

那么，当根式的被开方数的指数不能被根指数整除时，根式是否也可以表示为分数指数幂的形式呢？

我们规定正数的正分数指数幂的意义是

$$a^{\frac{m}{n}}=\sqrt[n]{a^m}\quad(a>0,\ m,\ n\in\mathbf{N}^*,\text{且}\ n>1).$$

于是，在条件 $a>0$, m, $n\in\mathbf{N}^*$，且 $n>1$ 下，根式都可以写成分数指数幂的形式.

正数的负分数指数幂的意义与负整数指数幂的意义相仿，我们规定：

$$a^{-\frac{m}{n}}=\frac{1}{a^{\frac{m}{n}}}\quad(a>0,\ m,\ n\in\mathbf{N}^*,\text{且}\ n>1).$$

例如，$5^{-\frac{3}{4}}=\frac{1}{5^{\frac{3}{4}}}=\frac{1}{\sqrt[4]{5^3}}$，$a^{-\frac{2}{3}}=\frac{1}{a^{\frac{2}{3}}}=\frac{1}{\sqrt[3]{a^2}}\quad(a>0)$.

0 的正分数指数幂等于 0，0 的负分数指数幂没有意义.

规定了分数指数幂的意义以后，指数的概念就从整数指数推广到有理数指数.

整数指数幂的运算性质，对于有理指数幂也同样适用，即

$$a^r a^s=a^{r+s},$$

$$(a^r)^s=a^{rs},$$

$$(ab)^r=a^r b^r,$$

其中，r, $s\in\mathbf{Q}$, $a>0$, $b>0$.

例 2 求值：

$$8^{\frac{2}{3}},\ 100^{-\frac{1}{2}},\ \left(\frac{1}{4}\right)^{-3},\ \left(\frac{16}{81}\right)^{-\frac{3}{4}}.$$

解 $8^{\frac{2}{3}}=(2^3)^{\frac{2}{3}}=2^{3\times\frac{2}{3}}=2^2=4$；

$$100^{-\frac{1}{2}}=\frac{1}{100^{\frac{1}{2}}}=\frac{1}{(10^2)^{\frac{1}{2}}}=\frac{1}{10};$$

$$\left(\frac{1}{4}\right)^{-3}=(2^{-2})^{-3}=2^{(-2)\times(-3)}=2^6=64;$$

$$\left(\frac{16}{81}\right)^{-\frac{3}{4}}=\left(\frac{2}{3}\right)^{4\times\left(-\frac{3}{4}\right)}=\left(\frac{2}{3}\right)^{-3}=\frac{27}{8}.$$

例 3 用分数指数幂的形式表示下列各式(其中 $a>0$)：

$a^3\cdot\sqrt{a}$；$a^2\cdot\sqrt[3]{a^2}$；$\sqrt{a\sqrt[3]{a}}$.

解 $a^3\cdot\sqrt{a}=a^3\cdot a^{\frac{1}{2}}=a^{3+\frac{1}{2}}=a^{\frac{7}{2}}$；

$$a^2\cdot\sqrt[3]{a^2}=a^2\cdot a^{\frac{2}{3}}=a^{2+\frac{2}{3}}=a^{\frac{8}{3}};$$

$$\sqrt{a\sqrt[3]{a}}=(a\cdot a^{\frac{1}{3}})^{\frac{1}{2}}=(a^{\frac{4}{3}})^{\frac{1}{2}}=a^{\frac{2}{3}}.$$

例 4 计算下列各式(式中字母都是正数):

(1) $(2a^{\frac{2}{3}}b^{\frac{1}{2}})(-6a^{\frac{1}{2}}b^{\frac{1}{3}})\div(-3a^{\frac{1}{6}}b^{\frac{5}{6}})$;

(2) $(m^{\frac{1}{4}}n^{-\frac{3}{8}})^8$.

解 (1) $(2a^{\frac{2}{3}}b^{\frac{1}{2}})(-6a^{\frac{1}{2}}b^{\frac{1}{3}})\div(-3a^{\frac{1}{6}}b^{\frac{5}{6}})$

$=[2\times(-6)\div(-3)]a^{\frac{2}{3}+\frac{1}{2}-\frac{1}{6}}b^{\frac{1}{2}+\frac{1}{3}-\frac{5}{6}}$

$=4ab^0$

$=4a$;

(2) $(m^{\frac{1}{4}}n^{-\frac{3}{8}})^8=(m^{\frac{1}{4}})^8(n^{-\frac{3}{8}})^8=m^2n^{-3}=\dfrac{m^2}{n^3}$.

例 5 计算下列各式:

(1) $(\sqrt[3]{25}-\sqrt{125})\div\sqrt[4]{25}$;

(2) $\dfrac{a^2}{\sqrt{a}\,\sqrt[3]{a^2}}\ (a>0)$.

解 (1) $(\sqrt[3]{25}-\sqrt{125})\div\sqrt[4]{25}=(5^{\frac{2}{3}}-5^{\frac{3}{2}})\div5^{\frac{1}{2}}$

$=5^{\frac{2}{3}}\div5^{\frac{1}{2}}-5^{\frac{3}{2}}\div5^{\frac{1}{2}}=5^{\frac{2}{3}-\frac{1}{2}}-5^{\frac{3}{2}-\frac{1}{2}}$

$=5^{\frac{1}{6}}-5=\sqrt[6]{5}-5$;

(2) $\dfrac{a^2}{\sqrt{a}\,\sqrt[3]{a^2}}=\dfrac{a^2}{a^{\frac{1}{2}}a^{\frac{2}{3}}}=a^{2-\frac{1}{2}-\frac{2}{3}}=a^{\frac{5}{6}}=\sqrt[6]{a^5}$.

4.1.3 无理数指数幂

上面,我们已将指数式 a^x 中的指数 x 从整数推广到了有理数,是否还可以将指数推广到无理数呢? 例如,“$2^{\sqrt{2}}$”有意义吗?

利用计算器,可以计算出表 4-1-1 中的数值:

表 4-1-1

x	2^x	用计算器计算 2^x
1	2^1	2
1.4	$2^{1.4}$	2.639 015 821 …
1.41	$2^{1.41}$	2.657 371 628 …

续 表

x	2^x	用计算器计算 2^x
1.414	$2^{1.414}$	2.664 749 650 …
1.414 2	$2^{1.4142}$	2.665 119 088 …
…	…	…
$\sqrt{2}$	?	?

随着 x 的取值越来越接近于$\sqrt{2}$，2^x 的值也越来越接近于一个实数，我们把这个实数记为 $2^{\sqrt{2}}$.

一般地，当 $a>0$ 且 x 是一个无理数时，a^x 也是一个确定的实数.有理数指数幂的运算性质对实数指数幂同样适用.

1. 用根式的形式表示下列各式($a>0$)：

   $a^{\frac{1}{5}}$，$a^{\frac{3}{4}}$，$a^{-\frac{3}{5}}$，$a^{-\frac{2}{3}}$.

2. 用分数指数幂表示下列各式：

   (1) $\sqrt[3]{x^2}$；　　(2) $\sqrt[4]{(a+b)^3}\ (a+b>0)$；

   (3) $\sqrt[3]{m^2+n^2}$；　　(4) $\sqrt[5]{y^3}$.

3. 求下列各式的值：

   (1) $25^{\frac{1}{2}}$；(2) $27^{\frac{2}{3}}$；(3) $49^{-\frac{3}{2}}$；(4) $\left(\frac{25}{4}\right)^{-\frac{3}{2}}$.

4. 计算下列各式：

   (1) $a^{\frac{1}{2}}a^{\frac{1}{4}}a^{-\frac{3}{8}}$；　　(2) $(x^{\frac{1}{2}}y^{-\frac{1}{3}})^6$.

4.2　指数函数及其性质

据国务院发展研究中心 2013 年发表的《中国经济中长期增长趋势展望》判断，未来一段时间，我国 GDP(国内生产总值)年平均增长率在 7%左右. 那么，在 2013～2020 年，各年的 GDP 可望为 2013 年的多少倍？

如果把我国 2013 年 GDP 看成是一个单位，2014 年为第一年，那么：

1 年后(即 2014 年)，我国的 GDP 可望为 2013 年的$(1+7\%)$倍；

2 年后(即 2015 年)，我国的 GDP 可望为 2013 年的$(1+7\%)^2$倍；

3 年后(即 2016 年)，我国的 GDP 可望为 2013 年的多少倍？

4 年后(即 2017 年),我国的 GDP 可望为 2013 年的多少倍?

……

设 x 年后,我国的 GDP 为 2013 年的 y 倍,那么

$$y=(1+7\%)^{x}=1.07^{x}\ (x\in \mathbf{N}^{*},\ x\leqslant 7).$$

即从 2013 年起,x 年后我国的 GDP 为 2013 年的 1.07^{x} 倍.

如果用字母 a 来代替数 1.073.那么以上两个函数可以表示为形如

$$y=a^{x}$$

的函数,其中自变量 x 是指数,底数 a 是一个大于 0 且不等于 1 的常量.

一般地,函数 $y=a^{x}$ $(a>0$,且 $a\neq 1)$ 叫做指数函数,其中 x 是自变量,函数的定义域是 R.

指数函数 $y=a^{x}\ (a>0,\ a\neq 1)$ 有哪些性质呢?

我们先来画 $y=2^{x}$ 及 $y=3^{x}$ 的图像.

请同学们完成 x, y 的对应值表,如表 4-2-1 所示,并用描点法画出 $y=2^{x}$ 及 $y=3^{x}$ 的图像,如图 4-2-1 所示.

表 4-2-1

x	…	-3	-2	-1.5	-1	-0.5	0	0.5	1	1.5	2	3	…
$y=2^{x}$	…	0.13	0.25	0.35	0.5	0.71	1	1.4	2	2.8	4	8	…
$y=3^{x}$	…	0.04	0.11	0.19	0.33	0.58	1	1.73	3	5.20	9	27	…

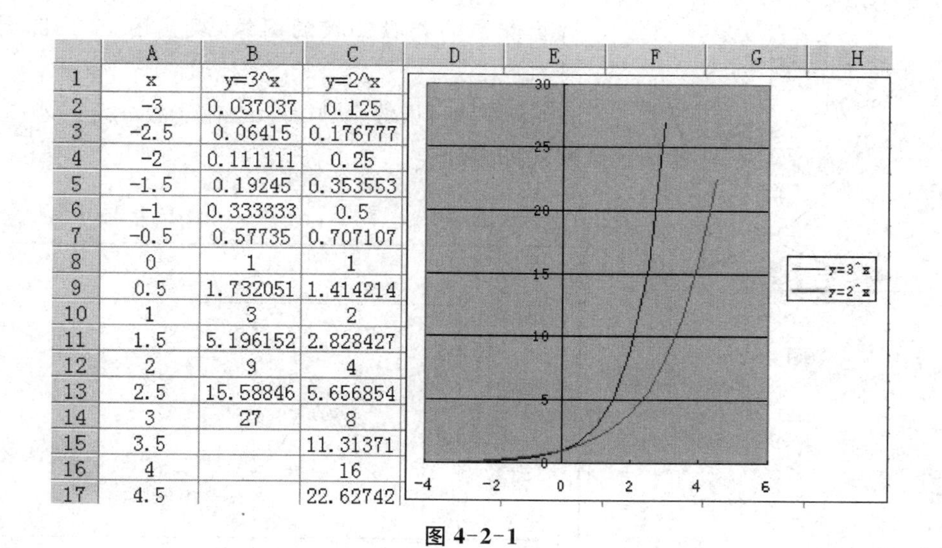

	A	B	C
1	x	y=3^x	y=2^x
2	-3	0.037037	0.125
3	-2.5	0.06415	0.176777
4	-2	0.111111	0.25
5	-1.5	0.19245	0.353553
6	-1	0.333333	0.5
7	-0.5	0.57735	0.707107
8	0	1	1
9	0.5	1.732051	1.414214
10	1	3	2
11	1.5	5.196152	2.828427
12	2	9	4
13	2.5	15.58846	5.656854
14	3	27	8
15	3.5		11.31371
16	4		16
17	4.5		22.62742

图 4-2-1

我们再来画 $y=\left(\frac{1}{2}\right)^{x}$ 的图像.

请同学们完成 x, y 的对应值,如表 4-2-2 所示,并用描点法画出它的图像,如图 4-2-2 所示.

表 4-2-2

x	…	-3	-2	-1.5	-1	-0.5	0	0.5	1	1.5	2	3	…
$y=2^{-x}$	…	8	4	2.8	2	1.4	1	0.71	0.5	0.35	0.25	0.13	…

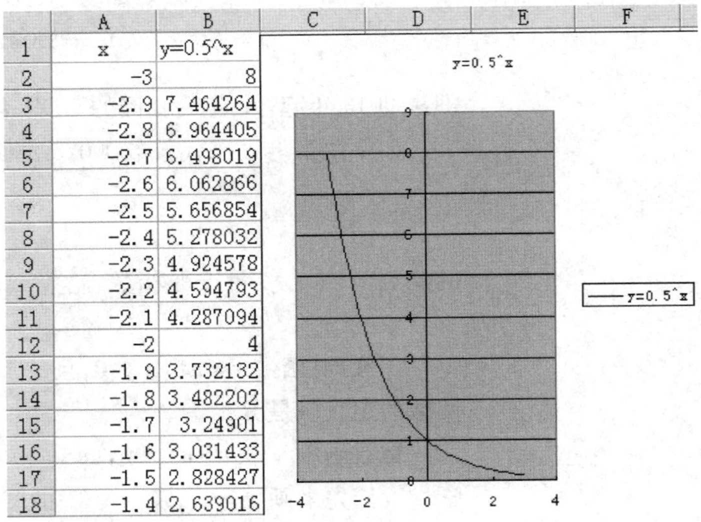

	A	B
1	x	y=0.5^x
2	-3	8
3	-2.9	7.464264
4	-2.8	6.964405
5	-2.7	6.498019
6	-2.6	6.062866
7	-2.5	5.656854
8	-2.4	5.278032
9	-2.3	4.924578
10	-2.2	4.594793
11	-2.1	4.287094
12	-2	4
13	-1.9	3.732132
14	-1.8	3.482202
15	-1.7	3.24901
16	-1.6	3.031433
17	-1.5	2.828427
18	-1.4	2.639016

y=0.5^x

图 4-2-2

思考 函数 $y=2^x$ 的图像与函数 $y=\left(\frac{1}{2}\right)^x$ 的图像有什么关系？可否利用 $y=2^x$ 的图像画出 $y=\left(\frac{1}{2}\right)^x$ 的图像？

选取底数 a（$a>0$，且 $a\neq1$）的若干个不同值，在同一平面直角坐标内作出相应的指数函数的图像，观察图 4-2-3，你能发现它们有哪些共同特征？

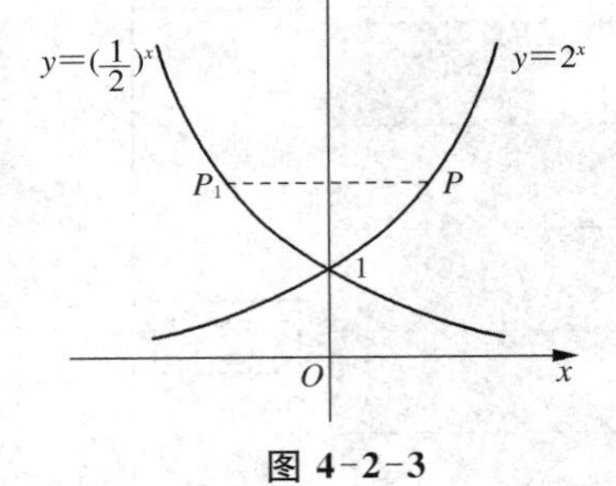

图 4-2-3

一般地，指数函数 $y=a^x$ 在底数 $a>1$ 及 $0<a<1$ 这两种情况下的图像和性质如表 4-2-3 所示.

表 4-2-3

	$0<a<1$	$a>1$
图　像	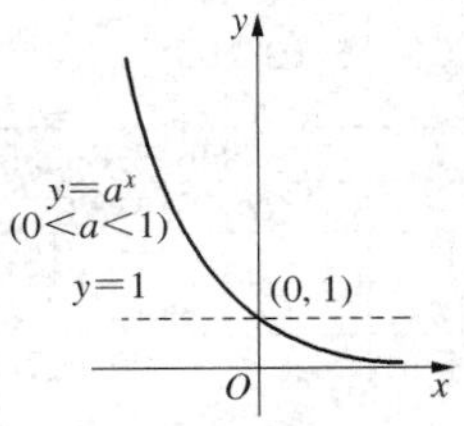 $y=a^x$ $(0<a<1)$，$y=1$，$(0, 1)$，O，x，y	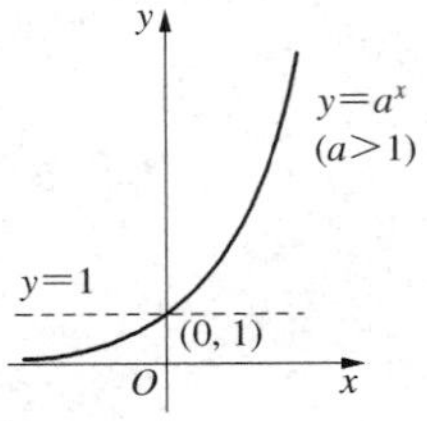 $y=a^x$ $(a>1)$，$y=1$，$(0, 1)$，O，x，y
定义域	**R**	
值　域	$(0, +\infty)$	
性　质	过定点 $(0, 1)$，即 $x=0$ 时，$y=1$	
	在 **R** 上是减函数	在 **R** 上是增函数

例 1 某种放射性物质不断变化为其他物质，每经过 1 年剩留的这种物质是原来的 84%.画出这种物质的剩留量随时间变化的图像，并从图像上求出经过多少年，剩留量是原来的一半(结果保留一个有效数字).

解 设这种物质最初的质量是 1，经过 x 年，剩留量是 y.

经过 1 年，剩留量 $y=1\times 84\%=0.84^1$；

经过 2 年，剩留量 $y=0.84\times 0.84=0.84^2$；

……

一般地，经过 x 年，剩留量

$$y=0.84^x.$$

根据这个函数关系可以列表，如表 4-2-4 所示.

表 4-2-4

x	0	1	2	3	4	5	6
y	1	0.84	0.71	0.59	0.50	0.42	0.35

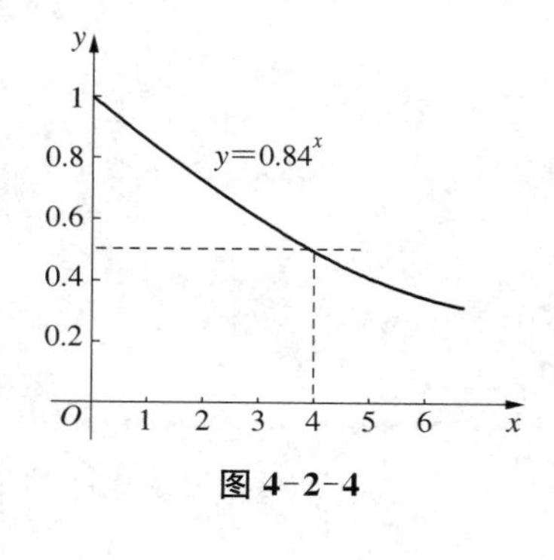

图 4-2-4

画出指数函数 $y=0.84^x$ 的图像，如图 4-2-4 所示.从图上看出 $y=0.5$ 只需 $x\approx 4$.

答 约经过 4 年，剩留量是原来的一半.

例 2 比较下列各题中两个值的大小：

(1) $1.7^{2.5}$，1.7^3；

(2) $0.8^{-0.1}$，$0.8^{-0.2}$.

解 (1) 考察指数函数 $y=1.7^x$.由于底数 $1.7>1$，所以指数函数 $y=1.7^x$ 在 **R** 上是增函数.

因为 $2.5<3$，所以 $1.7^{2.5}<1.7^3$.

(2) 考察指数函数 $y=0.8^x$.由于 $0<0.8<1$，所以指数函数 $y=0.8^x$ 在 **R** 上是减函数.

因为 $-0.1>-0.2$，所以 $0.8^{-0.1}<0.8^{-0.2}$.

练 习

1. 在同一坐标系中，画出下列函数的图像：

(1) $y=3^x$；　　(2) $y=\left(\frac{1}{3}\right)^x$.

2. 求下列函数的定义域：

(1) $y=3^{\frac{1}{x}}$；　　(2) $y=5^{\sqrt{x-1}}$；

(3) $y=2^{3-x}$；　　(4) $y=0.7^{\frac{1}{2-x}}$.

3. 一个幼儿园现有幼儿 300 人，如果每年增长 5%，经过 x 年后，幼儿园中有幼儿 y 人.写出 x，y 间的函数关系式；并且利用图像求得要经过多少年，幼儿可增加到 400 人(结果保留一个有效数字).

4. 比较下列各题中两个值的大小：

(1) $3^{0.8}$，$3^{0.7}$；　　(2) $0.75^{-0.1}$，$0.75^{0.1}$；

(3) $1.01^{2.7}$，$1.01^{3.5}$；　　(4) $0.99^{3.3}$，$0.99^{4.5}$.

5. 已知下列不等式，比较 m，n 的大小：

(1) $2^m < 2^n$；　(2) $0.2^m > 0.2^n$；

(3) $a^m < a^n (0 < a < 1)$；　(4) $a^m > a^n (a > 1)$.

6. 某新兴城市幼儿园入园人数 10 万人，如果年自然增长率为 1.2%，结合所学知识试解答下面的问题：

(1) 写出该城市幼儿园入园总数 y(万人)与年份 x(年)的函数关系；

(2) 计算 5 年以后该城市幼儿园入园总数(精确到 0.1 万人)；

(3) 如果 10 年后该城市幼儿园入园总数不超过 15 万人，年增长率应该控制在多少？

4.3　对数与对数运算

4.3.1　对数与对数运算

改革开放以来，我国经济保持了持续高速的增长.假设 2012 年我国国民生产总值为 a 亿元，如果每年平均增长 7.5%，那么经过多少年国民生产总值是 2012 年时的 1.5 倍？

假设经过 x 年国民生产总值为 2012 年时的 1.5 倍，根据题意有

$$a(1+7.5\%)^x = 1.5a,$$

即

$$1.075^x = 1.5.$$

这是已知底数和幂的值，求指数的问题.

一般地，$a^b = N\ (a > 0,\ a \neq 1)$，那么数 b 叫做以 a 为底 N 的对数，记作

$$\log_a N = b,$$

其中 a 叫做对数的底数，N 叫做真数.

例如，因为 $4^2 = 16$，所以 $\log_4 16 = 2$.

因为 $4^{\frac{1}{2}} = 2$，所以 $\log_4 2 = \frac{1}{2}$.

因为 $10^2 = 100$，所以 $\log_{10} 100 = 2$.

因为 $10^{-2}=0.01$，所以 $\log_{10}0.01=-2$.

根据对数的定义，可以证明

$$\log_a 1=0,\ \log_a a=1\ (a>0,\ a\neq 1).$$

从定义可知，负数和零没有对数.事实上，因为 $a>0$，所以不论 b 是什么实数，都有 $a^b>0$，这就是说不论 b 是什么数，N 永远是正数，因此**负数和零没有对数.**

通常将以 10 为底的对数叫做**常用对数**，为了简便，N 的常用对数 $\log_{10}N$ 简记作 $\lg N$.例如 $\log_{10}5$ 简记作 $\lg 5$.

在科学技术中常常使用以无理数 $e=2.718\,28\cdots$ 为底的对数，以 e 为底的对数叫做**自然对数**，为了简便，N 的自然对数 $\log_e N$ 简记作 $\ln N$.例如自然对数 $\log_e 3$ 简记作 $\ln 3$.

例 1 将下列指数式写成对数式：

(1) $5^4=625$； (2) $2^{-6}=\frac{1}{64}$；

(3) $3^a=27$； (4) $\left(\frac{1}{3}\right)^m=5.37$.

解 (1) $\log_5 625=4$；

(2) $\log_2\frac{1}{64}=-6$；

(3) $\log_3 27=a$；

(4) $\log_{\frac{1}{3}}5.73=m$.

例 2 将下列对数式写成指数式：

(1) $\log_{\frac{1}{2}}16=-4$； (2) $\log_2 128=7$；

(3) $\lg 0.01=-2$； (4) $\ln 10=2.303$.

解 (1) $\left(\frac{1}{2}\right)^{-4}=16$；

(2) $2^7=128$；

(3) $10^{-2}=0.01$；

(4) $e^{2.303}=10$.

例 3 求下列各式的值：

(1) $\log_2 64$； (2) $\log_9 27$.

解 (1) 由 $2^6=64$，得

$$\log_2 64=6.$$

(2) 设 $x=\log_9 27$，则根据对数的定义知

$$9^x=27,$$

即

$$3^{2x}=3^3,$$

得

$$2x=3,$$

$$x=\frac{3}{2},$$

所以

$$\log_9 27=\frac{3}{2}.$$

1. 把下列指数式写成对数式：

(1) $2^3=8$； (2) $2^5=32$；

(3) $2^{-1}=\frac{1}{2}$； (4) $27^{-\frac{1}{3}}=\frac{1}{3}$.

2. 把下列对数式写成指数式：

(1) $\log_3 9=2$； (2) $\log_5 125=3$；

(3) $\log_2 \frac{1}{4}=-2$； (4) $\log_3 \frac{1}{81}=-4$.

3. 求下列各式的值：

(1) $\log_5 25$； (2) $\log_2 \frac{1}{16}$；

(3) $\lg 100$； (4) $\lg 0.01$；

(5) $\lg 10\,000$； (6) $\lg 0.000\,1$.

4. 求下列各式的值：

(1) $\log_{15} 15$； (2) $\log_{0.4} 1$；

(3) $\log_9 81$； (4) $\log_{2.5} 6.25$.

4.3.2 对数的运算性质

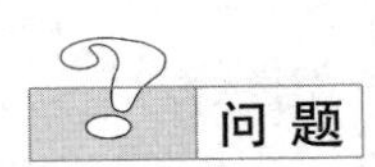

从指数与对数的关系以及指数运算性质，你能得出相应的对数运算性质吗？

由于

$$a^m \cdot a^n=a^{m+n},$$

设

$$M=a^m,\ N=a^n,$$

于是

$$MN=a^{m+n}.$$

由对数的定义得到

$$\log_a M = m,\ \log_a N = n,$$

$$\log_a MN = m + n.$$

这样，我们就得到对数的一个运算性质：

$$\log_a MN = \log_a M + \log_a N.$$

同样地，同学们可以仿照上述过程，由 $a^m \div a^n = a^{m-n}$ 和 $(a^m)^n = a^{mn}$，得出对数运算的其他性质.

于是，我们得到如下的对数的运算性质：

如果 $a > 0$，$a \neq 1$，$M > 0$，$N > 0$，那么

(1) $\log_a(MN) = \log_a M + \log_a N$；

(2) $\log_a \dfrac{M}{N} = \log_a M - \log_a N$；

(3) $\log_a M^n = n\log_a M\ (n \in \mathbf{R})$.

例 4 用 $\log_a x$，$\log_a y$，$\log_a z$ 表示下列各式：

(1) $\log_a \dfrac{xy}{z}$； (2) $\log_a \dfrac{x^2\sqrt{y}}{\sqrt[3]{z}}$.

解 (1) $\log_a \dfrac{xy}{z}$

$= \log_a(xy) - \log_a z$

$= \log_a x + \log_a y - \log_a z$；

(2) $\log_a \dfrac{x^2\sqrt{y}}{\sqrt[3]{z}}$

$= \log_a(x^2\sqrt{y}) - \log_a \sqrt[3]{z}$

$= \log_a x^2 + \log_a \sqrt{y} - \log_a \sqrt[3]{z}$

$= 2\log_a x + \dfrac{1}{2}\log_a y - \dfrac{1}{3}\log_a z$.

例 5 求下列各式的值：

(1) $\log_2(4^7 \times 2^5)$； (2) $\lg\sqrt[5]{100}$.

解 (1) $\log_2(4^7 \times 2^5)$

$= \log_2 4^7 + \log_2 2^5$

$= 7\log_2 4 + 5\log_2 2$

$= 7 \times 2 + 5 \times 1$

$= 19$；

(2) $\lg\sqrt[5]{100}$

$= \dfrac{1}{5}\lg 10^2$

$= \dfrac{2}{5}\lg 10 = \dfrac{2}{5}$.

练 习 1. 用 $\lg x$，$\lg y$，$\lg z$ 表示下列各式：

(1) $\lg(xyz)$； (2) $\lg\frac{xy^2}{z}$； (3) $\lg\frac{xy^3}{\sqrt{z}}$； (4) $\lg\frac{\sqrt{x}}{y^2z}$.

2. 计算：

(1) $\log_3(27\times 9^2)$； (2) $\lg 100^2$；

(3) $\lg 0.000\ 01$； (4) $\log_7\sqrt[3]{49}$.

3. 求下列各式的值：

(1) $\log_2 6-\log_2 3$； (2) $\lg 5+\lg 2$；

(3) $\log_5 3+\log_5\frac{1}{3}$； (4) $\log_3 5-\log_3 15$.

4.4 对数函数及其性质

我们研究指数函数时，曾经讨论过细胞分裂问题.某种细胞分裂时，得到的细胞个数 y 是分裂次数 x 的函数，这个函数可以用指数函数

$$y=2^x$$

表示.

现在我们来研究相反的问题.知道了细胞个数 y，如何来确定分裂次数 x？

为了求 $y=2^x$ 中的 x，我们将 $y=2^x$ 改写成对数式为

$$x=\log_2 y.$$

对于每一个给定的 y 值，都有一个唯一的 x 值与之对应.把 y 看作自变量，x 就是 y 的函数.这样就得到了一个新的函数.

习惯上，仍用 x 表示自变量，用 y 表示它的函数，这样，上面的函数就写成 $y=\log_2 x$.

函数 $y=\log_a x$ ($a>0$，且 $a\neq 1$) 叫做对数函数，其中 x 是自变量.函数的定义域是 $(0, +\infty)$.

函数 $y=\log_a x$ 与函数 $y=a^x$ ($a>0$, $a\neq 1$) 的定义域、值域之间有什么关系？

对数函数 $y=\log_a x$ ($a>0$, $a\neq 1$) 有哪些性质呢？

因为对数函数 $y=\log_a x$ 与指数函数 $y=a^x$ 互为反函数，所以 $y=\log_a x$ 的图像与 $y=a^x$ 的图像关于直线 $y=x$ 对称.因此，我们只要画出和 $y=a^x$ 的图像关于直线 $y=x$ 对称的曲线，就可以得到 $y=\log_a x$ 的图像.

例如，画出与第 4.2 节中 $y=2^x$ 的图像（如图 4-2-1 所示）关于直线 $y=x$ 对称的曲线，就可以得到 $y=\log_2 x$ 的图像（如图 4-4-1(1) 所示）.

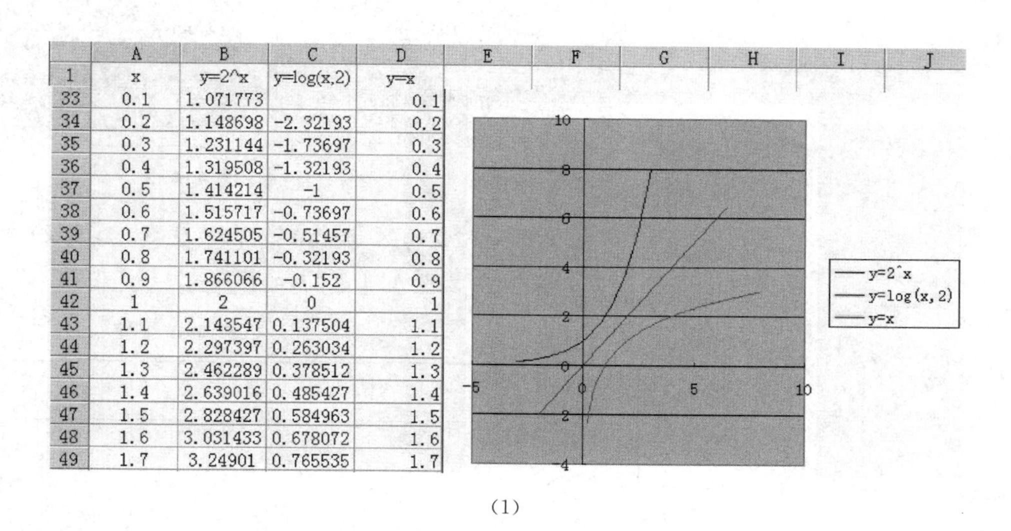

	A	B	C	D	E	F	G	H	I	J
1	x	y=2^x	y=log(x,2)	y=x						
33	0.1	1.071773		0.1						
34	0.2	1.148698	-2.32193	0.2						
35	0.3	1.231144	-1.73697	0.3						
36	0.4	1.319508	-1.32193	0.4						
37	0.5	1.414214	-1	0.5						
38	0.6	1.515717	-0.73697	0.6						
39	0.7	1.624505	-0.51457	0.7						
40	0.8	1.741101	-0.32193	0.8						
41	0.9	1.866066	-0.152	0.9						
42	1	2	0	1						
43	1.1	2.143547	0.137504	1.1						
44	1.2	2.297397	0.263034	1.2						
45	1.3	2.462289	0.378512	1.3						
46	1.4	2.639016	0.485427	1.4						
47	1.5	2.828427	0.584963	1.5						
48	1.6	3.031433	0.678072	1.6						
49	1.7	3.24901	0.765535	1.7						

(1)

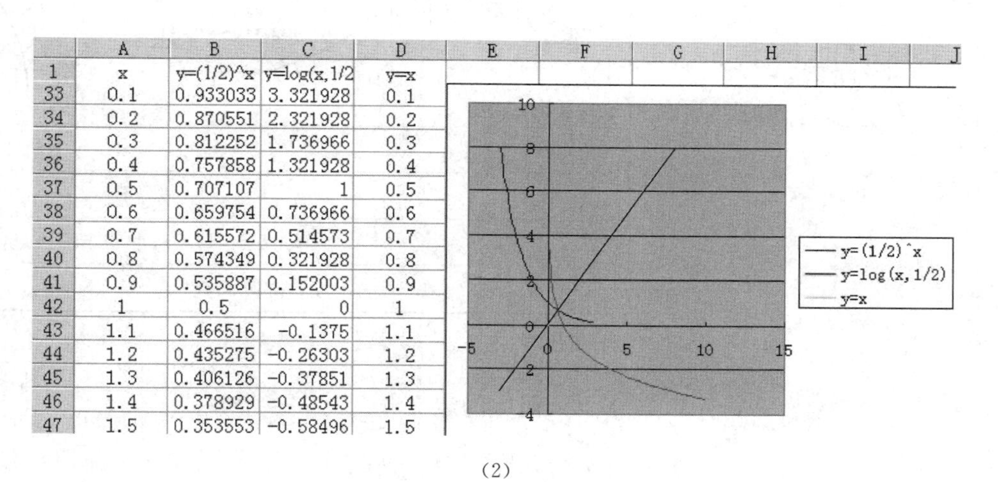

	A	B	C	D	E	F	G	H	I	J
1	x	y=(1/2)^x	y=log(x,1/2	y=x						
33	0.1	0.933033	3.321928	0.1						
34	0.2	0.870551	2.321928	0.2						
35	0.3	0.812252	1.736966	0.3						
36	0.4	0.757858	1.321928	0.4						
37	0.5	0.707107	1	0.5						
38	0.6	0.659754	0.736966	0.6						
39	0.7	0.615572	0.514573	0.7						
40	0.8	0.574349	0.321928	0.8						
41	0.9	0.535887	0.152003	0.9						
42	1	0.5	0	1						
43	1.1	0.466516	-0.1375	1.1						
44	1.2	0.435275	-0.26303	1.2						
45	1.3	0.406126	-0.37851	1.3						
46	1.4	0.378929	-0.48543	1.4						
47	1.5	0.353553	-0.58496	1.5						

(2)

图 4-4-1

用同样的方法，画出与 $y=\left(\frac{1}{2}\right)^x$ 的图像（如图 4-2-2 所示）关于直线 $y=x$ 对称的曲线，就可以得到 $y=\log_{\frac{1}{2}} x$ 的图像（如图 4-4-1(2) 所示）.

探究 观察图 4-4-2 中的函数的图像，对照指数函数的性质，你发现对数函数 $y=\log_a x$ 有哪些性质?

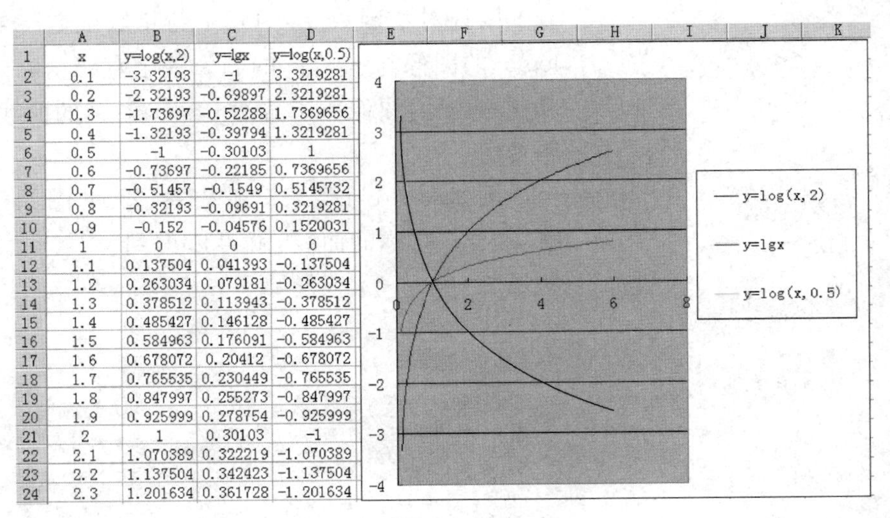

	A	B	C	D
1	x	y=log(x,2)	y=lgx	y=log(x,0.5)
2	0.1	-3.32193	-1	3.3219281
3	0.2	-2.32193	-0.69897	2.3219281
4	0.3	-1.73697	-0.52288	1.7369656
5	0.4	-1.32193	-0.39794	1.3219281
6	0.5	-1	-0.30103	1
7	0.6	-0.73697	-0.22185	0.7369656
8	0.7	-0.51457	-0.1549	0.5145732
9	0.8	-0.32193	-0.09691	0.3219281
10	0.9	-0.152	-0.04576	0.1520031
11	1	0	0	0
12	1.1	0.137504	0.041393	-0.137504
13	1.2	0.263034	0.079181	-0.263034
14	1.3	0.378512	0.113943	-0.378512
15	1.4	0.485427	0.146128	-0.485427
16	1.5	0.584963	0.176091	-0.584963
17	1.6	0.678072	0.20412	-0.678072
18	1.7	0.765535	0.230449	-0.765535
19	1.8	0.847997	0.255273	-0.847997
20	1.9	0.925999	0.278754	-0.925999
21	2	1	0.30103	-1
22	2.1	1.070389	0.322219	-1.070389
23	2.2	1.137504	0.342423	-1.137504
24	2.3	1.201634	0.361728	-1.201634

图 4-4-2

一般地，对数函数 $y=\log_a x$ 在其底数 $a>1$ 及 $0<a<1$ 这两种情况的图像和性质如表 4-4-1 所示.

表 4-4-1

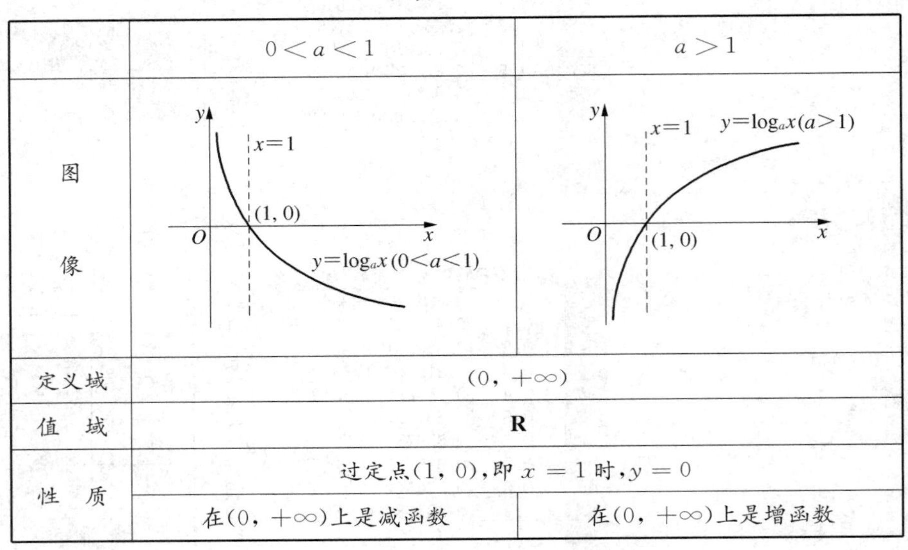

	$0<a<1$	$a>1$
图像	$x=1$；$(1, 0)$；$y=\log_a x(0<a<1)$	$x=1$；$y=\log_a x(a>1)$；$(1, 0)$
定义域	$(0, +\infty)$	
值域	$\mathbf{R}$	
性质	过定点 $(1, 0)$，即 $x=1$ 时，$y=0$	
	在 $(0, +\infty)$ 上是减函数	在 $(0, +\infty)$ 上是增函数

例 1 求下列函数的定义域：

(1) $y=\log_a x^2$；

(2) $y=\log_a(4-x)$；

(3) $y=\log_a(9-x^2)$.

解 (1) 因为 $x^2>0$，即 $x\neq 0$，所以函数 $y=\log_a x^2$ 的定义域是

$$\{x \mid x\neq 0\};$$

(2) 因为 $4-x>0$，即 $x<4$，所以函数 $y=\log_a(4-x)$ 的定义域是

$$\{x \mid x<4\};$$

(3) 因为 $9-x^2>0$，即 $-3<x<3$，所以函数 $y=\log_a(9-x^2)$ 的定义域是

$$\{x \mid -3 < x < 3\}.$$

例 2 比较下列各组数中两个值的大小：

(1) $\log_2 3.4$，$\log_2 5.8$；

(2) $\log_{0.3} 1.8$，$\log_{0.3} 2.7$；

(3) $\log_a 5.1$，$\log_a 5.9$ ($a > 0$，$a \neq 1$).

解 (1) 考察对数函数 $y = \log_2 x$，因为它的底数 $2 > 1$，所以它在$(0, +\infty)$上是增函数，于是

$$\log_2 3.4 < \log_2 5.8;$$

(2) 考察对数函数 $y = \log_{0.3} x$，因为它的底数为 0.3，即 $0 < 0.3 < 1$，所以它在$(0, +\infty)$上是减函数，于是

$$\log_{0.3} 1.8 > \log_{0.3} 2.7;$$

(3) 对数函数的增减性决定于对数的底数是大于 1 还是小于 1. 而已知条件中并未明确指出底数 a 与 1 哪个大，因此需要对底数 a 进行讨论：

当 $a > 1$ 时，函数 $y = \log_a x$ 在$(0, +\infty)$上是增函数，于是

$$\log_a 5.1 < \log_a 5.9;$$

当 $0 < a < 1$ 时，函数 $y = \log_a x$ 在$(0, +\infty)$上是减函数，于是

$$\log_a 5.1 > \log_a 5.9.$$

注意 例 2 是利用对数函数的增减性比较两个对数的大小，对底数 a 与 1 的大小关系未明确指定时，要分情况对底数进行讨论来比较两个对数的大小.

练习

1. 画出函数 $y = \log_3 x$ 及 $y = \log_{\frac{1}{3}} x$ 的图像，并且说明这两个函数的相同性质和不同性质.
2. 求下列函数的定义域：

   (1) $y = \log_5(1 - x)$；　　(2) $y = \dfrac{1}{\log_2 x}$；

   (3) $y = \log_7 \dfrac{1}{1 - 3x}$；　　(4) $y = \sqrt{\log_3 x}$.
3. 比较下列各题中两个值的大小：

   (1) $\log_{10} 6$，$\log_{10} 8$；　　(2) $\log_{0.5} 6$，$\log_{0.5} 4$；

   (3) $\log_{\frac{2}{3}} 0.5$，$\log_{\frac{2}{3}} 0.6$；　　(4) $\log_{1.5} 1.6$，$\log_{1.5} 1.4$.

知识与实践

燕子每年秋天都要从北方飞向南方过冬，研究燕子的专家发现，两岁燕子的飞行速度可以表示为函数 $v = 5\log_2 \dfrac{O}{10}$，单位是 m/s，其中 O 表示燕子的耗氧量.

(1) 计算当燕子静止时的耗氧量是多少个单位?

(2) 当一只燕子的耗氧量是80个单位时,它的飞行速度是多少?

4.5 复习与巩固

本章从实际背景出发,在抽象出函数的概念,给出函数的表示法,研究了函数的单调性、奇偶性的基础上,进而研究了两类特殊的函数(指数函数、对数函数)的性质及应用.

一、知识结构

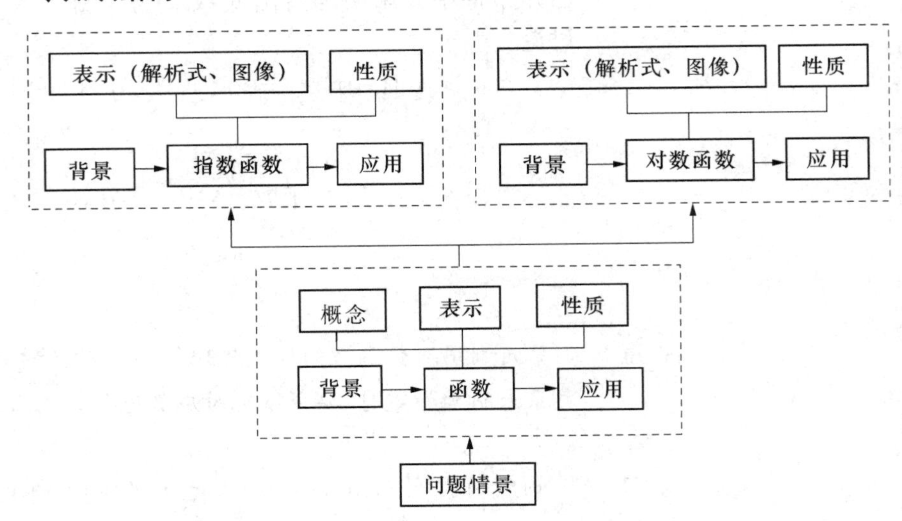

二、回顾与思考

1. 函数是两个集合上的一种对应关系.你能从实际问题抽象出数学问题并用函数模型描述这种依赖关系吗?你能结合实例选择用解析法、列表法、图像法来描述不同的具体问题吗?

2. 类比整数指数幂的运算,你能准确地进行根式、分数指数幂的运算吗?你能根据对数的性质准确地进行对数运算吗?

3. 本章主要运用数形结合的方法来研究函数的性质.通过函数的图像来探索函数的性质,利用函数的性质又可以作出函数的图像.你能运用函数解决问题吗?运用函数解决问题的关键是什么?

复习参考题

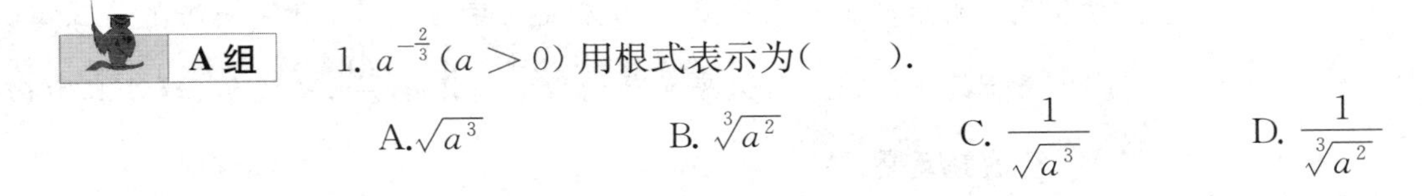

A组

1. $a^{-\frac{2}{3}}(a>0)$ 用根式表示为(　　).

A. $\sqrt{a^3}$　　B. $\sqrt[3]{a^2}$　　C. $\dfrac{1}{\sqrt{a^3}}$　　D. $\dfrac{1}{\sqrt[3]{a^2}}$

2. $\sqrt[4]{(3-\pi)^4}$ 等于(　　).

A. $3-\pi$　　B. $\pi-3$　　C. $\pm(\pi-3)$　　D. $\pm(3-\pi)$

3. 若 $0<a<1$,记 $m=a^{-1}$, $n=a^{-\frac{4}{3}}$, $p=a^{-\frac{1}{3}}$,则 m, n, p 的大小关系是(　　).

A. $m<n<p$　　B. $m<p<n$

C. $n<m<p$　　D. $p<m<n$

4. 已知函数 $f(x)=4+a^{x-1}$ 的图像恒过定点 P,则 P 点的坐标是(　　).

A. $(1, 5)$　　B. $(1, 4)$　　C. $(0, 4)$　　D. $(4, 0)$

5. 已知 $m>0$,且 $10^x=\lg 10m+\lg\frac{1}{m}$,则 x 的值为(　　).

A. 2　　B. 1　　C. 0　　D. -1

6. 设 $\lg 2=a$, $\lg 3=b$,则 $\lg\sqrt{1.8}=$(　　).

A. $\frac{2b+a-1}{2}$　　B. $b+a-1$　　C. $\frac{b+2a-1}{2}$　　D. $a+b$

7. 函数 $y=\sqrt{\log_{\frac{1}{2}}(x-1)}$ 的定义域是(　　).

A. $(1, +\infty)$　　B. $(2, +\infty)$　　C. $(-\infty, 2)$　　D. $(1, 2]$

8. 把下列指数式化为对数式 $(a>0$,且 $a\neq 1)$:

(1) $a^0=1$;　　(2) $a^1=a$;

(3) $a^3=N$;　　(4) $a^{\frac{2}{3}}=M$.

9. 把下列对数式化为指数式 $(a>0$,且 $a\neq 1)$:

(1) $\log_a M=b\ (M>0)$;

(2) $\log_a\sqrt[5]{a^3}=\frac{3}{5}$;

(3) $\log_a 64=6$;

(4) $\log_a xy=5\ (xy>0)$.

10. 计算 $(\lg 2)^3+3\lg 2\cdot\lg 5+(\lg 5)^3$ 的值.

11. 求下列函数的定义域:

(1) $f(x)=\log_2(4+3x)$;

(2) $f(x)=\sqrt{4^x-16}$.

12. 已知 $\lg 2=0.301\ 0$, $\lg 3=0.477\ 1$,求下列各对数的值(精确到 $0.000\ 1$):

(1) $\lg 6$;　　(2) $\lg 4$;

(3) $\lg 12$;　　(4) $\lg\frac{3}{2}$.

B组

13. 比较下列各题中两个值的大小:

(1) $\left(\frac{5}{2}\right)^{0.9}$, $\left(\frac{5}{2}\right)^{0.6}$;　　(2) $\left(\frac{5}{6}\right)^{-0.2}$, $\left(\frac{5}{6}\right)^{0.3}$;

(3) $1.001^{1.7}$, $1.001^{1.8}$;　　(4) $0.99^{3.3}$, $0.99^{4.4}$.

14. 设 $y_1=a^{3x+1}$, $y_2=a^{-2x}$,其中 $a>0$,且 $a\neq 1$,确定 x 为何值时,有

(1) $y_1=y_2$;　　(2) $y_1>y_2$.

15. 按复利计算利息的一种储蓄,本金为 a 元,每期利率为 r,设本利和为

y,存期为 x,写出本利和 y 随存期 x 变化的函数解析式.如果存入本金 1 000 元,每期利率为 2.25%,试计算 5 期后的本利和是多少(精确到 1 元)?

16. 已知 $2^m=3$, $2^n=5$, 用 m, n 的代数式求 $\log_2 450$.

17. 利用对数函数的性质,比较下列各组数中两个数的大小:

(1) $\log_5 7.8$ 与 $\log_5 7.9$;

(2) $\log_{0.3} 3$ 与 $\log_{0.3} 2$;

(3) $\ln 0.32$ 与 $\lg 2$.

18. 如果我国 GDP 年平均增长率保持为 7%,约多少年后我国的 GDP 在 2012 年的基础上翻两番?

19. 若函数 $y=a^{2x+b}+1$ ($a>0$ 且 $a\neq 1$, b 为实数)的图像恒过(1, 2),求 b 的值.

20. 设 $0\leqslant x\leqslant 2$, 求函数 $y=4^{x-\frac{1}{2}}-a\cdot 2^x+\frac{a^2}{2}+1$ 的最大值与最小值.

21. 已知 $f(x)=2+\log_3 x$ ($x\in[1, 9]$), 求函数 $y=[f(x)]^2+f(x^2)$ 的最大值与最小值.

第 19 题参考解答

第 20 题参考解答

第 21 题参考解答

第五单元　数　　列

5.1　数列的概念
5.2　等差数列
　5.2.1　等差数列及其通项公式
　5.2.2　等差数列的前 n 项和
5.3　等比数列
　5.3.1　等比数列及其通项公式
　5.3.2　等比数列的前 n 项和
5.4　复习与巩固

人类最先知道的数就是自然数.从幼儿认识自然数的有序性到大千世界的自然规律,从细胞分裂到放射性物质的衰变,从古代文明的“形数”到现代数学的“分形”……数列在我们的生活中无处不在.在本章,我们将学习数列的一些基础知识,并用它们解决一些简单的实际问题.

5.1 数列的概念

我们看下面的例子：

传说古希腊毕达哥拉斯(Pythagoras，约公元前570年～约公元前500年)学派的数学家经常在沙滩上研究数学问题.他们在沙滩上画两点或用小石子摆成一定的形状来表示数，这种数后被人们称为“形数”.比如，他们研究过如图5-1-1所示的形，相应地得到一列数

$$1, 4, 9, 16, \cdots. \quad ①$$

图5-1-1

某幼师2021(1)班学生的学号由小到大排成一列数：

$$1, 2, 3, 4, \cdots, 56. \quad ②$$

从1992年到2016年，我国体育健儿参加了7次奥运会，获得的金牌数排成一列数：

$$16, 16, 28, 32, 51, 38, 26. \quad ③$$

某放射性物质不断变为其他物质，每经过1年，剩留的这种物质是原来的84%.设这种物质最初的质量是1，则这种物质各年开始时的剩留量排成一列数：

$$1, 0.84, 0.84^2, 0.84^3, \cdots. \quad ④$$

这些问题有什么共同的特点?

像上面的问题中，按照一定次序排列着的一列数称为**数列**(sequence of number)，数列中的每一个数都叫做这个数列的**项**，各项依次叫做这个数列的第一项(或首项)，第2项，第3项，……，第n项，…….

数列的一般形式可以写成

$$a_1, a_2, a_3, \cdots, a_n, \cdots.$$

简记为$\{a_n\}$.

项数有限的数列叫做**有穷数列**,项数无限的数列叫做**无穷数列**.

在数列$\{a_n\}$中,序号和项之间存在着一种对应关系.例如,数列①的序号和项之间存在着下面的对应关系:

序号	1	2	3	4	…
	↓	↓	↓	↓	
项	1	4	9	16	…

从函数的观点看,数列可以看成以正整数集 $\mathbf{N}^*$(或它的有限子集$\{1, 2, 3, \cdots, n\}$)为定义域的函数 $a_n=f(n)$.

如果数列$\{a_n\}$的第 n 项 a_n 与 n 之间的关系可以用一个公式来表示,那么这个公式叫做这个数列的**通项公式**.

例如,数列①的通项公式是 $a_n=n^2$,数列②的通项公式是 $a_n=n(n\leqslant 50)$,数列④的通项公式是 $a_n=0.84^{n-1}$.

例 1 根据下面数列$\{a_n\}$的通项公式,写出它的前 5 项:

(1) $a_n=\dfrac{n}{n+1}$;　　(2) $a_n=(-1)^n \cdot n$.

解 (1) 在通项公式中依次取 $n=1, 2, 3, 4, 5$,得到数列$\{a_n\}$的前 5 项为

$$\frac{1}{2}, \frac{2}{3}, \frac{3}{4}, \frac{4}{5}, \frac{5}{6};$$

(2) 在通项公式中依次取 $n=1, 2, 3, 4, 5$,得到数列$\{a_n\}$的前 5 项为

$$-1, 2, -3, 4, -5.$$

与函数一样,数列也可以用图像、列表等方法来表示.数列的图像是一系列孤立的点.例如,全体正偶数按从小到大的顺序构成数列

$$2, 4, 6, \cdots, 2n, \cdots.$$

这个数列还可以用表 5-1-1 和图 5-1-2 分别表示.

表 5-1-1

n	1	2	3	…	k	…
a_n	2	4	6	…	$2k$	…

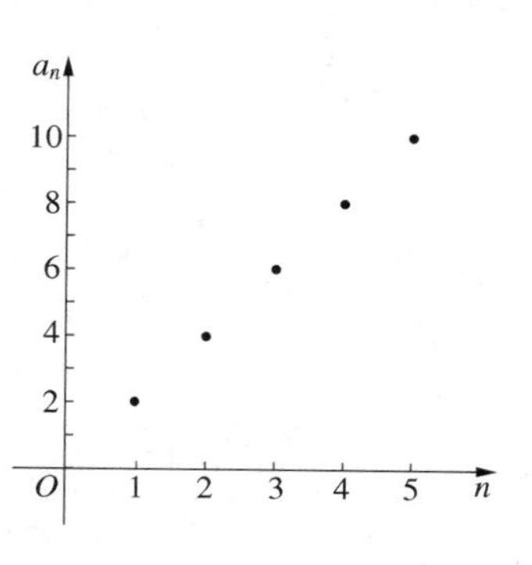

图 5-1-2

例 2 如图 5-1-3 中的三角形称为希尔宾斯基(Sierpinski)三角形.在图中 4 个三角形内,着色三角形的个数依次构成一个数列$\{a_n\}$的前 4 项,试写出这个数列的前 4 项.并用列表和图像表示.

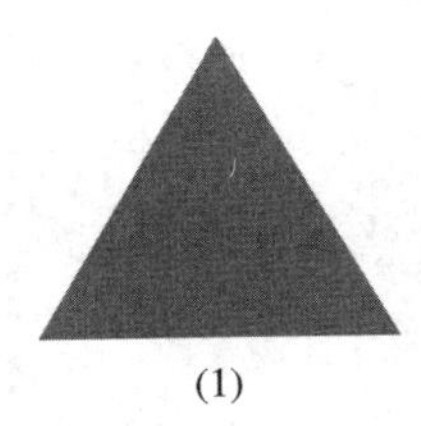
(1)

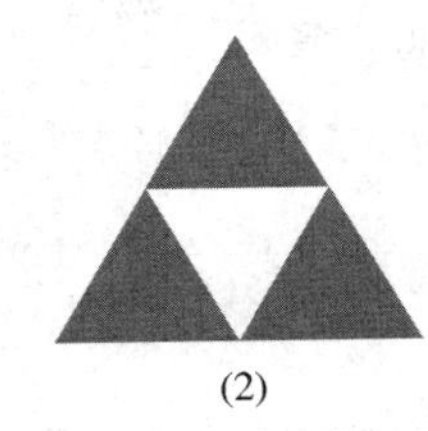
(2)

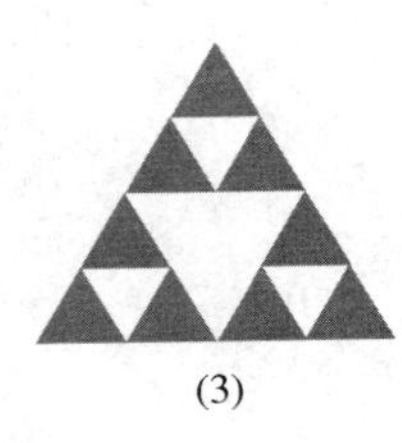
(3)

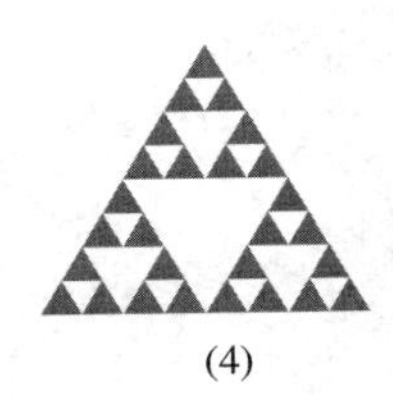
(4)

图 5-1-3

解 在这 4 个三角形中着色三角形的个数依次为 1, 3, 9, 27,即数列$\{a_n\}$的 4 项分别为 $a_1=1$, $a_2=3$, $a_3=9$, $a_4=27$. 它们可用表 5-1-2 和图 5-1-4 分别表示如下.

表 5-1-2

n	1	2	3	4
a_n	1	3	9	27

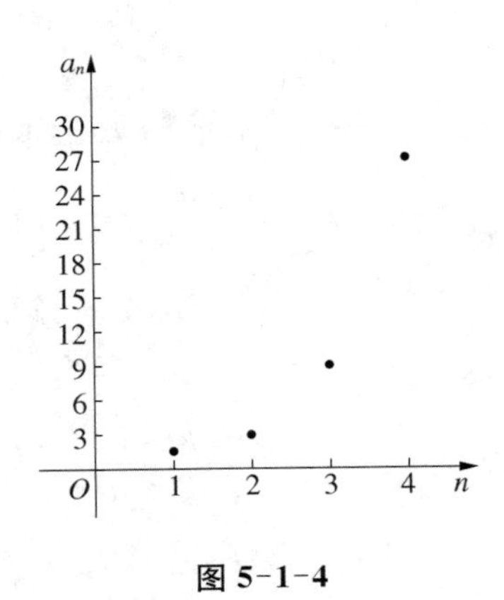

图 5-1-4

练 习

一、选择题

1. 下列说法中,正确的是(   ).

   A. 数列 1, 2, 3, 4, 5 与数列 5, 4, 3, 2, 1 是相同的数列

   B. 数列$\frac{1}{2}$, $\frac{1}{3}$, $\frac{1}{4}$, $\frac{1}{5}$…的第 n 项是$\frac{1}{n}$

   C. 数列 0, 2, 4, 6, 8…可记为$\{2n\}$

   D. 数列$\left\{\frac{n+1}{n}\right\}$的第 k 项为 $1+\frac{1}{k}$

2. 数列 2, 4, 6, 8, …的一个通项公式是(   ).

   A. $a_n=2^n$ B. $a_n=2+n$ C. $a_n=2n$ D. $a_n=n^2$

二、填空题

1. 数列$\frac{1}{5}$, $\frac{1}{10}$, $\frac{1}{15}$, $\frac{1}{20}$…的第 5 项是________.

2. 数列$\{2^n+1\}$的第 3 项等于________.

3. 已知数列的通项公式 $a_n=5\times(-1)^{n+1}$,则它的前 5 项分别是________.

4. 根据数列的通项公式填表 5-1-3:

表 5-1-3

n	1	2	…	5	…		…	n
a_n			…		…	380	…	$n(n+1)$

5. 观察下面数列的规律,用适当的数填空:

(1) 2, 4, (　　), 16, 32, (　　), 128;

(2) (　　), 4, 9, 16, 25, (　　), 49;

(3) -1, $\frac{1}{2}$, (　　), $\frac{1}{4}$, $-\frac{1}{5}$, $\frac{1}{6}$, (　　);

(4) 1, $\sqrt{2}$, (　　), 2, $\sqrt{5}$, (　　), $\sqrt{7}$.

6. 写出下面数列$\{a_n\}$的前 5 项:

(1) $a_1=\frac{1}{2}$, $a_n=4a_{n-1}+1(n\geqslant 2)$;

(2) $a_1=-\frac{1}{4}$, $a_n=1-\frac{1}{a_{n-1}}(n\geqslant 2)$.

三、解答题

1. 已知数列$\{a_n\}$第一项是 1,第二项是 2,以后各项由 $a_n=a_{n-1}+a_{n-2}(n\geqslant 3)$ 给出,写出这个数列的前 5 项,并求前 5 项的和.
2. 已知数列$\{a_n\}$的通项公式是$a_n=-n^2+4n$, ($n\in \mathbf{N}^*$) 写出这个数列的前 3 项,并判断这个数列的所有项中有没有最大的项.

知识与实践

集体活动:

(1) 按数拍手

“我们来听数拍手,我报几你们就拍几下.”

(2) 认识序数

出示黑板上 10 朵花.

问:黑板上有几朵花? 第一朵花在哪里? 我们按顺序说一说每朵花的位置.

教师手指第 4 朵花.

问:这是第几朵花? 谁会用一个数字来表示花的位置.你在这里放 4 表示什么意思? 我们平时用 4 可以表示什么? 现在你知道数字有几个好处了?(表示物体的位置,表示物体的数量)

你能在每朵花的下面都放一个数字来表示它的位置吗?

教师拿掉第 4、5、9 朵花.

问:谁能说说,哪几朵花不见了? 你又是怎么发现的? 谁帮助你一看就知道第几朵花不见了?

5.2 等差数列

5.2.1 等差数列及其通项公式

我们经常这样数数,从 0 开始,每隔 5 数一次,可以得到数列:

$$0,\ 5,\ 10,\ 15,\ 20,\ \cdots. \qquad ①$$

全国统一鞋号中,女式鞋的各种尺码(表示鞋底长,单位为 cm)从小到大依次是

$$21,\ 21\frac{1}{2},\ 22,\ 22\frac{1}{2},\ 23,\ 23\frac{1}{2},\ 24,\ 24\frac{1}{2},\ 25 \qquad ②$$

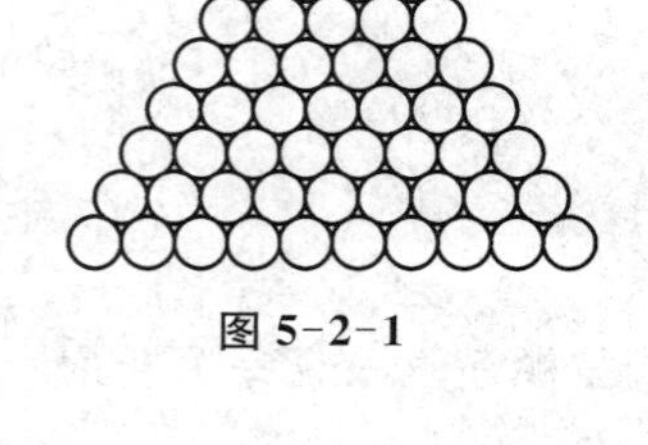

图 5-2-1

图 5-2-1 表示堆放的钢管,共堆放了 7 层,自上而下各层的钢管数是

$$4,\ 5,\ 6,\ 7,\ 8,\ 9,\ 10. \qquad ③$$

我国现行储蓄制度规定银行支付存款利息的方式为单利,即不把利息加入本金计算下一期的利息.按照单利计算本利和的公式是

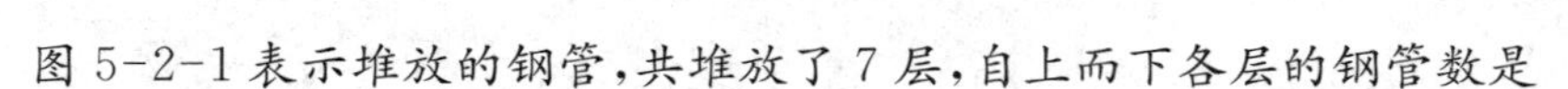

本金和=本金×(1+利率×存期).

例如,按活期存入 1 000 元钱,年利率是 0.72%,那么按照单利,5 年内各年末的本利和分别如表 5-2-1 所示.

表 5-2-1

时　间	年初本金(元)	年末本利和[1](元)
第 1 年	1 000	1 072
第 2 年	1 000	1 144
第 3 年	1 000	1 216
第 4 年	1 000	1 288
第 5 年	1 000	1 360

[1] 假设 5 年既不加进存款也不取款,且不扣除利息税.

各年末的本利和(单位:元)组成了数列:

$$1\,072,\ 1\,144,\ 1\,216,\ 1\,288,\ 1\,360. \qquad ④$$

上面的数列①、②、③、④有什么共同特点？

我们看到：

对于数列①，从第 2 项起，每一项与前一项的差都等于 5；

对于数列②，从第 2 项起，每一项与前一项的差都等于$\frac{1}{2}$；

对于数列③，从第 2 项起，每一项与前一项的差都等于 1；

对于数列④，从第 2 项起，每一项与前一项的差都等于 72.

也就是说，这些数列有一个共同特点：从第 2 项起，每一项与前一项的差都等于同一常数.

一般地，如果一个数列从第 2 项起，每一项与它的前一项的差都等于同一个常数 d，即

$$a_n - a_{n-1} = d\ (n = 2, 3, 4, \cdots),$$

那么这个数列就叫做**等差数列**(arithmetic sequence)[1]，这个常数 d 叫做等差数列的**公差**(common difference).

[1] 一些教科书把等差数列的英文缩写记作 A. P. (Arithmetic Progression).

上面 4 个数列都是等差数列，它们的公差依次是 5，$\frac{1}{2}$，1，72.

例 1 判断下列数列是否为等差数列：

(1) 1, 1, 1, 1, 1;

(2) 4, 7, 10, 13, 16;

(3) −3, −2, −1, 1, 2, 3;

(4) 1, 0, 1, 0, 1, 0.

解 (1) 所给数列是首项为 1，公差为 0 的等差数列；

(2) 所给数列是首项为 4，公差为 3 的等差数列；

(3) 因为第 2 项与第 1 项的差是 1，第 4 项与第 3 项的差是 2，所以这个数列不是等差数列；

(4) 因为第 2 项与第 1 项的差是−1，第 3 项与第 2 项的差是 1，所以这个数列不是等差数列.

例 2 求出下列等差数列中的未知项：

(1) 3, a, 5;

(2) 3, b, c, −9.

解 (1) 根据题意，得

$$a - 3 = 5 - a,$$

解得

$$a = 4.$$

(2) 根据题意，得

$$\begin{cases} b - 3 = c - b, \\ c - b = -9 - c, \end{cases}$$

解得

$$\begin{cases} b=-1, \\ c=-5. \end{cases}$$

如果等差数列$\{a_n\}$的首项是a_1，公差是d，我们根据等差数列的定义可以得到

$$a_2-a_1=d,\ a_3-a_2=d,\ a_4-a_3=d,\ \cdots.$$

所以

$$a_2=a_1+d,$$
$$a_3=a_2+d=(a_1+d)+d=a_1+2d,$$
$$a_4=a_3+d=(a_1+2d)+d=a_1+3d,$$
$$\cdots\cdots$$

因此，首项为a_1，公差为d的等差数列的通项公式是

$$\boldsymbol{a_n=a_1+(n-1)d.}$$

思考

数列①、②、③、④的通项公式是什么？

例 3 (1) 求等差数列 8，5，2，…的第 20 项.

(2) -401是不是等差数列-5，-9，-13，…的项？如果是，是第几项？

解 (1) 由$a_1=8$，$d=5-8=-3$，$n=20$，得

$$a_{20}=a_1+(20-1)d=8+(20-1)\times(-3)=-49.$$

(2) 由$a_1=-5$，$d=-9-(-5)=-4$，得这个数列的通项公式为

$$a_n=a_1+(n-1)d=-5-4(n-1)=-4n-1.$$

由题意知，本题是要回答是否存在正整数n，使得

$$-401=-4n-1$$

成立.解这个关于n的方程，得$n=100$，即-401是这个数列的第 100 项.

例 4 梯子的最高一级宽 33 cm，最低一级宽 110 cm，中间还有 10 级，各级的宽度成等差数列.计算中间各级的宽度.

解 用$\{a_n\}$表示梯子自上而下各级宽度所成的等差数列，由已知条件，有

$$a_1=33,\ a_{12}=110,\ n=12.$$

由通项公式，得

$$a_{12}=a_1+(12-1)d,$$

即

$$110=33+11d.$$

解得

$$d=7.$$

因此，$a_2=33+7=40$，$a_3=40+7=47$，$a_4=54$，$a_5=61$，$a_6=68$，$a_7=75$，$a_8=82$，$a_9=89$，$a_{10}=96$，$a_{11}=103$.

答　梯子中间各级的宽度从上到下依次是 40 cm，47 cm，54 cm，61 cm，68 cm，75 cm，82 cm，89 cm，96 cm，103 cm.

练习

1. 判断下列数列是否为等差数列？

(1) -1，-1，-1，-1，-1；　(2) 1，$\frac{1}{2}$，$\frac{1}{3}$，$\frac{1}{4}$；

(3) 2，3，2，3，2，3；　(4) 0.1，0.2，0.3，0.4，0.5；

(5) 2，4，8，12，16；　(6) 7，12，17，22，27.

2. 已知下列数列是等差数列，试在括号内填上适当的数：

(1) (　　)，5，10；　(2) 1，$\sqrt{2}$，(　　)；

(3) 31，(　　)，(　　)，10.

3. 如果 a，A，b 这 3 个数成等差数列，那么 $A=\frac{a+b}{2}$. 我们把 $\frac{a+b}{2}$ 叫做 a 和 b 的等差中项. 试求下列各组数的等差中项：

(1) 100 与 180；　(2) -2 与 6.

4. 在等差数列 $\{a_n\}$ 中，

(1) 已知 $a_1=2$，$d=3$，$n=10$，求 a_n；

(2) 已知 $a_1=3$，$a_n=21$，$d=2$，求 n；

(3) 已知 $a_1=12$，$a_6=27$，求 d；

(4) 已知 $d=-\frac{1}{3}$，$a_7=8$，求 a_1.

5. (1) 求等差数列 3，7，11，…的第 4 项与第 10 项.

(2) 求等差数列 10，8，6，…的第 20 项.

(3) 100 是不是等差数列 2，9，16，…的项？如果是，是第几项？

6. 一幢高层住宅楼共有 18 层，每层楼高 2.8 m，请问从低到高每层楼地板的高度构成的数列是否等差数列？如果是，它的首项和公差各是多少？

7. 裕彤体育场一角的看台的座位是这样排列的：第一排有 15 个座位，从第二排起每一排都比前一排多 2 个座位，你能用 a_n 表示第 n 排的座位数吗？第 10 排能坐多少人？

8. 已知 $\{a_n\}$ 是等差数列：

(1) $2a_5=a_3+a_7$ 是否成立？$2a_5=a_1+a_9$ 呢？为什么？

(2) $2a_n=a_{n-1}+a_{n+1}(n>1)$ 是否成立？据此你能得出什么结论？

$2a_n=a_{n-k}+a_{n+k}(n>k>0)$ 是否成立？你又能得出什么结论？

知识与实践

游戏：纸牌乐.

两个幼儿为一组. 游戏开始，把 1～10 的纸牌放在桌面上，两个幼儿猜“剪刀石头布”，获胜的幼儿先取一张纸牌，输了的幼儿找出它的相邻数. 游戏依次进行，教师巡回指导.

5.2.2 等差数列的前 n 项和

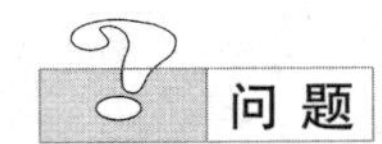

300 多年前，高斯的算术老师提出了下面的问题：

$$1+2+3+\cdots+100=?$$

据说，当其他同学忙于把 100 个数逐项相加时，只有 10 岁的高斯(图 5-2-2)却用下面的方法迅速算出了正确答案：

$$(1+100)+(2+99)+\cdots+(50+51)=101\times 50=5\,050.$$

图 5-2-2 高斯(Carl Friedrich Gauss，1777～1855)，德国著名数学家.他研究的内容几乎涉及数学的各个领域，是历史上最伟大的数学家之一，被称为“数学王子”.

高斯的算法实际上解决了等差数列 1, 2, 3, …, n, …前 100 项的和的问题.人们从这个算法中受到启发，用下面的方法计算 1, 2, 3, …, n, …的前 n 项和：

由

$$\begin{array}{ccccccccc} 1 & + & 2 & + & \cdots & + & n-1 & + & n \\ n & + & n-1 & + & \cdots & + & 2 & + & 1 \\ \hline (n+1) & + & (n+1) & + & \cdots & + & (n+1) & + & (n+1) \end{array}$$

可知

$$1+2+3+\cdots+n=\frac{(n+1)\times n}{2}.$$

高斯的算法妙处在哪里？这种方法能够推广到求一般等差数列的前 n 项和吗？

一般地，我们称

$$a_1+a_2+a_3+\cdots+a_n$$

为数列$\{a_n\}$的前 n 项和，用 S_n 表示，即

$$S_n=a_1+a_2+a_3+\cdots+a_n.$$

由高斯算法获得启示，对于首项为 a_1，公差为 d 的等差数列，我们用两种方式表示 S_n：

$$S_n=a_1+(a_1+d)+(a_1+2d)+\cdots+[a_1+(n-1)d], \quad ①$$

$$S_n=a_n+(a_n-d)+(a_n-2d)+\cdots+[a_n-(n-1)d]. \quad ②$$

由①+②，得

$$\begin{aligned} 2S_n &= \overbrace{(a_1+a_n)+(a_1+a_n)+\cdots+(a_1+a_n)}^{n个} \\ &= n(a_1+a_n). \end{aligned}$$

由此得到等差数列$\{a_n\}$的前 n 项和的公式：

$$S_n=\frac{n(a_1+a_n)}{2}.$$

如果将等差数列的通项公式 $a_n=a_1+(n-1)d$ 代入上面的公式，那么 S_n 还可以表示为

$$S_n=na_1+\frac{n(n-1)}{2}d.$$

例 5 如图 5-2-3 所示，一个堆放铅笔的 V 形架的最下面一层放 1 支铅笔，往上每一层都比它下面一层多放 1 支，最上面一层放 120 支.这个 V 形架上共放着多少支铅笔？

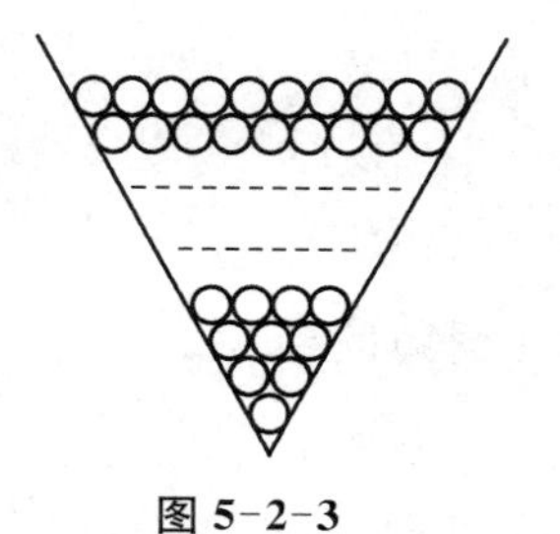

图 5-2-3

解 由题意可知，这个 V 形架上共放着 120 层铅笔，且自下而上各层的铅笔数成等差数列，记为 $\{a_n\}$，其中 $a_1=1$，$a_{120}=120$. 根据等差数列前 n 项和公式，得

$$S_{120}=\frac{120\times(1+120)}{2}=7\ 260.$$

答 V 形架上共放着 7 260 支铅笔.

例 6 等差数列 -10，-6，-2，2，…前多少项的和是 54？

解 设题中的等差数列为 $\{a_n\}$，前 n 项和是 S_n，则

$$a_1=-10,\ d=-6-(-10)=4.$$

设 $S_n=54$，根据等差数列前 n 项和公式，得

$$-10n+\frac{n(n-1)}{2}\times 4=54.$$

整理，得

$$n^2-6n-27=0.$$

解得

$$n_1=9,\ n_2=-3\ (\text{舍去}).$$

因此等差数列 -10，-6，-2，2，…前 9 项的和是 54.

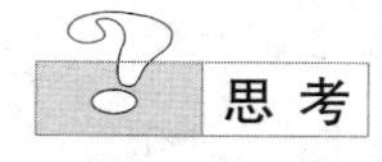

思 考

例 6 中 S_n 有没有最大值？有没有最小值？

练 习

1. 根据下列各题中的条件，求相应的等差数列 $\{a_n\}$ 的前 n 项和 S_n：

(1) $a_1=5$，$a_n=95$，$n=10$；

(2) $a_1=100$，$d=-2$，$n=50$；

(3) $a_1=14.5$，$d=0.7$，$a_n=32$.

2. 等差数列 5，4，3，2，…前多少项的和是 -30？

3. 求等差数列 13，15，17，…，81 的各项的和.

4. 一个剧场设置了 20 排座位，第一排有 38 个座位，往后每一排都比前一排多两个座位.这个剧场一共设置了多少个座位？

5. 一个多边形的周长等于 158 cm，所有各边的长成等差数列，最大的边长等于 44 cm，公差等于 3 cm，求多边形的边数.

6. 一个等差数列$\{a_n\}$的第 6 项是 5，第 3 项与第 8 项的和也是 5，求这个等差数列前 9 项的和.

7. 已知等差数列$\{a_n\}$的通项公式是 $a_n=3n-2$，求它的前 20 项的和.

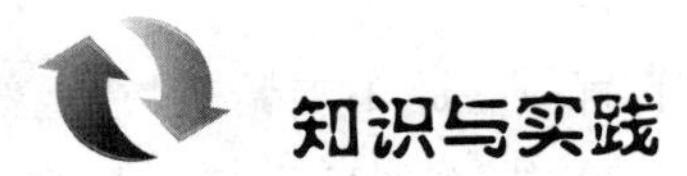

结合本节知识，设计下列幼儿园活动：

活动名称：单双数涂色；

活动目标：能正确辨认单双数，并给其涂色；

活动材料：画有单双数的格子图、油画棒；

活动内容：找出单双数的格子，分别涂上两种不同的颜色.

5.3 等比数列

5.3.1 等比数列及其通项公式

问 题

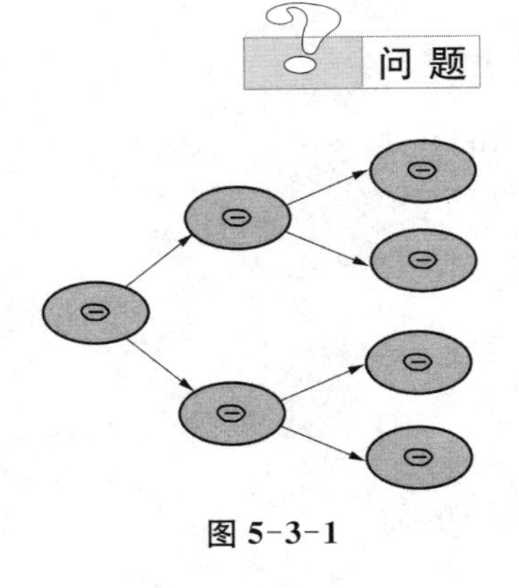
图 5-3-1

如图 5-3-1 所示是某种细胞分裂的模型，细胞分裂的个数可以组成一个数列：

$$1, 2, 4, 8, \cdots. \quad ①$$

我国古代一些学者提出："一尺之棰，日取其半，万世不竭."用现代语言描述就是：一尺长的木棒，每日取其一半，永远也取不完.这样，每日剩下的部分都是前一日的一半，如果把"一尺之棰"看成单位"1"，每日的剩余量构成的数列是

$$1, \frac{1}{2}, \frac{1}{4}, \frac{1}{8}, \frac{1}{16}, \cdots. \quad ②$$

除了单利，银行还有一种支付利息的方式——复利，即把前一期的利息和本金加在一起算作本金，再计算下一期的利息，也就是通常说的"利滚利"，按照复利计算本金和的公式是

$$本利和=本金\times(1+利率)^{存期}.$$

例如，现在存入银行10 000元钱，年利率是1.98%，那么按照复利，5年内各年末的本利和构成了一个数列：

$$10\,000\times1.019\,8,\ 10\,000\times1.019\,8^2,\ 10\,000\times1.019\,8^3,\ 10\,000\times1.019\,8^4,\ \cdots \quad ③$$

上面的数列①、②、③有什么共同的特点？

一般地，如果一个数列从第2项起，每一项与它前一项的比等于同一个常数 q，即

$$\frac{a_n}{a_{n-1}}=q\ (n=2,\ 3,\ 4,\ \cdots),$$

那么这个数列叫做**等比数列**(geometric sequence)，这个常数 q 叫做等比数列的**公比**(common ratio)，显然 $q\neq0$.

一般地，首项为 a_1，公比为 q 的等比数列的通项公式是

$$\boldsymbol{a_n=a_1q^{n-1}}.$$

上面的3个数列都是等比数列，它们的公比依次是2，$\frac{1}{2}$，1.019 8.

例 1 判断下列数列是否为等比数列：

(1) 1，1，1，1；

(2) 0，1，2，4，8；

(3) $1,\ -\frac{1}{2},\ \frac{1}{4},\ -\frac{1}{8},\ \frac{1}{16}$.

解 (1) 所给数列是首项为1，公比为1的等比数列；

(2) 因为0不能作除数，所以这个数列不是等比数列；

(3) 所给数列是首项为1，公比为 $-\frac{1}{2}$ 的等比数列.

例 2 求出下列等比数列中的未知项：

(1) $2,\ a,\ 8$；

(2) $-4,\ b,\ c,\ \frac{1}{2}$.

解 (1) 根据题意，得 $\frac{a}{2}=\frac{8}{a}$,

所以 $a=4$ 或 $a=-4$.

(2) 根据题意，得 $\begin{cases}\frac{b}{-4}=\frac{c}{b},\\ \frac{\frac{1}{2}}{c}=\frac{c}{b}.\end{cases}$

解得 $\begin{cases} b=2, \\ c=-1. \end{cases}$

所以 $b=2,\ c=-1.$

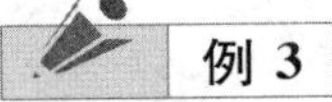

例 3 培育水稻新品种，如果第一代得到 120 粒种子，并且从第一代起，由以后各代的每一粒种子都可以得到下一代的 120 粒种子，到第 5 代大约可以得到这个新品种的种子多少粒（结果保留两位有效数字）？

解 由于每代的种子数是它的前一代数的 120 倍，逐代的种子数组成等比数列，记为 $\{a_n\}$，其中 $a_1=120,\ q=120$，因此

$$a_5=120\times 120^{5-1}\approx 2.5\times 10^{10}.$$

答 到第 5 代大约可以得到种子 2.5×10^{10} 粒.

例 4 在等比数列 $\{a_n\}$ 中，

(1) 已知 $a_1=3,\ q=-2$，求 a_6；

(2) 已知 $a_3=12,\ a_4=18$，求 a_1 和 q.

解 (1) 由等比数列的通项公式，得

$$a_6=3\times(-2)^{6-1}=-96.$$

(2) 设等比数列的公比为 q，那么

$$\begin{cases} a_1q^2=12, \\ a_1q^3=18. \end{cases}$$

解得 $\begin{cases} q=\dfrac{3}{2}, \\ a_1=\dfrac{16}{3}. \end{cases}$

例 5 在 243 和 3 中间插入 3 个数，使这 5 个数成等比数列.

解 设插入的 3 个数为 $a_1,\ a_2,\ a_3$，由题意得

$$243,\ a_1,\ a_2,\ a_3,\ 3$$

成等比数列.设公比为 q，则

$$3=243q^{5-1}.$$

解得 $q=\pm\dfrac{1}{3}.$

因此，所求 3 个数为 81, 27, 9 或 −81, 27, −9.

练 习

1. 判断下列数列是否为等比数列：

(1) 1, 2, 1, 2, 1；　(2) −2, −2, −2, −2；

(3) $1,\ -\dfrac{1}{3},\ \dfrac{1}{9},\ -\dfrac{1}{27},\ \dfrac{1}{81}$；　(4) $2,\ 1,\ \dfrac{1}{2},\ \dfrac{1}{4},\ 0$.

2. 已知下列数列是等比数列，试在括号内填上适当的数：

(1) (　　), 3, 27;　　　　(2) 3, (　　), 5;

(3) 1, (　　), (　　), $\frac{27}{8}$.

3. 下列数列哪些是等差数列,哪些是等比数列?

(1) 2, 4, 6, 8, 10;　　　　(2) 2^2, 2, 1, 2^{-1}, 2^{-2};

(3) 3, 3, 3, 3, 3.

4. 求下列等比数列的公比、第 5 项和第 n 项:

(1) 2, 6, 18, 54, …;

(2) 7, $\frac{14}{3}$, $\frac{28}{9}$, $\frac{56}{27}$, …;

(3) 0.3, -0.09, 0.027, -0.0081, …;

(4) 5, 5^{c+1}, 5^{2c+1}, 5^{3c+1}, ….

5. 已知等比数列的公比为$\frac{2}{5}$,第 4 项是$\frac{5}{2}$,求这个数列的前 3 项.

6. 已知 a_1, a_2, a_3, …, a_n 是公比为 q 的等比数列,那么新数列 a_n, a_{n-1}, a_{n-2}, …, a_1 也是等比数列吗? 如果是,公比是多少?

7. 已知无穷等比数列$\{a_n\}$的首项为 a_1,公比为 q.

(1) 依次取出数列$\{a_n\}$中的所有奇数项,组成一个新数列,这个新数列还是等比数列吗? 如果是,它的首项和公比是多少?

(2) 数列$\{ca_n\}$(其中常数 $c\neq 0$)是等比数列吗? 如果是,它的首项和公比是多少?

8. 由下列等比数列的通项公式,求首项和公比:

(1) $a_n=2^n$;　　　　(2) $a_n=\frac{1}{4}\cdot 10^n$.

9. (1) 一个等比数列的第 9 项是$\frac{4}{9}$,公比是$-\frac{1}{3}$,求它的第 1 项;

(2) 一个等比数列的第 2 项是 10,第 3 项是 20,求它的第 1 项与第 4 项.

5.3.2 等比数列的前 n 项和

国际象棋(如图 5-3-2 所示)起源于古代印度,相传国王要奖赏国际象棋的发明者,问他想要什么,发明者说:"请在棋盘的第 1 个格子里放上一颗麦粒,在第 2 个格子里放上 2 颗麦粒,在第 3 个格子里放上 4 颗麦粒,在第 4 个格子里放上 8 颗麦粒,依次类推,每个格子里放的麦粒数都是前一个格子里放的麦粒数的 2 倍,直到第 64 个格子."国王觉得这并不是很难办到的事,就欣然同意了他的要求.一般千粒麦子的质量约为 40 g,据查,目前世界年度小麦产量约 7.5 亿吨.而当时,全球的年度小麦产量应不足 3 亿吨.根据以上数据,你认为国王有能力实现他的诺言吗?

图 5-3-2

让我们来分析一下，如果把各格所放的麦粒数看成一个数列，我们可以得到一个等比数列：它的首项为 1，公比为 2，求第 1 格到第 64 格的麦粒总数，就是求这个数列的前 64 项的和 S_{64}，

$$S_{64}=1+2+2^2+2^3+\cdots+2^{63}.$$

一般地，设有等比数列

$$a_1,\ a_2,\ a_3,\ \cdots,\ a_n,\ \cdots,$$

它的前 n 项和是

$$S_n=a_1+a_2+a_3+\cdots+a_n.$$

根据等比数列的通项公式，上式可写成

$$S_n=a_1+a_1q+a_1q^2+\cdots+a_1q^{n-1}. \quad ①$$

我们发现，用 q 乘①的两边，可得

$$qS_n=a_1q+a_1q^2+\cdots+a_1q^{n-1}+a_1q^n. \quad ②$$

①、②的右边有很多相同的项，①－②，得

$$(1-q)S_n=a_1-a_1q^n.$$

由此可以得到 $q\neq1$ 时，等比数列 $\{a_n\}$ 的前 n 项和的公式

$$\boldsymbol{S_n=\frac{a_1(1-q^n)}{1-q}\ (q\neq1).}$$

因为 $$a_1q^n=(a_1q^{n-1})q=a_nq,$$

所以上面的公式还可以写成

$$\boldsymbol{S_n=\frac{a_1-a_nq}{1-q}\ (q\neq1).}$$

现在，我们来解决本节开头提出的问题，由 $a_1=1,\ q=2,\ n=64$，

可得 $$S_{64}=\frac{1(1-2^{64})}{1-2}=2^{64}-1.$$

$2^{64}-1$ 这个数很大，超过了 1.84×10^{19}，而千粒麦子的质量约为 40 g，那么麦粒的总质量超过了 7 000 亿吨，因此，国王难以实现他的诺言.

若等比数列的公比 $q=1$，那么怎样求 S_n？

例 6 求等比数列 $\frac{1}{2},\ \frac{1}{4},\ \frac{1}{8}\cdots$ 的前 8 项和.

解 由 $a_1=\frac{1}{2},\ q=\frac{1}{4}\div\frac{1}{2}=\frac{1}{2},\ n=8$，

得
$$S_8=\frac{\frac{1}{2}\left[1-\left(\frac{1}{2}\right)^8\right]}{1-\frac{1}{2}}=\frac{255}{256}.$$

例 7 在等比数列$\{a_n\}$中,已知$a_1=1$, $a_k=243$, $q=3$,求S_k.

解 根据等比数列的前n项和公式,得
$$S_k=\frac{1-243\times 3}{1-3}=364.$$

例 8 在等比数列$\{a_n\}$中,已知$S_3=7$, $S_6=63$,求a_n.

解 显然$q\neq 1$,根据等比数列的前n项和公式,得
$$S_3=\frac{a_1(1-q^3)}{1-q}=7,$$
$$S_6=\frac{a_1(1-q^6)}{1-q}=63.$$

将上面两个等式的两边分别相除,得$1+q^3=9$.

所以$q=2$,由此可得$a_1=1$,因此
$$a_n=a_1q^{n-1}=2^{n-1}.$$

练 习

1. 求下列等比数列的各项和:

 (1) 1, 3, 9, …, 2 187; (2) $1, -\frac{1}{2}, \frac{1}{4}, -\frac{1}{8}, \cdots, -\frac{1}{512}$.

2. 根据下列条件,求等比数列$\{a_n\}$的前n项和S_n:

 (1) $a_1=3$, $q=2$, $n=6$; (2) $a_1=-1$, $q=-\frac{1}{3}$, $n=5$;

 (3) $a_1=8$, $q=\frac{1}{2}$, $a_n=\frac{1}{2}$; (4) $a_2=3$, $a_4=27$, $n=5$.

3. 在等比数列$\{a_n\}$中:

 (1) 已知$q=\frac{1}{2}$, $S_5=3\frac{5}{8}$,求a_1与a_5;

 (2) 已知$a_1=2$, $S_3=26$,求q与a_3;

 (3) 已知$a_3=1\frac{1}{2}$, $S_3=4\frac{1}{2}$,求a_1与q.

4. 如果一个等比数列的前5项和等于10,前10项和等于50,那么它的前15项和等于多少?

5. 如图5-3-3所示,一个球从100 m高处自由落下,每次着地后又跳回原高度的一半再落下,求:当它第10次着地时,经过的路程共是多少?

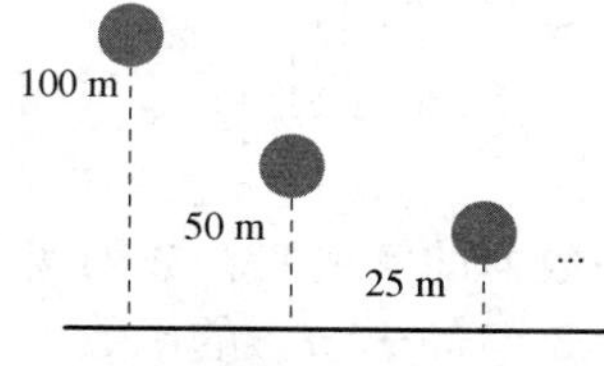

图 5-3-3

知识与实践

结合本节知识,设计下列幼儿园活动.

活动名称：排一排衣服花边；

活动目标：能根据一隔二、一隔一、ABC 等规律进行排列；

活动材料：五彩小方格、自制底板；

活动内容：从起点出发，沿着虚线按照一定的规律（一隔二、一隔一、ABC）排列，直到将虚线排满.

5.4 复习与巩固

一、知识结构

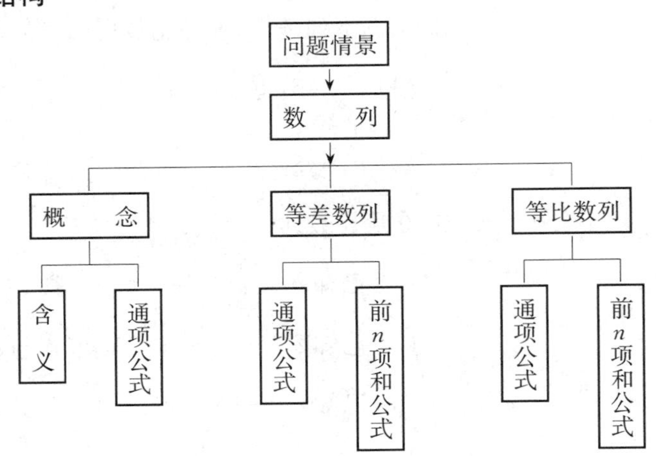

二、回顾与思考

1. 数列在现实世界中无处不在，你能举出一些数列的实例吗？数列实际上是定义域为正整数集 $\mathbf{N}_+$（或它的有限子集$\{1, 2, 3, \cdots, n\}$）的函数当自变量从小到大依次取值时对应的一列函数值.你能从函数的观点认识数列吗？

2. 通项公式与递推公式是给出一个数列的两种重要方法.你能结合例子来说明如何根据数列的通项公式写出数列的任意一项？如何根据数列的递推公式写出数列的前几项？

3. 等差数列与等比数列是两种简单、常用的数列.你能准确并灵活地使用这两种数列的通项公式与前 n 项和公式来计算并解决一些简单问题吗?(注意:可以使用对比的学习策略,进一步认识它们之间的区别和联系.)

复习参考题

A 组

1. 若直角三角形的3条边的长组成公差为3的等差数列,则3边的长分别为(　　).

A. 5, 8, 11　　B. 9, 12, 15
C. 10, 13, 16　　D. 15, 18, 21

2. 设 a_1, a_2, a_3, a_4 成等比数列,其公比为2,则 $\dfrac{2a_1+a_2}{2a_3+a_4}$ 的值为(　　).

A. $\dfrac{1}{4}$　　B. $\dfrac{1}{2}$　　C. $\dfrac{1}{8}$　　D. 1

3. 已知等比数列 $\{a_n\}$ 中, $a_3=7$, $S_3=21$, 则公比 q 的值是(　　).

A. 1　　B. $-\dfrac{1}{2}$
C. 1或 $-\dfrac{1}{2}$　　D. -1 或 $-\dfrac{1}{2}$

4. 数列 $\{3n+2\}$ 的第10项等于________.
5. 数列2, 7, 12, 17, x, 27, …中 x 的值等于________.
6. 数列 $\sqrt{2}$, $\sqrt{5}$, $2\sqrt{2}$, $\sqrt{11}$, …的一个通项公式是________.
7. 等差数列7, 4, 1, -2, …, -41 共有________项.
8. 已知等比数列 $\{a_n\}$ 中, $a_3=9$, $a_9=3$, 则 $a_6=$________.
9. 在等比数列 $\{a_n\}$ 中, $S_n=3n+b$, 则 b 的值为________.
10. 写出数列的一个通项公式,使它的前4项分别是下列各数:

(1) 1, $\dfrac{3}{4}$, $\dfrac{5}{9}$, $\dfrac{7}{16}$;　　(2) $\dfrac{2}{1\times3}$, $\dfrac{4}{3\times5}$, $\dfrac{6}{5\times7}$, $\dfrac{8}{7\times9}$;

(3) 11, 101, 1 001, 10 001;　　(4) $\dfrac{2}{3}$, $-\dfrac{4}{9}$, $\dfrac{2}{9}$, $-\dfrac{8}{81}$.

11. 在等比数列 $\{a_n\}$ 中:

(1) 已知 $a_4=27$, $q=-3$, 求 a_7;
(2) 已知 $a_2=18$, $a_4=8$, 求 a_1 与 q;
(3) 已知 $a_5=4$, $a_2=6$, 求 a_9;
(4) 已知 $a_5-a_1=15$, $a_4-a_2=6$, 求 a_3.

12. 为了参加幼师春季运动会的5 000 m长跑比赛,某同学给自己制定了7天的训练计划:第一天跑5 000 m,以后每天比前一天多跑500 m,这个同学7天一共将跑多长的距离?

B 组

13. 根据图5-4-1所示的图形及相应的点数,在空格和括号中分别填上适当的形和数,并写出形数构成的数列的一个通项公式.

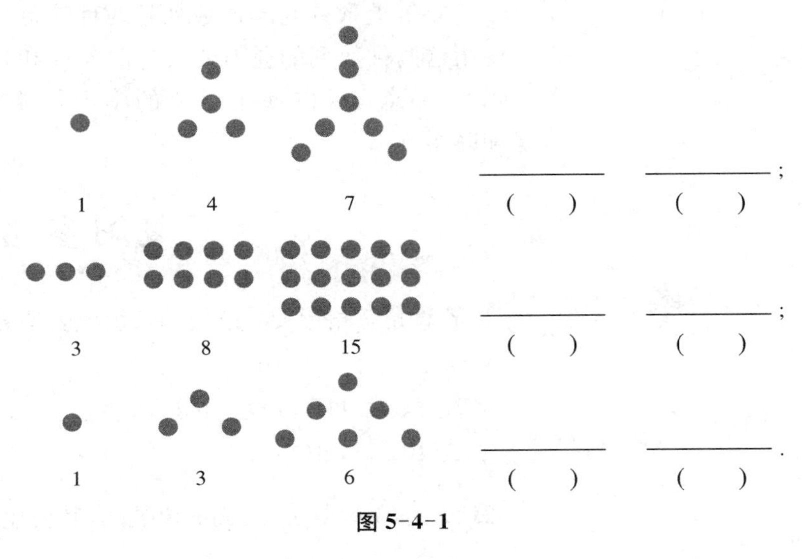

图 5-4-1

14. 求等比数列$\frac{3}{2}$，$\frac{3}{4}$，$\frac{3}{8}$，…从第3项到第7项的和.

15. (1) 设等差数列$\{a_n\}$的通项公式是$3n-2$,求它的前n项和公式.

    (2) 设等差数列$\{a_n\}$的前n项和公式是$S_n=5n^2+3n$，求它的前3项，并求它的通项公式.

16. 成等差数列的3个正数的和等于15,并且这3个数分别加上1，3，9后又成等比数列.求这3个数.

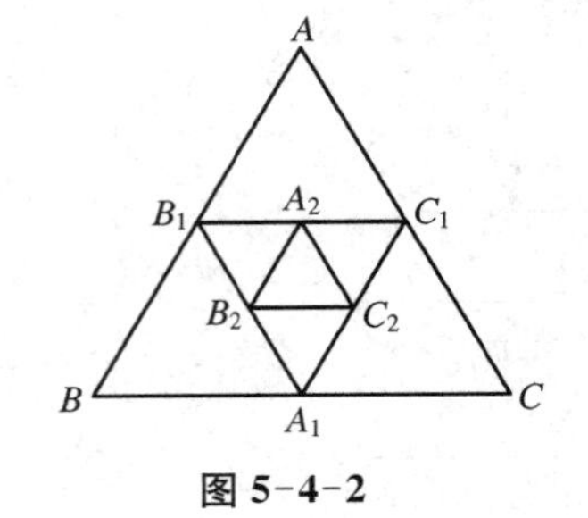

图 5-4-2

17. 如图5-4-2所示,在边长为1的等边三角形ABC中,连接各边中点得$\triangle A_1B_1C_1$,再连接$\triangle A_1B_1C_1$的各边中点得$\triangle A_2B_2C_2$……如此继续下去,求第10个三角形的边长.

18. 已知等差数列$\{a_n\}$的前n项和为$S_n=n^2+\frac{1}{2}n$，求这个数列的通项公式,并指出它的首项与公差.

C组

19. 已知$\{a_n\}$是等差数列,其前n项和为S_n，$\{b_n\}$是等比数列,且$a_1=b_1=2$，$a_4+b_4=27$，$S_4-b_4=10$. 求数列$\{a_n\}$和$\{b_n\}$的通项公式.

*20. 观察：

$$1$$
$$1+2+1$$
$$1+2+3+2+1$$
$$1+2+3+4+3+2+1$$
$$\cdots\cdots$$

(1) 第100行是多少个数的和? 这个和是多少?

(2) 计算第n行的值.

第19题参考解答

第20题参考解答

第六单元　三角函数

6.1　角的概念的推广
6.2　弧度制
6.3　任意角的正弦函数、余弦函数和正切函数
6.4　同角三角函数的基本关系
6.5　诱导公式
6.6　两角和与两角差的三角函数
　6.6.1　两角和的三角函数
　6.6.2　两角差的三角函数
　6.6.3　二倍角的三角函数
6.7　正弦函数的图像与性质
6.8　余弦函数的图像与性质
6.9　正切函数的图像与性质
6.10　已知三角函数值求角
6.11　复习与巩固

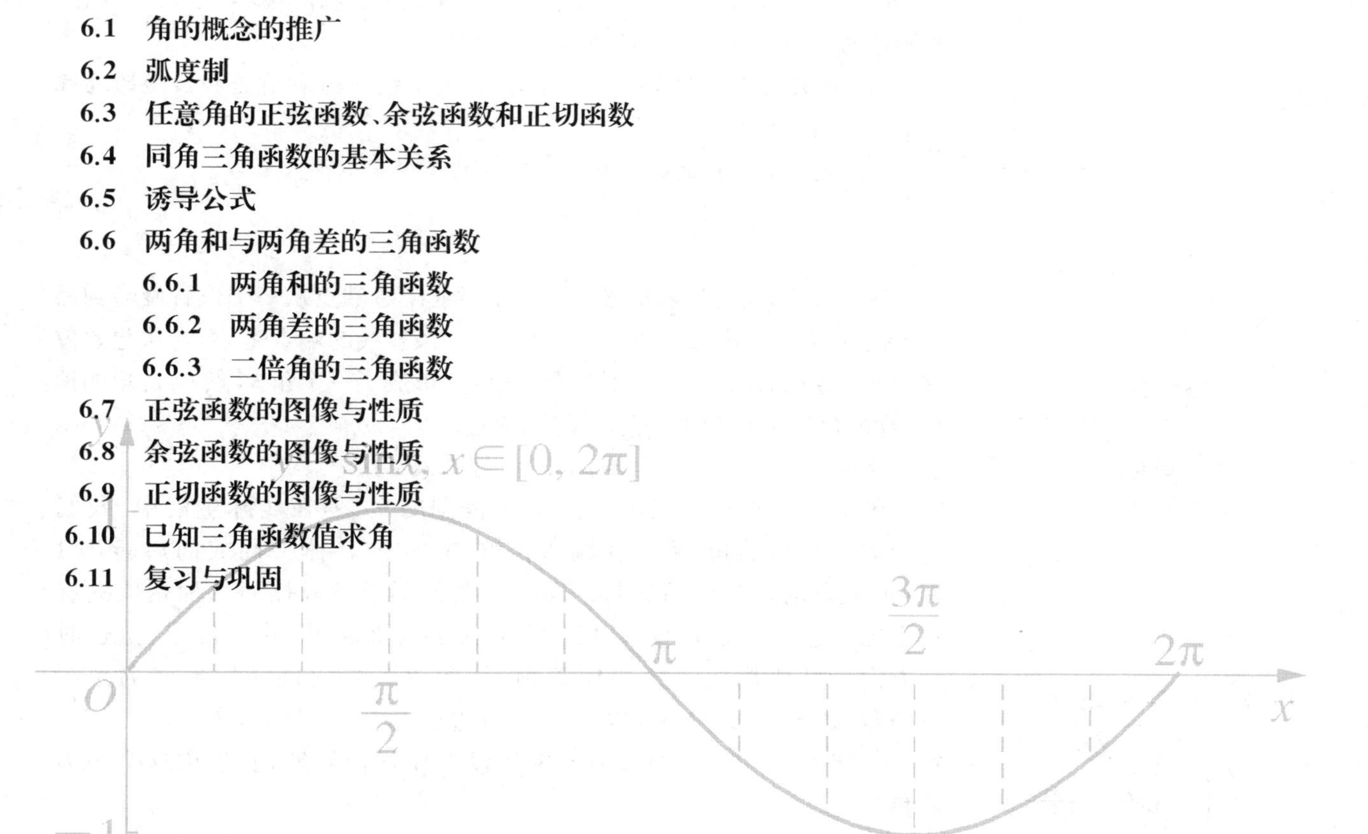

音乐的旋律、星期的循环、潮汐、钟摆的运动、交流电、生日等，这些都是与周期变化有关的现象.三角函数是刻画和描述周期变化的数学模型.在本章，我们将学习任意角的三角函数，掌握一些基本的三角关系式与三角函数的图像和性质.

6.1 角的概念的推广

(1) 在跳水比赛中,我们经常听到转体 2 周、转体 3 周半等动作名称,你知道它们分别表示旋转的角度是多少吗?

(2) 幼儿园里小朋友骑自行车时,自行车的车轮在前进和后退的过程中形成的角一样吗?

(3) 教室中时钟的分针与时针所成的角度是多少?

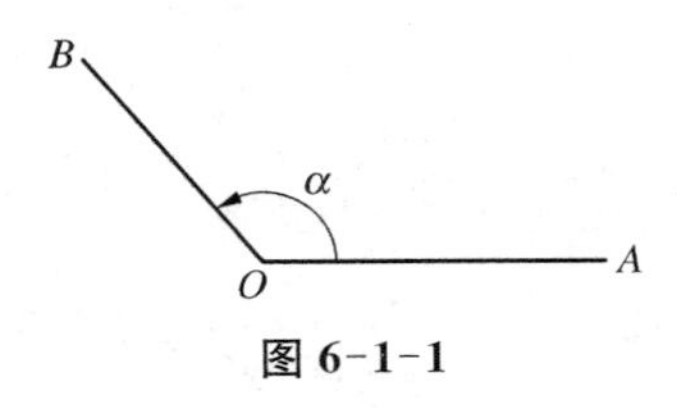

图 6-1-1

我们知道,角可以看成平面内一条射线绕着端点从一个位置旋转到另一个位置所成的图形.如图 6-1-1 所示,一条射线的端点是 O,它从起始位置 OA 按逆时针方向旋转到终止位置 OB,形成了一个角 α,点 O 是角的顶点,射线 OA, OB 分别是角的始边、终边.

通常用小写希腊字母 α, β, γ, θ 等来表示角.

在初中我们只研究了 $0°\sim360°$ 范围的角,但在实际生活中,我们还会遇到其他的角.例如在跳水比赛中,向前转体 2 周或向后转体 1 周;车轮向前转或向后转等.实际上,角的形成可以按照两种相反的旋转方向:逆时针方向和顺时针方向.为了区别起见,我们规定,按逆时针方向旋转所形成的角叫做**正角**,按顺时针方向旋转所形成的角叫做**负角**.如图 6-1-2 中,以 OA 为始边的角 $\alpha=210°$, $\beta=-150°$, $\gamma=-660°$.特别地,如果一条射线没有作任何旋转,我们称这个角为**零角**.

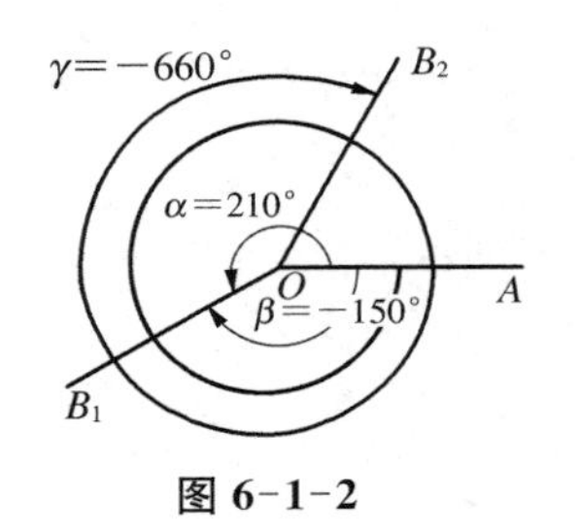

图 6-1-2

在问题(1)中,转体 2 周即旋转 720°,转体 3 周半即旋转 1 260°.在问题(2)中,自行车不论是前进还是后退,车轮按逆时针方向旋转都形成正角,车轮按顺时针方向旋转都形成负角.在问题(3)中,时钟的分针和时针都按顺时针方向旋转形成负角.

为了方便研究,以后我们都是把角安置在直角坐标系内讨论,并使角的顶点与原点重合,角的始边在 x 轴的非负半轴上.这样,一个角的终边落在第几象限,就说这个角是第几象限的角(或说这个角属于第几象限).如图 6-1-3(1)所示,30°, 390°, −330°都是第一象限的角;如图 6-1-3(2)所示,300°, −60°都是第四象限的角.如果角的终边落在坐标轴上,就认为这个角不属于任何象限.

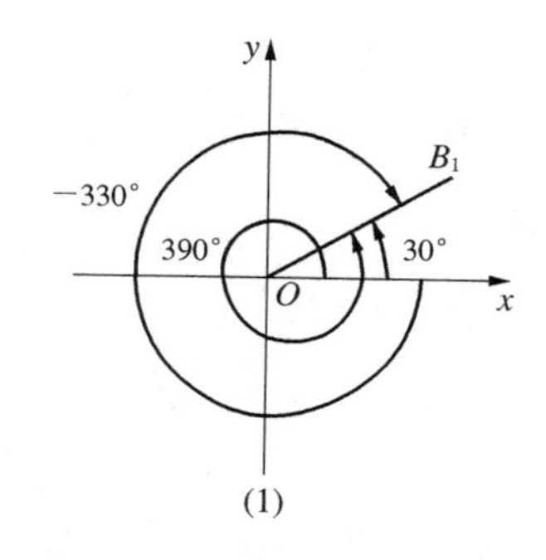

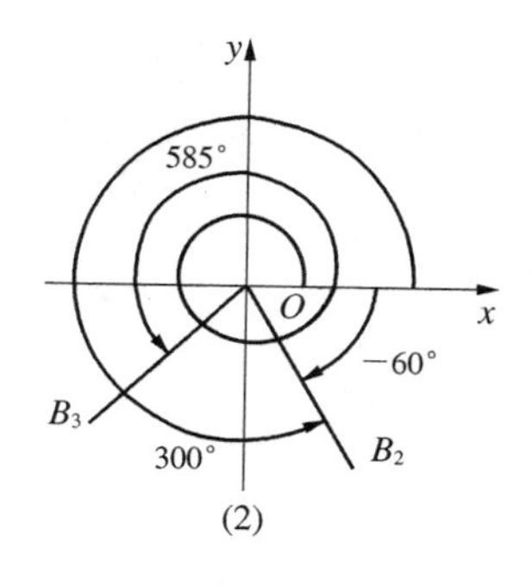

图 6-1-3

从图 6-1-3(1)中看出,390°, $-330°$都与 30°终边相同,而且

$$390° = 30° + 360°,$$

$$-330° = 30° + (-1) \times 360°.$$

同样,750°, $-690°$也与 30°终边相同,可表示为

$$750° = 30° + 2 \times 360°,$$

$$-690° = 30° + (-2) \times 360°.$$

于是,所有与 30°角终边相同的角,连同 30°角在内,构成一个集合

$$S = \{\beta \mid \beta = 30° + k \cdot 360°,\ k \in \mathbf{Z}\}.$$

一般地,我们有:

所有与角 α 终边相同的角,连同角 α 在内,构成一个集合

$$S = \{\beta \mid \beta = \alpha + k \cdot 360°,\ k \in \mathbf{Z}\},$$

即所有与角 α 终边相同的角,都可以表示成角 α 与整数个周角的和.

例 1 在 0°~360°内,找出与下列各角终边相同的角,并判定它们是第几象限的角:

(1) $-125°$;　　(2) 660°;　　(3) $-925°8'$.

解 (1) $-125° = 235° - 360°$,

所以与$-125°$角终边相同的角是 235°角,它是第三象限角;

(2) $660° = 300° + 360°$,

所以与 660°角终边相同的角是 300°角,它是第四象限角;

(3) $-925°8' = 154°52' - 3 \times 360°$,

所以与$-925°8'$角终边相同的角是 $154°52'$角,它是第二象限角.

例 2 写出终边在 x 轴上的角的集合.

解 在 0°到 360°范围内,终边在 x 轴上的角有两个,即 0°角和 180°角.

所有与 0°角终边相同的角构成集合

$$S_1 = \{\beta \mid \beta = k \cdot 360°,\ k \in \mathbf{Z}\}.$$

而所有与 180°角终边相同的角构成集合

$$S_2=\{\beta \mid \beta=180^\circ+k\cdot 360^\circ,\ k\in \mathbf{Z}\}.$$

于是,终边在 x 轴上的角的集合就是

$$\begin{aligned}S&=S_1\cup S_2\\&=\{\beta \mid \beta=2k\cdot 180^\circ,\ k\in \mathbf{Z}\}\cup\{\beta \mid \beta=(2k+1)\cdot 180^\circ,\ k\in \mathbf{Z}\}\\&=\{\beta \mid \beta=n\cdot 180^\circ,\ n\in \mathbf{Z}\}.\end{aligned}$$

1. (口答)锐角是第几象限的角?第一象限的角是否都是锐角?再就钝角、直角回答这两个问题.
2. (口答)1 h 内时针先后形成的角是锐角吗?
3. 如果两个角有相同的终边,这两个角相等吗?为什么?
4. 在直角坐标系内作出下列各角,并指出它们是哪个象限的角:
   (1) 420°; (2) -75°; (3) 855°; (4) -510°.
5. 在 0°到 360°之间,找出与下列各角终边相同的角,并指出它们是哪个象限的角:
   (1) $-54^\circ18'$; (2) $395^\circ8'$;
   (3) $-1\,190^\circ30'$; (4) $1\,563^\circ$.
6. 写出与下列各角终边相同的角的集合:
   (1) 45°; (2) -30°;
   (3) $1\,303^\circ18'$; (4) -225°.

知识与实践

结合本节所学知识,针对幼儿园小朋友骑自行车的活动探讨自行车车轮旋转的角度.

6.2 弧 度 制

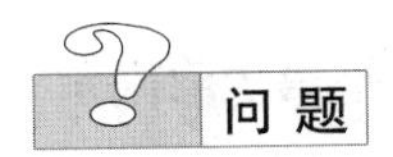

怎样度量角的大小?

在初中我们已经学过一种角的度量,规定周角的$\frac{1}{360}$为 1 度的角,记作 1°,这种用度作为单位来度量角的单位制叫做角度制.而在科学研究以及生产实际中常用的另一种度量角的单位制是弧度制.

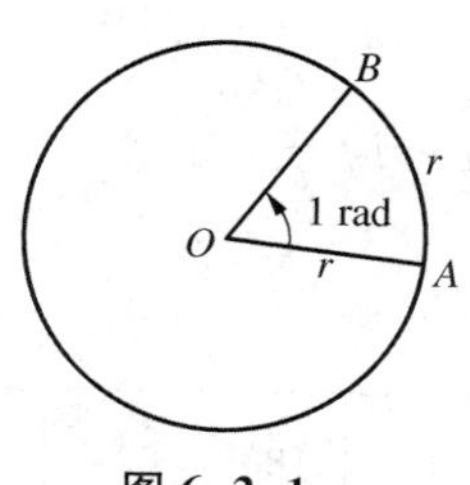

图 6-2-1

我们把长度等于半径长的弧所对的圆心角叫做 1 弧度的角，记作 1 rad或 1 弧度.如图 6-2-1 所示，$\overset{\frown}{AB}$的长等于半径 r，它所对的圆心角 $\angle AOB$ 就是 1 弧度的角，这种用弧度作为单位来度量角的单位制，叫做**弧度制**.

正角的弧度数是一个正数，负角的弧度数是一个负数，零角的弧度数是 0.一般地，一个圆心角 α 所对的弧长 l 中所含半径 r 的倍数就是这个角 α 的弧度数，即任一已知角 α 的弧度数的绝对值

$$|\alpha|=\frac{l}{r}\text{，或 } l=|\alpha|\cdot r,$$

其中 l 是把 α 当作圆心角时所对弧的长，r 是圆的半径.

在角度制里 360°所对的弧长是 $l=2\pi r$，所以周角的弧度数是

$$\frac{l}{r}=\frac{2\pi r}{r}=2\pi,$$

即

$$360^\circ=2\pi\text{rad}.$$

通常可以把 rad 或“弧度”省略.

由此可得下列换算关系：

$$2\pi=360^\circ,\ \pi=180^\circ,$$

$$1(\text{弧度})=\left(\frac{180}{\pi}\right)^\circ\approx57.30^\circ=57^\circ18',\ 1^\circ=\frac{\pi}{180}\approx0.017\,45.$$

例 1 把 135°，0°及 −36°化成弧度.

解 $135^\circ=\frac{\pi}{180}\times135=\frac{3\pi}{4}$；

$0^\circ=\frac{\pi}{180}\times0=0$；

$-36^\circ=\frac{\pi}{180}\times(-36)=-\frac{\pi}{5}$.

例 2 把$\frac{2\pi}{5}$，0，$-\frac{7\pi}{6}$化成度.

解 $\frac{2\pi}{5}=\frac{2}{5}\times180^\circ=72^\circ$；

$0=0\times180^\circ=0^\circ$；

$-\frac{7\pi}{6}=-\frac{7}{6}\times180^\circ=-210^\circ$.

用弧度制来度量角，实际上在角的集合与实数集合之间建立了一一对应的关系：每一个角都有唯一的一个实数(这个角的弧度数)与它对应；反过来，每一个实数也都有唯一的一个角(角的弧度数就是这个实数)与它

对应.

下面列出常用的特殊角的度数与弧度数的对应表(如表 6-2-1 所示).

表 6-2-1

度	$0°$	$30°$	$45°$	$60°$	$90°$	$120°$	$135°$	$150°$	$180°$	$270°$	$360°$
弧度	0	$\frac{\pi}{6}$	$\frac{\pi}{4}$	$\frac{\pi}{3}$	$\frac{\pi}{2}$	$\frac{2}{3}\pi$	$\frac{3}{4}\pi$	$\frac{5}{6}\pi$	π	$\frac{3}{2}\pi$	2π

例 3 求下列各式的值:

(1) $\sin\frac{\pi}{6}$;　　(2) $\tan 1.5$.

解 (1) 因为 $\frac{\pi}{6}=30°$,所以 $\sin\frac{\pi}{6}=\sin 30°=\frac{1}{2}$;

(2) 因为 $1.5\approx 1.5\times 57.30°=85.95°=85°57'$,

所以 $\tan 1.5\approx\tan 85°57'=14.12$.(使用计算器或查《中学数学用表》)

例 4 已知圆的半径为 20 cm,求圆心角 $48°12'$所对的弧长(精确到 1 cm).

解 因为 $48°12'=48.2°\approx 48.2\times 0.017\,45\approx 0.841$,
所以所求的弧长为 $l=0.841\times 20\approx 17$(cm).

练 习

1. 把下列各角化为弧度:

(1) $12°$;　　(2) $75°$;　　(3) $-135°$;

(4) $-240°$;　　(5) $300°$;　　(6) $22°30'$.

2. 把下列各角化为度:

(1) $\frac{\pi}{12}$;　　(2) $-\frac{4}{3}\pi$;　　(3) $\frac{3}{10}\pi$;

(4) $-\frac{\pi}{5}$;　　(5) -12π;　　(6) $\frac{5}{6}\pi$.

3. 求下列各式的值:

(1) $\sin\frac{\pi}{3}$;　　(2) $\tan\frac{\pi}{6}$;

(3) $\cos 1.2$;　　(4) $\sin 1$.

4. (口答)时间经过 4 h,时针、分针各转了多少度?等于多少弧度?

5. 已知半径为 120 mm 的圆上的一条弧的长度是 144 mm,求这条弧所对的圆心角的弧度数与度数.

6. 分别用度和弧度表示等边三角形、等腰直角三角形的各角.

6.3 任意角的正弦函数、余弦函数和正切函数

在初中，我们已经学过锐角的三角函数.它们都是在直角三角形中以锐角为自变量、以边长的比值为函数值的函数.如果 α 是一个任意大小的角，我们怎样将锐角的三角函数推广到任意角的三角函数呢?

设 α 是一个任意大小的角，α 的终边上任意一点 P(除原点外)的坐标是(x, y)，点 P 与原点的距离是r($r=\sqrt{x^2+y^2}>0$)，如图 6-3-1 所示.

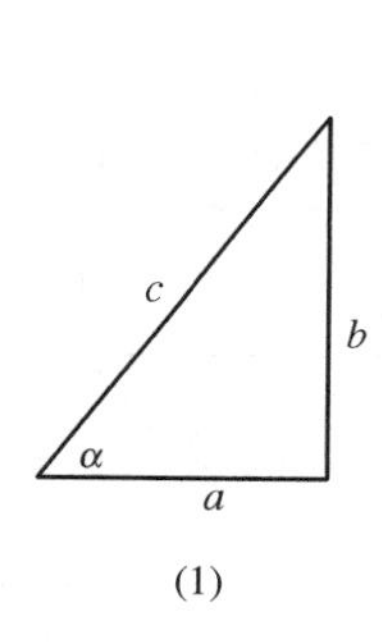

(1)

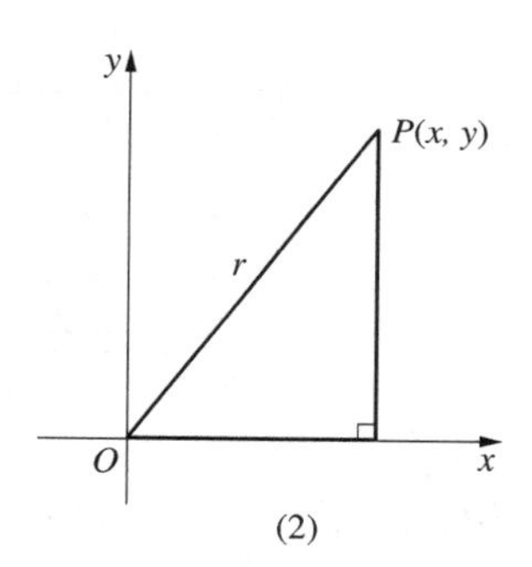

(2)

图 6-3-1

α 的 3 种三角函数定义为

$$\text{正弦函数：} \sin\alpha=\frac{y}{r};$$

$$\text{余弦函数：} \cos\alpha=\frac{x}{r};$$

$$\text{正切函数：} \tan\alpha=\frac{y}{x}.$$

由相似三角形的知识，比值$\frac{y}{r}$，$\frac{x}{r}$，$\frac{y}{x}$的大小只与角 α 终边的位置有关，而与 P 点的取法无关(如图 6-3-2 所示).即对于确定的角 α，上面 3 个比值都是唯一确定的，这就是说，正弦、余弦、正切都是以角为自变量，以比值为函数值的函数.

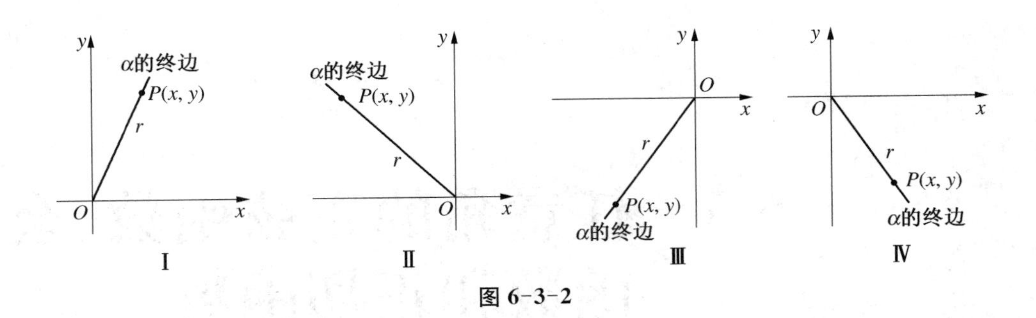

图 6-3-2

思考

(1) 比值“$\frac{y}{r}$”与初中已学过的“对边比斜边”有什么区别与联系？

(2) 对所有的角 α，比值 $\frac{y}{r}$，$\frac{x}{r}$，$\frac{y}{x}$ 都有意义吗？

由三角函数的定义可知：在弧度制下，三角函数的定义域如表 6-3-1 所示.

表 6-3-1

三角函数	定　义　域
$\sin\alpha=\frac{y}{r}$	$\mathbf{R}$
$\cos\alpha=\frac{x}{r}$	$\mathbf{R}$
$\tan\alpha=\frac{y}{x}$	$\left\{\alpha \,\middle|\, \alpha\neq\frac{\pi}{2}+k\pi,\ k\in\mathbf{Z}\right\}$

例 1　已知角 α 的终边经过点 $P(2,\ -3)$，求 α 的正弦、余弦和正切值.

解　因为 $x=2$，$y=-3$，所以

$$r=\sqrt{2^2+(-3)^2}=\sqrt{13}.$$

于是

$$\sin\alpha=\frac{y}{r}=\frac{-3}{\sqrt{13}}=-\frac{3\sqrt{13}}{13},$$

$$\cos\alpha=\frac{x}{r}=\frac{2}{\sqrt{13}}=\frac{2\sqrt{13}}{13},$$

$$\tan\alpha=\frac{y}{x}=-\frac{3}{2}.$$

例 2　求下列各角的正弦、余弦和正切值：

(1) 0；　　(2) π；　　(3) $\frac{3\pi}{2}$.

解　(1) 因为当 $\alpha=0$ 时，$x=r$，$y=0$，所以

$$\sin 0=\frac{y}{r}=\frac{0}{r}=0,$$

$$\cos 0=\frac{x}{r}=\frac{r}{r}=1,$$

$$\tan 0=\frac{y}{x}=\frac{0}{x}=0.$$

(2) 因为当 $\alpha=\pi$ 时，$x=-r$，$y=0$，所以

$$\sin\pi=0,$$

$$\cos\pi=-1,$$

$$\tan\pi=0.$$

(3) 因为当 $\alpha=\frac{3\pi}{2}$ 时，$x=0$，$y=-r$，所以

$$\sin\frac{3\pi}{2}=-1,$$

$$\cos\frac{3\pi}{2}=0,$$

$$\tan\frac{3\pi}{2}\text{ 不存在.}$$

1. 已知角 α 的终边经过点 $P(-3, 4)$，求 α 的正弦、余弦和正切值.
2. 填写表 6-3-2：

表 6-3-2

α	$0°$	$90°$	$180°$	$270°$	$360°$
α 的弧度数					
$\sin\alpha$					
$\cos\alpha$					
$\tan\alpha$					

3. 求 $y=\dfrac{1}{1+\cos x}$ 的定义域.
4. 计算：

(1) $7\cos 270°+12\sin 0°+2\cos 90°$；

(2) $\cos\frac{\pi}{3}-\tan\frac{\pi}{4}+\sin\frac{\pi}{6}+\frac{\sqrt{3}}{2}\tan\frac{\pi}{3}$.

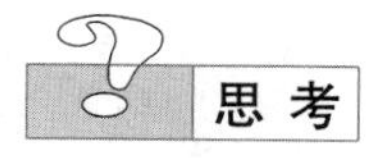

对于不同象限的角，它们的三角函数值的符号如何变化？

由各象限内点的坐标的符号知道：

第一、第二象限角的正弦值$\frac{y}{r}$是正的($y>0$，$r>0$)，第三、第四象限角的正弦值$\frac{y}{r}$是负的($y<0$，$r>0$)；

第一、第四象限角的余弦值$\frac{x}{r}$是正的($x>0$，$r>0$)，第二、第三象限角的余弦值$\frac{x}{r}$是负的($x<0$，$r>0$)；

第一、第三象限角的正切值$\frac{y}{x}$是正的(x，y同号)；第二、第四象限角的正切值$\frac{y}{x}$是负的(x，y异号).

各三角函数值在每个象限的符号如图 6-3-3 所示.

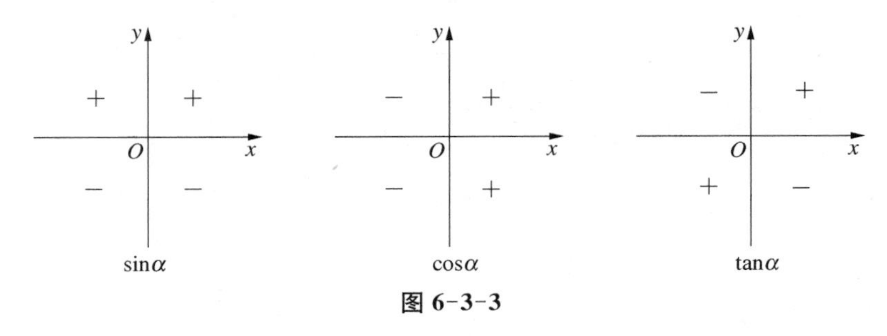

图 6-3-3

由三角函数的定义可以知道：终边相同的角的同名三角函数值相等. 由此得到一组公式，记为公式一：

$$\sin(\alpha+k\cdot 360^\circ)=\sin\alpha,$$
$$\cos(\alpha+k\cdot 360^\circ)=\cos\alpha,\qquad \text{(公式一)}$$
$$\tan(\alpha+k\cdot 360^\circ)=\tan\alpha.$$
其中 $k\in\mathbf{Z}$.

利用公式一，可以把求任意角的三角函数值，转化为求 0° 到 360° 角的三角函数值.

例 3 确定下列三角函数值的符号：

(1) $\sin\left(-\frac{\pi}{4}\right)$；　(2) $\cos 250^\circ$；　(3) $\tan\left(-\frac{11\pi}{6}\right)$.

解 (1) 因为$-\frac{\pi}{4}$是第四象限的角，所以 $\sin\left(-\frac{\pi}{4}\right)<0$；

(2) 因为 250°是第三象限的角，所以 $\cos 250^\circ<0$；

(3) 因为 $-\frac{11\pi}{6}=-2\pi+\frac{\pi}{6}$ 是第一象限的角，所以 $\tan\left(-\frac{11\pi}{6}\right)>0$.

例 4 求下列三角函数值：

(1) $\sin 390^\circ$；　(2) $\cos 1\,129^\circ 50'$；　(3) $\tan\frac{13\pi}{6}$.

解 (1) $\sin 390° = \sin(30° + 360°) = \sin 30° = \frac{1}{2}$;

(2) $\cos 1\,129°50' = \cos(49°50' + 3 \cdot 360°) = \cos 49°50' = 0.645\,1$;

(3) $\tan \frac{13\pi}{6} = \tan\left(\frac{\pi}{6} + 2\pi\right) = \tan \frac{\pi}{6} = \frac{\sqrt{3}}{3}$.

注意 在三角函数中,角和三角函数值的对应关系是多值对应关系,即给定一个角,它的三角函数值是唯一的(除不存在的情况),如 $\alpha = 0°$, $\sin 0° = 0$;反过来,给定一个三角函数值,就有无穷多个角和它对应,如 $\sin \alpha = 0$, $\alpha = k \cdot 360°$ 或 $\alpha = k \cdot 360° + 180°$ $(k \in \mathbf{Z})$.

练习

1. (口答)设 α 是三角形的一个内角,在 $\sin\alpha$, $\cos\alpha$, $\tan\alpha$ 中,哪些有可能取负值?
2. 确定下列三角函数值的符号:

   (1) $\cos \frac{16\pi}{5}$;　　(2) $\sin\left(-\frac{4\pi}{3}\right)$;　　(3) $\tan 556°$.
3. 求下列三角函数值:

   (1) $\cos 1\,109°$;　　(2) $\tan \frac{19\pi}{3}$;　　(3) $\sin(-1\,050°)$.
4. 选择题:

   当 α 为第二象限的角时,$\frac{|\sin\alpha|}{\sin\alpha} - \frac{\cos\alpha}{|\cos\alpha|}$ 的值是(　　).

   A. 1　　B. 0　　C. 2　　D. -2
5. 填空题:

   (1) 已知 $\sin 2x = 1$,则 $x =$________;

   (2) 已知 $\cos\left(2x - \frac{\pi}{2}\right) = -1$,则 $x =$________.
6. 已知角 α 的终边上有一点 $P(x, -2)$,且 $|OP| = 4$,求 x 的值.
7. 角 α 在哪个象限时,它的三角函数值全是正数?哪个象限内的角的三角函数值全是负数?

6.4　同角三角函数的基本关系

问题

当角 α 确定后,α 的正弦、余弦、正切值也随之确定,它们之间有何关系?

根据正弦、余弦、正切函数的定义，

$$\sin^2\alpha+\cos^2\alpha=\left(\frac{y}{r}\right)^2+\left(\frac{x}{r}\right)^2=\frac{y^2+x^2}{r^2}=\frac{r^2}{r^2}=1.$$

当 $\alpha\neq\frac{\pi}{2}+k\pi\ (k\in\mathbf{Z})$ 时，

$$\tan\alpha=\frac{y}{x}=\frac{\frac{y}{r}}{\frac{x}{r}}=\frac{\sin\alpha}{\cos\alpha}.$$

由此可得下列同角三角函数之间的基本关系：

$$\boldsymbol{\sin^2\alpha+\cos^2\alpha=1,}$$
$$\boldsymbol{\tan\alpha=\frac{\sin\alpha}{\cos\alpha}.}$$

例 1 已知 $\sin\alpha=\frac{3}{5}$，并且 α 是第二象限角，求 $\cos\alpha$，$\tan\alpha$ 的值.

解 因为 $\sin^2\alpha+\cos^2\alpha=1$，所以

$$\cos^2\alpha=1-\sin^2\alpha=1-\left(\frac{3}{5}\right)^2=\frac{16}{25}.$$

又因为 α 是第二象限角，所以 $\cos\alpha<0$. 于是

$$\cos\alpha=-\sqrt{\frac{16}{25}}=-\frac{4}{5}.$$

从而

$$\tan\alpha=\frac{\sin\alpha}{\cos\alpha}=\frac{3}{5}:\left(-\frac{4}{5}\right)=\frac{3}{5}\times\left(-\frac{5}{4}\right)=-\frac{3}{4}.$$

例 2 已知 $\cos\theta=\frac{1}{2}$，求 $\sin\theta$，$\tan\theta$ 的值.

解 因为 $\cos\theta=\frac{1}{2}>0$，所以 θ 是第一或第四象限角.

如果 θ 是第一象限角，那么

$$\sin\theta=\sqrt{1-\cos^2\theta}=\sqrt{1-\left(\frac{1}{2}\right)^2}=\frac{\sqrt{3}}{2},$$

$$\tan\theta=\frac{\sin\theta}{\cos\theta}=\frac{\sqrt{3}}{2}:\frac{1}{2}=\frac{\sqrt{3}}{2}\times2=\sqrt{3};$$

如果 θ 是第四象限角，那么

$$\sin\theta=-\frac{\sqrt{3}}{2},$$

$$\tan\theta=-\sqrt{3}.$$

例 3 化简 $\tan\alpha\sqrt{\frac{1}{\sin^2\alpha}-1}$，其中 α 是第二象限角.

解 因为 α 是第二象限角，所以 $\sin\alpha>0$，$\cos\alpha<0$，故

$$\begin{aligned}\tan\alpha\sqrt{\frac{1}{\sin^2\alpha}-1}&=\tan\alpha\sqrt{\frac{1-\sin^2\alpha}{\sin^2\alpha}}\\&=\tan\alpha\sqrt{\frac{\cos^2\alpha}{\sin^2\alpha}}=\frac{\sin\alpha}{\cos\alpha}\cdot\frac{|\cos\alpha|}{|\sin\alpha|}\\&=\frac{\sin\alpha}{\cos\alpha}\cdot\frac{-\cos\alpha}{\sin\alpha}=-1.\end{aligned}$$

例 4 求证：$\frac{\sin\alpha}{1+\cos\alpha}=\frac{1-\cos\alpha}{\sin\alpha}$.

证法 1 因为

$$\frac{\sin\alpha}{1+\cos\alpha}-\frac{1-\cos\alpha}{\sin\alpha}=\frac{\sin^2\alpha-(1-\cos^2\alpha)}{(1+\cos\alpha)\sin\alpha}=0,$$

所以

$$\frac{\sin\alpha}{1+\cos\alpha}=\frac{1-\cos\alpha}{\sin\alpha}.$$

证法 2 因为

$$(1+\cos\alpha)(1-\cos\alpha)=1-\cos^2\alpha=\sin^2\alpha,$$

又因为 $1+\cos\alpha\neq0$，$\sin\alpha\neq0$，所以

$$\frac{\sin\alpha}{1+\cos\alpha}=\frac{1-\cos\alpha}{\sin\alpha}.$$

练 习

1. 已知 $\cos\alpha=-\frac{4}{5}$，且 α 为第三象限角，求 $\sin\alpha$，$\tan\alpha$ 的值.

2. 已知 $\sin\alpha=-\frac{1}{2}$，求 $\cos\alpha$，$\tan\alpha$ 的值.

3. 化简：

(1) $\cos\alpha\cdot\tan\alpha$； (2) $\frac{2\cos^2\alpha-1}{1-2\sin^2\alpha}$.

4. 求证：

(1) $1+\tan^2\alpha=\frac{1}{\cos^2\alpha}$；

(2) $\sin^4\alpha-\cos^4\alpha=\sin^2\alpha-\cos^2\alpha$；

(3) $\tan^2\alpha\sin^2\alpha=\tan^2\alpha-\sin^2\alpha$.

6.5 诱导公式

问题

我们知道,锐角的三角函数值容易求出.利用公式一,可以把任意角的三角函数值化成0°到360°角的三角函数值,那么如何求出90°到360°角的三角函数值呢?

设 $0° < \alpha < 90°$,那么

90°到180°间的角,可以写成 $180° - \alpha$;

180°到270°间的角,可以写成 $180° + \alpha$;

270°到360°间的角,可以写成 $360° - \alpha$.

思考

角 $180° + \alpha$ 的终边与角 α 的终边具有怎样的关系?它们的三角函数值又具有怎样的关系?

下面先讨论 $-\alpha$ 的三角函数值与 α 的三角函数值的关系,为了讨论具有一般性,假定 α 为任意角.

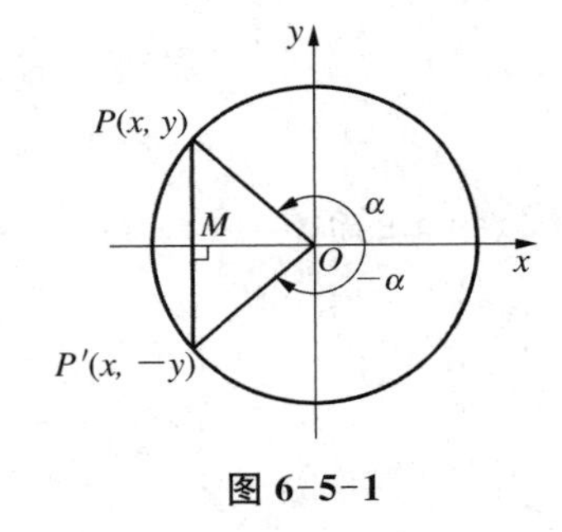

图 6-5-1

如图 6-5-1 所示,已知任意角 α 的终边与单位圆(以原点为圆心,等于单位长的线段为半径的圆)的交点为 $P(x, y)$,$-\alpha$ 的终边与单位圆的交点为 P',因为 α 的终边与 $-\alpha$ 的终边关于 x 轴对称,所以 P' 的坐标为 $(x, -y)$.又因为单位圆的半径 $r=1$,由正弦函数、余弦函数的定义,得

$$\sin\alpha = y,\ \cos\alpha = x,$$

$$\sin(-\alpha) = -y,\ \cos(-\alpha) = x.$$

所以

$$\sin(-\alpha) = -\sin\alpha,\ \cos(-\alpha) = \cos\alpha,$$

$$\tan(-\alpha) = \frac{\sin(-\alpha)}{\cos(-\alpha)} = \frac{-\sin\alpha}{\cos\alpha} = -\tan\alpha.$$

于是我们得到一组公式(公式二):

$$\begin{aligned}&\sin(-\alpha)=-\sin\alpha,\\&\cos(-\alpha)=\cos\alpha,\\&\tan(-\alpha)=-\tan\alpha.\end{aligned}\qquad\text{（公式二）}$$

公式二可以将任意负角的三角函数转化成正角的三角函数.

下面再讨论 $180°+\alpha$ 角的三角函数值与任意角 α 的三角函数值的关系.

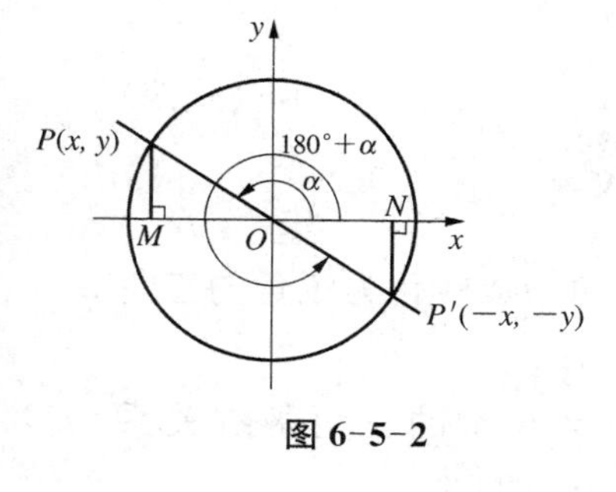

图 6-5-2

如图 6-5-2 所示，已知任意角 α 的终边与单位圆的交点为$P(x, y)$，因为 $180°+\alpha$ 的终边与 α 的终边关于原点对称，所以 P' 的坐标为 $(-x, -y)$.又因为单位圆的半径 $r=1$，由正弦函数、余弦函数的定义，

$$\sin\alpha=y,\ \cos\alpha=x,$$

$$\sin(180°+\alpha)=-y,\ \cos(180°+\alpha)=-x.$$

所以

$$\sin(180°+\alpha)=-\sin\alpha,\ \cos(180°+\alpha)=-\cos\alpha,$$

$$\tan(180°+\alpha)=\frac{\sin(180°+\alpha)}{\cos(180°+\alpha)}=\frac{-\sin\alpha}{-\cos\alpha}=\tan\alpha.$$

于是我们得到一组公式(公式三)：

$$\begin{aligned}&\sin(180°+\alpha)=-\sin\alpha,\\&\cos(180°+\alpha)=-\cos\alpha,\\&\tan(180°+\alpha)=\tan\alpha.\end{aligned}\qquad\text{（公式三）}$$

公式三可以将$(180°, 270°)$范围内的角的三角函数转化成锐角的三角函数.

例 1 求下列三角函数值：

(1) $\sin\left(-\frac{\pi}{6}\right)$；　(2) $\cos 225°$；　(3) $\cos\left(-\frac{7\pi}{6}\right)$.

解 (1) $\sin\left(-\frac{\pi}{6}\right)=-\sin\frac{\pi}{6}=-\frac{1}{2}$；

(2) $\cos 225°=\cos(180°+45°)=-\cos 45°=-\frac{\sqrt{2}}{2}$；

(3) $\cos\left(-\frac{7\pi}{6}\right)=\cos\frac{7\pi}{6}=\cos\left(\pi+\frac{\pi}{6}\right)=-\cos\frac{\pi}{6}=-\frac{\sqrt{3}}{2}$.

例 2 化简 $\frac{\sin(180°+\alpha)\cdot\cos(-\alpha)}{\cos(-\alpha-180°)\cdot\sin(\alpha+360°)}$.

解
$$\begin{aligned}\frac{\sin(180°+\alpha)\cdot\cos(-\alpha)}{\cos(-\alpha-180°)\cdot\sin(\alpha+360°)}&=\frac{-\sin\alpha\cdot\cos\alpha}{\cos[-(180°+\alpha)]\cdot\sin\alpha}\\&=\frac{-\cos\alpha}{\cos(180°+\alpha)}=\frac{-\cos\alpha}{-\cos\alpha}=1.\end{aligned}$$

利用公式二和公式三，可以推出 $180°-\alpha$ 与 α 的三角数值之间的关系：

$$\sin(180°-\alpha)=\sin[180°+(-\alpha)]=-\sin(-\alpha)=\sin\alpha.$$

$$\cos(180°-\alpha)=\cos[180°+(-\alpha)]=-\cos(-\alpha)=-\cos\alpha.$$

$$\tan(180°-\alpha)=\tan[180°+(-\alpha)]=\tan(-\alpha)=-\tan\alpha.$$

于是我们又得到一组公式(公式四)：

$$\boldsymbol{\sin(180°-\alpha)=\sin\alpha,}$$
$$\boldsymbol{\cos(180°-\alpha)=-\cos\alpha,}\qquad\text{(公式四)}$$
$$\boldsymbol{\tan(180°-\alpha)=-\tan\alpha.}$$

公式四可以将$(90°, 180°)$范围内的角的三角函数转化为锐角的三角函数.

利用公式一和公式二还可以得到 $360°-\alpha$ 与 α 的三角函数关系(公式五)：

$$\boldsymbol{\sin(360°-\alpha)=-\sin\alpha,}$$
$$\boldsymbol{\cos(360°-\alpha)=\cos\alpha,}\qquad\text{(公式五)}$$
$$\boldsymbol{\tan(360°-\alpha)=-\tan\alpha.}$$

公式五可以将$(270°, 360°)$范围内的角的三角函数转化为锐角的三角函数.

角 $180°-\alpha$ 的终边与角 α 的终边具有怎样的关系?

公式一、二、三、四、五都叫做诱导公式，概括如下：

$\alpha+k\cdot 360°\ (k\in\mathbf{Z})$，$-\alpha$，$180°\pm\alpha$，$360°-\alpha$ 的三角函数值等于任意角 α 的同名函数值，前面加上把 α 看成锐角时原函数值的符号.

例 3 求下列三角函数值：

(1) $\cos(-150°)$；　(2) $\sin\frac{3\pi}{4}$；　(3) $\sin\left(-\frac{23\pi}{6}\right)$.

解 (1) $\cos(-150°)=\cos 150°=\cos(180°-30°)$
$=-\cos 30°$
$=-\frac{\sqrt{3}}{2}$；

(2) $\sin\frac{3\pi}{4}=\sin\left(\pi-\frac{\pi}{4}\right)=\sin\frac{\pi}{4}=\frac{\sqrt{2}}{2}$；

$$(3)\ \sin\left(-\frac{23\pi}{6}\right)=\sin\left(\frac{\pi}{6}-2\times 2\pi\right)$$

$$=\sin\frac{\pi}{6}$$

$$=\frac{1}{2}.$$

例 4 化简 $\dfrac{\cos(\alpha-\pi)\cos(-\alpha)}{\sin(\pi+\alpha)}\cdot\sin(\alpha-2\pi)\cdot\cos(2\pi-\alpha)$.

解 $\dfrac{\cos(\alpha-\pi)\cos(-\alpha)}{\sin(\pi+\alpha)}\cdot\sin(\alpha-2\pi)\cdot\cos(2\pi-\alpha)$

$$=\frac{\cos[-(\pi-\alpha)]\cdot\cos\alpha}{-\sin\alpha}\cdot\sin\alpha\cdot\cos\alpha$$

$$=-\cos(\pi-\alpha)\cdot\cos^2\alpha$$

$$=\cos\alpha\cdot\cos^2\alpha$$

$$=\cos^3\alpha.$$

练 习

1. 求下列三角函数值：

(1) $\tan 210°$； (2) $\cos\dfrac{4}{3}\pi$； (3) $\sin 3\pi$.

2. 求下列三角函数值：

(1) $\cos(-420°)$； (2) $\tan(-750°)$； (3) $\sin(-1\,140°)$.

3. 化简：

(1) $\dfrac{\sin(180°+\alpha)\cos(-\alpha)}{\tan(-180°-\alpha)}$；

(2) $\sin^3(-\alpha)\cos(\alpha+2\pi)\tan(-\alpha-\pi)$.

4. 填写表 6-5-1：

表 6-5-1

α	$\sin\alpha$	$\cos\alpha$	$\tan\alpha$
$-\frac{\pi}{3}$			
$\frac{2\pi}{3}$			
$\frac{4\pi}{3}$			
$\frac{5\pi}{3}$			
$\frac{7\pi}{3}$			

5. 求下列三角函数值：

(1) $\cos\dfrac{65}{6}\pi$； (2) $\sin\left(-\dfrac{31}{4}\pi\right)$； (3) $\tan(-1\,596°)$.

6. 化简：

(1) $\dfrac{\cos(\alpha-\pi)\tan(\alpha-2\pi)}{\sin(\pi-\alpha)\cot(2\pi-\alpha)}$；　　(2) $\dfrac{\cos(2\pi-\alpha)\sin(\pi+\alpha)}{\tan(3\pi-\alpha)\cos\alpha}$.

6.6 两角和与两角差的三角函数

6.6.1 两角和的三角函数

在研究三角函数时，我们还经常遇到这样的问题：已知角 α, β 的三角函数值，如何求出 $\alpha+\beta$, $\alpha-\beta$ 或 2α 的三角函数值？

下面我们先引出平面内两点间的距离公式，并从两角和的余弦公式谈起.

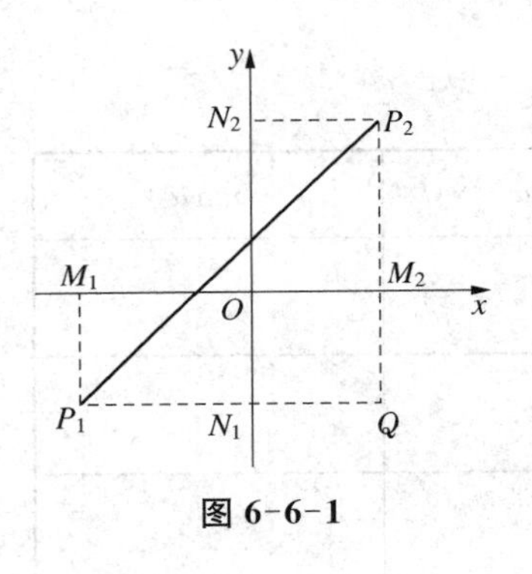

图 6-6-1

在初中已经求过数轴上两点间的距离，知道这实际上就是求数轴上这两点所表示的两个数的差的绝对值. 现在考虑坐标平面内的任意两点 $P_1(x_1,\ y_1)$, $P_2(x_2,\ y_2)$(如图 6-6-1 所示)，从点 P_1, P_2 分别作 x 轴的垂线 P_1M_1, P_2M_2，与 x 轴交于点 $M_1(x_1,\ 0)$, $M_2(x_2,\ 0)$；再从点 P_1, P_2 分别作 y 轴的垂线 P_1N_1, P_2N_2，与 y 轴交于点 $N_1(0,\ y_1)$, $N_2(0,\ y_2)$，直线 P_1N_1 与 P_2M_2 相交于点 Q.那么

$$P_1Q=M_1M_2=|x_2-x_1|,$$

$$QP_2=N_1N_2=|y_2-y_1|.$$

于是由勾股定理，可得

$$\begin{aligned}P_1P_2^2&=P_1Q^2+QP_2^2\\&=|x_2-x_1|^2+|y_2-y_1|^2\\&=(x_2-x_1)^2+(y_2-y_1)^2.\end{aligned}$$

由此得到平面内 $P_1(x_1,\ y_1)$, $P_2(x_2,\ y_2)$ 两点间的距离公式

$$P_1P_2=\sqrt{(x_2-x_1)^2+(y_2-y_1)^2}.$$

接下来，我们考虑如何运用两点间的距离公式，把两角和的余弦 $\cos(\alpha+\beta)$ 用 α，β 的三角函数来表示的关系.

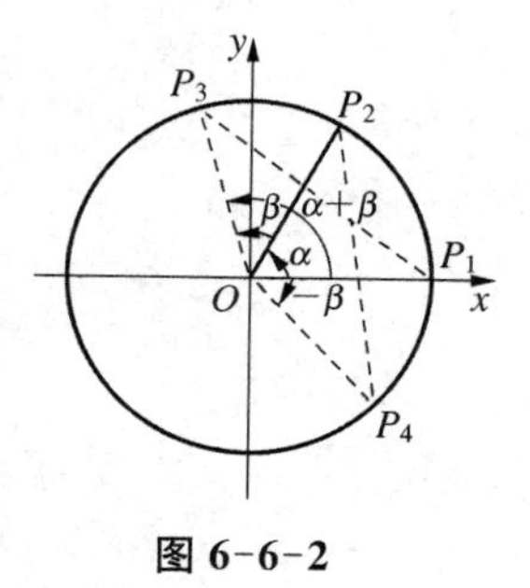

图 6-6-2

如图 6-6-2 所示，在直角坐标系 xOy 中，作单位圆 O，并设 α，β 为任意给定的角；α 角的始边为 Ox，交圆 O 于 P_1，终边交圆 O 于 P_2；β 角的始边为 OP_2，终边交圆 O 于 P_3；又 $-\beta$ 角的始边为 OP_1，终边交圆 O 于 P_4.这时，P_1，P_2，P_3，P_4 的坐标分别是

$$P_1(1,\ 0);\ P_2(\cos\alpha,\ \sin\alpha);\ P_3(\cos(\alpha+\beta),\ \sin(\alpha+\beta));$$

$$P_4(\cos(-\beta),\ \sin(-\beta)).$$

因为 $P_1P_3=P_2P_4$，由两点间的距离公式，得

$$[\cos(\alpha+\beta)-1]^2+\sin^2(\alpha+\beta)$$
$$=[\cos(-\beta)-\cos\alpha]^2+[\sin(-\beta)-\sin\alpha]^2.$$

展开整理后得两角和的余弦公式 $C_{(\alpha+\beta)}$：

$$\cos(\alpha+\beta)=\cos\alpha\cos\beta-\sin\alpha\sin\beta.$$

问题

你认为 $\cos(60°+30°)$ 与 $\cos 60°+\cos 30°$ 一样吗？

例 1 求 $\cos 75°$.

解 $\cos 75°=\cos(45°+30°)$

$$=\cos 45°\cos 30°-\sin 45°\sin 30°$$

$$=\frac{\sqrt{2}}{2}\cdot\frac{\sqrt{3}}{2}-\frac{\sqrt{2}}{2}\cdot\frac{1}{2}$$

$$=\frac{\sqrt{6}-\sqrt{2}}{4}.$$

例 2 已知 $\sin\alpha=\frac{2}{3}$，$\cos\beta=-\frac{3}{4}$，且 α，β 都是第二象限角，求 $\cos(\alpha+\beta)$ 的值.

解 由 $\sin\alpha=\frac{2}{3}$，α 是第二象限角，得

$$\cos\alpha=-\sqrt{1-\sin^2\alpha}=-\sqrt{1-\left(\frac{2}{3}\right)^2}=-\frac{\sqrt{5}}{3};$$

又由 $\cos\beta=-\frac{3}{4}$，β 是第二象限角，得

$$\sin\beta=\sqrt{1-\cos^2\beta}=\sqrt{1-\left(-\frac{3}{4}\right)^2}=\frac{\sqrt{7}}{4}.$$

所以

$$\cos(\alpha+\beta)=\cos\alpha\cos\beta-\sin\alpha\sin\beta$$
$$=\left(-\frac{\sqrt{5}}{3}\right)\cdot\left(-\frac{3}{4}\right)-\frac{2}{3}\cdot\frac{\sqrt{7}}{4}$$
$$=\frac{3\sqrt{5}-2\sqrt{7}}{12}.$$

例 3 证明：对于任意角 α，有下列公式

$$\boldsymbol{\cos\left(\frac{\pi}{2}-\alpha\right)=\sin\alpha,}$$
$$\boldsymbol{\sin\left(\frac{\pi}{2}-\alpha\right)=\cos\alpha.}$$

证明 $\cos\left(\frac{\pi}{2}-\alpha\right)=\cos\left[\frac{\pi}{2}+(-\alpha)\right]$

$$=\cos\frac{\pi}{2}\cos(-\alpha)-\sin\frac{\pi}{2}\sin(-\alpha)$$
$$=0\cdot\cos\alpha-1\cdot(-\sin\alpha)$$
$$=\sin\alpha.$$

再把这个式子中的$\frac{\pi}{2}-\alpha$ 换成α，可得

$$\cos\alpha=\sin\left(\frac{\pi}{2}-\alpha\right).$$

所以，上述两个公式，对于任意角 α 都成立.

运用公式 $C_{(\alpha+\beta)}$ 和例 3 的结论，便可得到

$$\sin(\alpha+\beta)=\cos\left[\frac{\pi}{2}-(\alpha+\beta)\right]$$
$$=\cos\left[\left(\frac{\pi}{2}-\alpha\right)-\beta\right]$$
$$=\cos\left(\frac{\pi}{2}-\alpha\right)\cos\beta+\sin\left(\frac{\pi}{2}-\alpha\right)\sin\beta$$
$$=\sin\alpha\cos\beta+\cos\alpha\sin\beta.$$

于是，我们有两角和的正弦公式 $S_{(\alpha+\beta)}$：

$$\boldsymbol{\sin(\alpha+\beta)=\sin\alpha\cos\beta+\cos\alpha\sin\beta.}$$

例 4 求 $\sin 105°$的值.

解 $\sin 105°=\sin(60°+45°)$

$$=\sin 60°\cos 45°+\cos 60°\sin 45°$$
$$=\frac{\sqrt{3}}{2}\cdot\frac{\sqrt{2}}{2}+\frac{1}{2}\cdot\frac{\sqrt{2}}{2}=\frac{\sqrt{6}+\sqrt{2}}{4}.$$

例 5 求证：$\cos\alpha+\sqrt{3}\sin\alpha=2\sin\left(\frac{\pi}{6}+\alpha\right)$.

分析 我们知道，证明恒等式可以把等号左边变形为右边，也可以把等号右边变形为左边.对于上式，可以利用 $S_{(\alpha+\beta)}$ 把等式右边进行变形.

证法 1

$$右=2\left(\sin\frac{\pi}{6}\cos\alpha+\cos\frac{\pi}{6}\sin\alpha\right)=2\left(\frac{1}{2}\cos\alpha+\frac{\sqrt{3}}{2}\sin\alpha\right)$$

$$=\cos\alpha+\sqrt{3}\sin\alpha=左边,$$

所以，原式成立.

证法 2

$$左=2\left(\frac{1}{2}\cos\alpha+\frac{\sqrt{3}}{2}\sin\alpha\right)=2\left(\sin\frac{\pi}{6}\cos\alpha+\cos\frac{\pi}{6}\sin\alpha\right)$$

$$=2\sin\left(\frac{\pi}{6}+\alpha\right)=右边,$$

所以，原式成立.

因为 $\tan(\alpha+\beta)=\frac{\sin(\alpha+\beta)}{\cos(\alpha+\beta)}=\frac{\sin\alpha\cos\beta+\cos\alpha\sin\beta}{\cos\alpha\cos\beta-\sin\alpha\sin\beta}$,

当 $\cos\alpha\cos\beta\neq0$ 时，分子、分母都除以 $\cos\alpha\cos\beta$，从而得到两角和的正切公式 $T_{(\alpha+\beta)}$：

$$\boldsymbol{\tan(\alpha+\beta)=\frac{\tan\alpha+\tan\beta}{1-\tan\alpha\tan\beta}}.$$

例 6 求 $\tan75^\circ$ 的值.

解 $\tan75^\circ=\tan(45^\circ+30^\circ)=\frac{\tan45^\circ+\tan30^\circ}{1-\tan45^\circ\tan30^\circ}$

$$=\frac{1+\frac{\sqrt{3}}{3}}{1-1\times\frac{\sqrt{3}}{3}}=\frac{3+\sqrt{3}}{3-\sqrt{3}}=2+\sqrt{3}.$$

例 7 计算 $\frac{1+\tan15^\circ}{1-\tan15^\circ}$ 的值.

分析 因为 $\tan45^\circ=1$，所以原式可以看成是

$$\frac{\tan45^\circ+\tan15^\circ}{1-\tan45^\circ\tan15^\circ}$$

的形式，然后用两角和的正切公式，把上式化成

$$\tan(45^\circ+15^\circ),$$

而 $45^\circ+15^\circ=60^\circ$ 是特殊角，可以求出它的正切值.

解 $\dfrac{1+\tan 15^\circ}{1-\tan 15^\circ}=\dfrac{\tan 45^\circ+\tan 15^\circ}{1-\tan 45^\circ\tan 15^\circ}=\tan(45^\circ+15^\circ)$

$=\tan 60^\circ=\sqrt{3}.$

1. 等式 $\sin(\alpha+\beta)=\sin\alpha+\sin\beta$ 成立吗？用 $\alpha=60^\circ$, $\beta=30^\circ$ 代入进行检验.
2. 化简：
   (1) $\cos 24^\circ\cos 36^\circ-\cos 66^\circ\cos 54^\circ$；
   (2) $\sin 11^\circ\cos 29^\circ+\cos 11^\circ\sin 29^\circ$；
   (3) $\dfrac{\tan 2\theta+\tan\theta}{1-\tan 2\theta\tan\theta}$.
3. 已知 α, β 都是锐角，$\sin\alpha=\dfrac{3}{5}$，$\cos\beta=\dfrac{5}{13}$，求 $\sin(\alpha+\beta)$ 的值.
4. 下面式子中不正确的是(　　).
   A. $\sin\left(\dfrac{\pi}{4}+\dfrac{\pi}{3}\right)=\sin\dfrac{\pi}{4}\cos\dfrac{\pi}{3}+\dfrac{\sqrt{3}}{2}\cos\dfrac{\pi}{4}$
   B. $\cos\dfrac{7\pi}{12}=\cos\dfrac{\pi}{4}\cos\dfrac{\pi}{3}-\dfrac{\sqrt{2}}{2}\sin\dfrac{\pi}{3}$
   C. $\cos\left(-\dfrac{\pi}{12}\right)=\cos\dfrac{\pi}{4}\cos\dfrac{\pi}{3}+\dfrac{\sqrt{6}}{4}$
   D. $\cos\dfrac{\pi}{12}=\cos\dfrac{\pi}{3}-\cos\dfrac{\pi}{4}$
5. 利用两角和的正弦、余弦公式证明：
   (1) $\sin(\pi+\alpha)=-\sin\alpha$；　(2) $\cos(\pi+\alpha)=-\cos\alpha$；
   (3) $\sin\left(\dfrac{\pi}{2}+\alpha\right)=\cos\alpha$；　(4) $\cos\left(\dfrac{\pi}{2}+\alpha\right)=-\sin\alpha$.

6.6.2 两角差的三角函数

如果在上一节两角和的三角函数公式 $S_{(\alpha+\beta)}$、$C_{(\alpha+\beta)}$ 和 $T_{(\alpha+\beta)}$ 中，分别用 $-\beta$ 代替 β，会怎样？

一般地，在两角和的三角函数公式中用 $-\beta$ 代替 β，可得到两角差的正弦 $S_{(\alpha-\beta)}$、余弦 $C_{(\alpha-\beta)}$ 和正切 $T_{(\alpha-\beta)}$ 公式：

$$\sin(\alpha-\beta)=\sin\alpha\cos\beta-\cos\alpha\sin\beta; \qquad S_{(\alpha-\beta)}$$

$$\cos(\alpha-\beta)=\cos\alpha\cos\beta+\sin\alpha\sin\beta; \qquad C_{(\alpha-\beta)}$$

$$\tan(\alpha-\beta)=\frac{\tan\alpha-\tan\beta}{1+\tan\alpha\tan\beta}. \qquad T_{(\alpha-\beta)}$$

例 8 求 $\cos 15^\circ$的值.

解 $\cos 15^\circ = \cos(45^\circ - 30^\circ)$

$$= \cos 45^\circ \cos 30^\circ + \sin 45^\circ \sin 30^\circ$$

$$= \frac{\sqrt{2}}{2} \cdot \frac{\sqrt{3}}{2} + \frac{\sqrt{2}}{2} \cdot \frac{1}{2} = \frac{\sqrt{6}+\sqrt{2}}{4}.$$

例 9 已知 $\cos\theta = -\frac{3}{5}$, $\theta \in \left(\frac{\pi}{2}, \pi\right)$，求 $\sin\left(\theta - \frac{\pi}{3}\right)$的值.

解 由 $\cos\theta = -\frac{3}{5}$, $\theta \in \left(\frac{\pi}{2}, \pi\right)$，得

$$\sin\theta = \sqrt{1-\cos^2\theta} = \sqrt{1-\left(-\frac{3}{5}\right)^2} = \frac{4}{5},$$

所以

$$\sin\left(\theta - \frac{\pi}{3}\right) = \sin\theta\cos\frac{\pi}{3} - \cos\theta\sin\frac{\pi}{3}$$

$$= \frac{4}{5} \cdot \frac{1}{2} - \left(-\frac{3}{5}\right) \cdot \frac{\sqrt{3}}{2}$$

$$= \frac{4+3\sqrt{3}}{10}.$$

例 10 已知 $\tan\alpha = 3$，求 $\tan\left(\alpha - \frac{\pi}{4}\right)$的值.

解 $\tan\left(\alpha - \frac{\pi}{4}\right) = \dfrac{\tan\alpha - \tan\frac{\pi}{4}}{1+\tan\alpha\tan\frac{\pi}{4}} = \dfrac{3-1}{1+3\times 1} = \dfrac{1}{2}.$

练 习

1. 求下列三角函数的值：

(1) $\sin 15^\circ$； (2) $\cos 165^\circ$.

2. 求证：

(1) $\cos\left(\frac{3}{2}\pi - \alpha\right) = -\sin\alpha$； (2) $\sin\left(\frac{3}{2}\pi - \alpha\right) = -\cos\alpha$.

3. 已知 $\tan\alpha = -2$，$\tan\beta = 2$，求 $\tan(\alpha - \beta)$的值.

6.6.3 二倍角的三角函数

问 题

角 α 的三角函数与角 2α 的三角函数之间有怎样的关系？

事实上，只要在 $S_{(\alpha+\beta)}$，$C_{(\alpha+\beta)}$，$T_{(\alpha+\beta)}$ 公式中，令 $\beta=\alpha$，就可以得到下面的公式：

$$\sin 2\alpha = 2\sin\alpha\cos\alpha; \qquad S_{2\alpha}$$

$$\cos 2\alpha = \cos^2\alpha - \sin^2\alpha; \qquad C_{2\alpha}$$

$$\tan 2\alpha = \frac{2\tan\alpha}{1-\tan^2\alpha}. \qquad T_{2\alpha}$$

其中，公式 $C_{2\alpha}$ 还可以利用平方关系变形为

$$\cos 2\alpha = 2\cos^2\alpha - 1 = 1 - 2\sin^2\alpha. \qquad C_{2\alpha}$$

以上公式都叫做二倍角公式.二倍角公式是两角和公式的特例.

有了二倍角公式，就可以用角 α 的三角函数表示 2α 的三角函数.

例 11 已知 $\cos\alpha=\frac{1}{3}$，$\alpha\in\left(\frac{3\pi}{2}, 2\pi\right)$，求 $\sin 2\alpha$，$\cos 2\alpha$，$\tan 2\alpha$ 的值.

解 因为 $\cos\alpha=\frac{1}{3}$，$\alpha\in\left(\frac{3\pi}{2}, 2\pi\right)$，所以

$$\sin\alpha = -\sqrt{1-\cos^2\alpha} = -\sqrt{1-\left(\frac{1}{3}\right)^2} = -\frac{2\sqrt{2}}{3},$$

于是

$$\sin 2\alpha = 2\sin\alpha\cos\alpha = 2\times\left(-\frac{2\sqrt{2}}{3}\right)\times\frac{1}{3} = -\frac{4\sqrt{2}}{9},$$

$$\cos 2\alpha = 2\cos^2\alpha - 1 = 2\times\left(\frac{1}{3}\right)^2 - 1 = -\frac{7}{9},$$

$$\tan 2\alpha = \frac{\sin 2\alpha}{\cos 2\alpha} = \left(-\frac{4\sqrt{2}}{9}\right) : \left(-\frac{7}{9}\right) = \frac{4\sqrt{2}}{9}\times\frac{9}{7} = \frac{4\sqrt{2}}{7}.$$

例 12 利用二倍角公式，求下列各式的值：

(1) $2\sin 15^\circ\cos 15^\circ$； (2) $\sin^2\frac{\pi}{8}-\cos^2\frac{\pi}{8}$；

(3) $\frac{2\tan 150^\circ}{1-\tan^2 150^\circ}$.

解 (1) $2\sin 15^\circ\cos 15^\circ = \sin(2\times 15^\circ) = \sin 30^\circ = \frac{1}{2}$；

(2) $$\sin^2\frac{\pi}{8}-\cos^2\frac{\pi}{8} = -\left(\cos^2\frac{\pi}{8}-\sin^2\frac{\pi}{8}\right) = -\cos\left(2\times\frac{\pi}{8}\right) = -\cos\frac{\pi}{4} = -\frac{\sqrt{2}}{2};$$

(3) $\dfrac{2\tan 150^\circ}{1-\tan^2 150^\circ}=\tan(2\times 150^\circ)$

$$=\tan 300^\circ=\tan(360^\circ-60^\circ)$$

$$=-\tan 60^\circ=-\sqrt{3}.$$

例 13 如图 6-6-3 所示，在$\triangle ABC$中，已知$AB=AC=2BC$，求角A的正弦、余弦和正切.

解 在$\triangle ABC$中，作$AD\perp BC$，设$\angle CAD=\alpha$，则

$$\angle A=2\alpha.$$

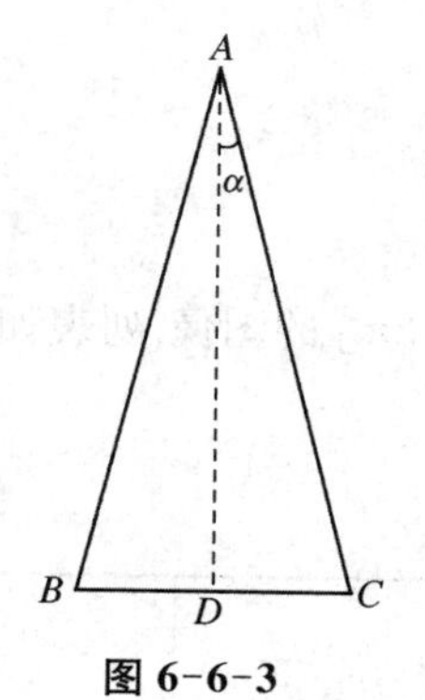

图 6-6-3

因为$CD=\dfrac{1}{2}BC=\dfrac{1}{4}AC$，所以$\sin\alpha=\dfrac{CD}{AC}=\dfrac{1}{4}$.

又因为$0<2\alpha<\pi$，即$0<\alpha<\dfrac{\pi}{2}$，所以

$$\cos\alpha=\sqrt{1-\sin^2\alpha}=\sqrt{1-\left(\frac{1}{4}\right)^2}=\frac{\sqrt{15}}{4},$$

于是

$$\sin A=\sin 2\alpha=2\sin\alpha\cos\alpha=\frac{\sqrt{15}}{8},$$

$$\cos A=\cos 2\alpha=1-2\sin^2\alpha=\frac{7}{8},$$

$$\tan A=\frac{\sin A}{\cos A}=\frac{\sqrt{15}}{7}.$$

练 习

1. 利用二倍角公式，求下列各式的值：

(1) $2\sin 67^\circ30'\cos 67^\circ30'$； (2) $2\cos^2\dfrac{\pi}{12}-1$；

(3) $\dfrac{2\tan 22.5^\circ}{1-\tan^2 22.5^\circ}$； (4) $1-\sin^2 750^\circ$.

2. 化简：

(1) $\cos^4\alpha-\sin^4\alpha$； (2) $\dfrac{1}{1-\tan\theta}-\dfrac{1}{1+\tan\theta}$.

3. 求证：

(1) $\sin^2\theta=\dfrac{1-\cos 2\theta}{2}$；

(2) $\cos^2\theta=\dfrac{1+\cos 2\theta}{2}$；

(3) $2\sin(\pi+\alpha)\cos(\pi-\alpha)=\sin 2\alpha$.

知识与实践

结合本节所学知识，运用测角仪、皮尺等工具测量学校旗杆的高度.

6.7　正弦函数的图像与性质

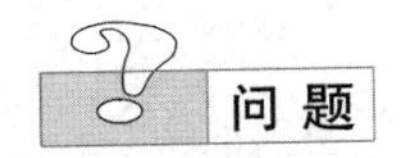

怎样利用图像更直观地研究三角函数的性质?

我们先用描点法作出正弦函数 $y=\sin x$, $x\in[0, 2\pi]$ 的图像.列表如表 6-7-1 所示.

表 6-7-1

x	0	$\frac{\pi}{6}$	$\frac{\pi}{3}$	$\frac{\pi}{2}$	$\frac{2\pi}{3}$	$\frac{5\pi}{6}$	π
y	0	$\frac{1}{2}$	$\frac{\sqrt{3}}{2}$	1	$\frac{\sqrt{3}}{2}$	$\frac{1}{2}$	0
x	$\frac{7\pi}{6}$	$\frac{4\pi}{3}$	$\frac{3\pi}{2}$	$\frac{5\pi}{3}$	$\frac{11\pi}{6}$	2π	
y	$-\frac{1}{2}$	$-\frac{\sqrt{3}}{2}$	-1	$-\frac{\sqrt{3}}{2}$	$-\frac{1}{2}$	0	

把表 6-7-1 中的每一组对应值作为点的坐标,描出各点,再用光滑的曲线把它们顺次连接起来,就得到函数 $y=\sin x$, $x\in[0, 2\pi]$ 的图像,如图 6-7-1 所示.

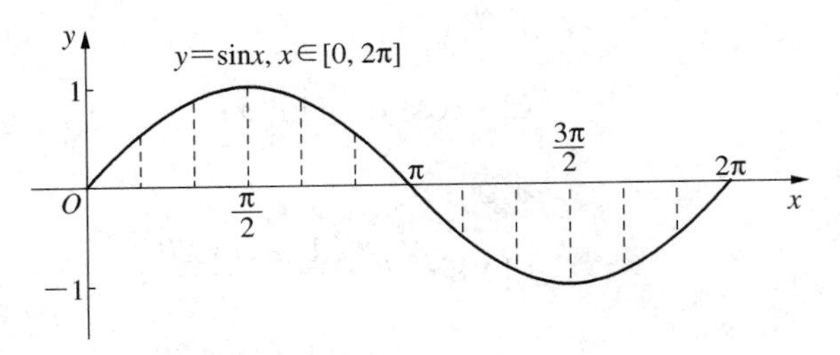

图 6-7-1

因为 $\sin(x+2k\pi)=\sin x$ $(k\in\mathbf{Z})$,所以,函数 $y=\sin x$, $x\in[2\pi, 4\pi]$, $x\in[4\pi, 6\pi]$, $\cdots x\in[-2\pi, 0]$, $\cdots$ 的图像与 $x\in[0, 2\pi]$ 的图像完全相同.我们把 $y=\sin x$, $x\in[0, 2\pi]$ 的图像向左或向右平行移动(每次移动 2π 个单位长度),就可以得到 $y=\sin x$, $x\in\mathbf{R}$ 的图像,如图 6-7-2 所示.

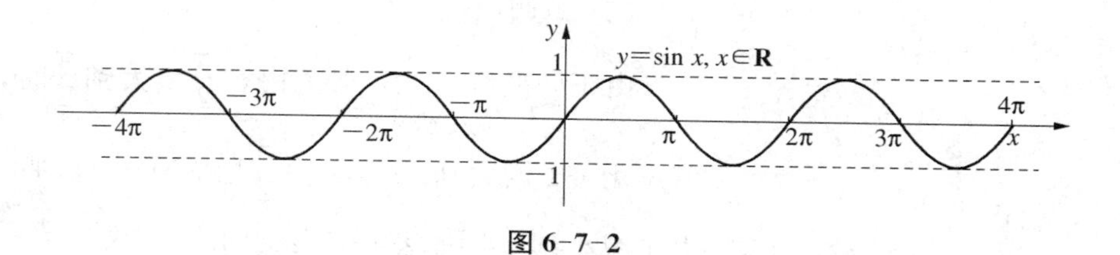

图 6-7-2

正弦函数 $y=\sin x$，$x\in\mathbf{R}$ 的图像叫作**正弦曲线**.

由图 6-7-1 可以看出，函数 $y=\sin x$ 在 $x\in[0,\ 2\pi]$ 范围内的图像，起关键作用的有 5 个点，它们的坐标分别是

$$(0,\ 0),\ \left(\frac{\pi}{2},\ 1\right),\ (\pi,\ 0),\ \left(\frac{3\pi}{2},\ -1\right),\ (2\pi,\ 0).$$

画图时，只要找出这 5 个点，再用光滑的曲线连接，就可以得到正弦函数在 $x\in[0,\ 2\pi]$ 内的简图，通常把这种方法叫做“五点画图法”.

根据正弦函数的图像，可以得出正弦函数 $y=\sin x$ 的主要性质如下.

(1) 定义域

正弦函数 $y=\sin x$ 的定义域是 $\mathbf{R}$.

(2) 值域

从图像上可知，

$$-1\leqslant \sin x\leqslant 1,$$

即正弦函数的值域为 $[-1,\ 1]$.

当且仅当 $x=\dfrac{\pi}{2}+2k\pi$，$k\in\mathbf{Z}$ 时，y 取得最大值 1，

当且仅当 $x=-\dfrac{\pi}{2}+2k\pi$，$\pi\in\mathbf{Z}$ 时，y 取得最小值 -1.

(3) 周期性

由 $\sin(x+2k\pi)=\sin x\ (k\in\mathbf{Z})$ 可知，正弦函数的函数值每隔 2π 整数倍就重复出现，这种性质叫做**周期性**.

一般地，对于函数 $f(x)$，如果存在一个非零常数 T，使得当 x 取定义域内的每一个值时，都有

$$f(x+T)=f(x),$$

那么函数 $f(x)$ 就叫做周期函数，非零常数 T 叫做这个函数的**周期**.

例如，-4π，-2π，…及 2π，4π，…都是正弦函数的周期.

对于一个周期函数 $f(x)$，如果在所有的周期中存在一个最小的正数，那么这个最小正数就叫做 $f(x)$ 的**最小正周期**.

例如，2π 是正弦函数的最小正周期.

以后一般所涉及的周期，如果不特别声明，指的都是函数的最小正周期.

(4) 奇偶性

由 $\sin(-x)=-\sin x$ 可知：

正弦函数是奇函数，所以正弦曲线关于原点对称.

(5) 单调性

由正弦曲线可知：当 x 由 $-\frac{\pi}{2}$ 增大到 $\frac{\pi}{2}$ 时，曲线逐渐上升，正弦函数值 y 由 -1 增大到 1；当 x 由 $\frac{\pi}{2}$ 增大到 $\frac{3\pi}{2}$ 时，曲线逐渐下降，正弦函数值 y 由 1 减小到 -1，如表 6-7-2 所示.

表 6-7-2

x	$-\frac{\pi}{2}$	…	0	…	$\frac{\pi}{2}$	…	π	…	$\frac{3\pi}{2}$
$\sin x$	-1	↗	0	↗	1	↘	0	↘	-1

由正弦函数的周期性可知：

正弦函数在每一个闭区间

$$\left[-\frac{\pi}{2}+2k\pi,\ \frac{\pi}{2}+2k\pi\right]\ (k\in\mathbf{Z})$$

上都是增函数，它的值由 -1 增大到 1；此区间是函数的单调递增区间. 在每一个闭区间

$$\left[\frac{\pi}{2}+2k\pi,\ \frac{3\pi}{2}+2k\pi\right]\ (k\in\mathbf{Z})$$

上都是减函数，它的值由 1 减小到 -1，此区间是函数的单调递减区间.

画出函数 $y=1+\sin x$，$x\in[0,\ 2\pi]$ 的简图.

解 列出表 6-7-3.

表 6-7-3

x	0	$\frac{\pi}{2}$	π	$\frac{3\pi}{2}$	2π
$\sin x$	0	1	0	-1	0
$1+\sin x$	1	2	1	0	1

简图如图 6-7-3 所示.

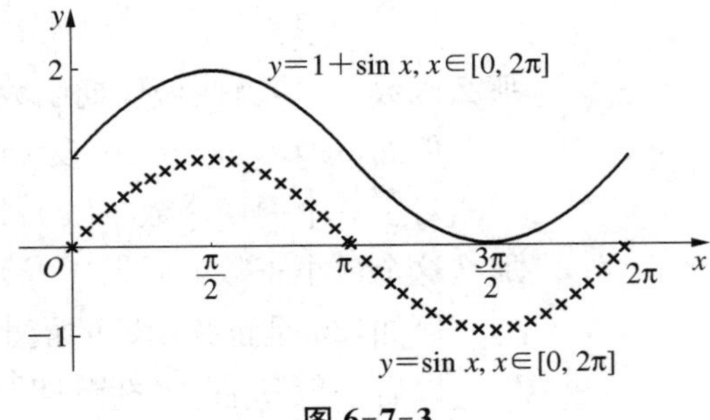

图 6-7-3

函数 $y=1+\sin x$ 的图像与函数 $y=\sin x$ 的图像有何关系？函数

$y=c+\sin x\ (c\neq 0)$ 的图像与函数 $y=\sin x$ 的图像呢？函数 $y=-\sin x$ 的图像与函数 $y=\sin x$ 的图像呢？

例 2 比较大小 $\sin\left(-\frac{\pi}{8}\right)$ 与 $\sin\left(-\frac{\pi}{10}\right)$.

解 因为 $-\frac{\pi}{2}<-\frac{\pi}{8}<-\frac{\pi}{10}<\frac{\pi}{2}$，且函数 $y=\sin x$，$x\in\left[-\frac{\pi}{2},\frac{\pi}{2}\right]$ 是增函数，所以

$$\sin\left(-\frac{\pi}{8}\right)<\sin\left(-\frac{\pi}{10}\right).$$

练习

1. 函数 $y=4\sin x$，$x\in[-\pi,\pi]$ 的单调性是(　　).
   A. 在 $[-\pi,0]$ 上是增函数，在 $[0,\pi]$ 上是减函数
   B. 在 $\left[-\frac{\pi}{2},\frac{\pi}{2}\right]$ 上是增函数，在 $\left[-\pi,-\frac{\pi}{2}\right]$ 及 $\left[\frac{\pi}{2},\pi\right]$ 上是减函数
   C. 在 $[0,\pi]$ 上是增函数，在 $[-\pi,0]$ 上是减函数
   D. 在 $\left[\frac{\pi}{2},\pi\right]$ 及 $\left[-\pi,-\frac{\pi}{2}\right]$ 上是增函数，在 $\left[-\frac{\pi}{2},\frac{\pi}{2}\right]$ 上是减函数
2. 画出函数 $y=-\sin x$，$x\in[0,2\pi]$ 的简图，并指出当 x 为何值时，y 取得最值.
3. 求使函数 $y=2\sin x$，$x\in\mathbf{R}$ 取得最小值的 x 的集合，并说出最小值是什么.
4. 等式 $\sin(30^\circ+120^\circ)=\sin 30^\circ$ 是否成立？如果这个等式成立，能不能说 120° 是正弦函数的周期？为什么？
5. 求 $y=\sin\left(x+\frac{\pi}{4}\right)$ 的单调增区间.

6.8　余弦函数的图像与性质

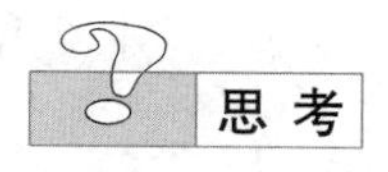

思考

你能利用正弦函数的图像画出余弦函数的图像吗？

因为 $\cos x=\sin\left(x+\frac{\pi}{2}\right)$，所以余弦函数 $y=\cos x\ (x\in\mathbf{R})$ 的图像可以将正弦曲线 $y=\sin x$ 向左平移 $\frac{\pi}{2}$ 个单位得到，如图 6-8-1 所示，余弦函

数的图像叫余弦曲线.

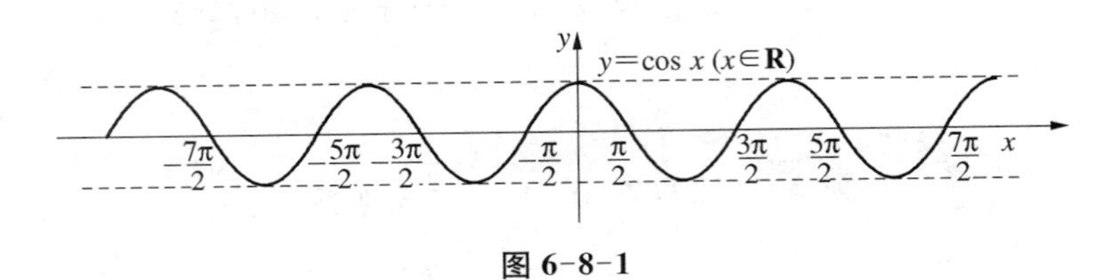

图 6-8-1

余弦函数在 $x\in[0,\ 2\pi]$ 范围内的图像,起关键作用的 5 个点的坐标分别为

$$(0,\ 1),\ \left(\frac{\pi}{2},\ 0\right),\ (\pi,\ -1),\ \left(\frac{3\pi}{2},\ 0\right),\ (2\pi,\ 1).$$

根据余弦函数的图像,可以得出余弦函数 $y=\cos x$ 的主要性质如下.

(1) 定义域

余弦函数 $y=\cos x$ 的定义域是 $\mathbf{R}$.

(2) 值域

余弦函数的值域为 $[-1,\ 1]$.

当且仅当 $x=2k\pi,\ k\in\mathbf{Z}$ 时, y 取得最大值 1,

当且仅当 $x=(2k+1)\pi,\ k\in\mathbf{Z}$ 时, y 取得最小值 -1.

(3) 周期性

余弦函数是周期函数,最小正周期是 2π.

(4) 奇偶性

由 $\cos(-x)=\cos x$ 可知:余弦函数是偶函数,所以余弦函数的图像关于 y 轴对称.

(5) 单调性

余弦函数在每一个闭区间

$$[(2k-1)\pi,\ 2k\pi]\ (k\in\mathbf{Z})$$

上都是增函数,它的值由 -1 增大到 1;此区间是函数的单调递增区间.在每一个闭区间

$$[2k\pi,\ (2k+1)\pi]\ (k\in\mathbf{Z})$$

上都是减函数,它的值由 1 减小到 -1,此区间是函数的单调递减区间.

求使函数 $y=\cos x+1,\ x\in\mathbf{R}$ 取得最大值的 x 的集合,并说出最大值是什么.

解 函数 $y=\cos x+1,\ x\in\mathbf{R}$ 取得最大值的 x,就是使函数 $y=\cos x,\ x\in\mathbf{R}$ 取得最大值的 x.因而使 $y=\cos x+1,\ x\in\mathbf{R}$ 取得最大值的 x 的集合,就是使 $y=\cos x,\ x\in\mathbf{R}$ 取得最大值的 x 的集合,即

$$\{x\mid x=2k\pi,\ k\in\mathbf{Z}\}.$$

函数 $y=\cos x+1,\ x\in\mathbf{R}$ 的最大值是 $1+1=2$.

1. 画出函数 $y=2\cos x$，$x\in[0,\ 2\pi]$ 的简图，并指出当 x 为何值时，y 取得最值.
2. 下列等式能否成立？为什么？
   (1) $2\cos x=3$；　　(2) $\cos^2 x=0.5$.
3. 比较下列各题中两个三角函数值的大小(不求值)：
   (1) $\cos\dfrac{15}{8}\pi$，$\cos\dfrac{14}{9}\pi$；
   (2) $\cos 515^\circ$，$\cos 530^\circ$.
4. 把下列三角函数值按从小到大的次序排列：
   $\cos 12^\circ$，$\cos 24^\circ$，$\cos 36^\circ$，$\cos 52^\circ$.
5. 若 $\cos\theta=5x-1$，则 x 的取值范围为________.

6.9　正切函数的图像与性质

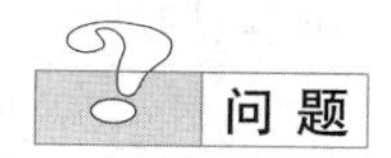

正切函数是周期函数吗？它的周期同正弦函数、余弦函数的周期一样吗？

由诱导公式 $\tan(x+\pi)=\tan x$，$x\in\mathbf{R}$ 且 $x\neq\dfrac{\pi}{2}+k\pi$，$k\in\mathbf{Z}$ 可知，正切函数是周期函数，π 是它的一个周期.

因此，我们先用描点法画出 $y=\tan x$ 在区间 $\left(-\dfrac{\pi}{2},\ \dfrac{\pi}{2}\right)$ 上的图像，列表如表 6-9-1 所示.

表 6-9-1

x	$-\dfrac{\pi}{3}$	$-\dfrac{\pi}{4}$	$-\dfrac{\pi}{6}$	0	$\dfrac{\pi}{6}$	$\dfrac{\pi}{4}$	$\dfrac{\pi}{3}$
y	-1.73	1	-0.58	0	0.58	1	1.73

描点作图如图 6-9-1 所示.

根据正切函数的周期性，我们可以把 $y=\tan x$，$x\in\left(-\dfrac{\pi}{2},\ \dfrac{\pi}{2}\right)$ 的图像向左、右平移(每次 π 个单位)，就可以得到正切函数 $y=\tan x$，$x\in\left(-\dfrac{\pi}{2}+k\pi,\ \dfrac{\pi}{2}+k\pi\right)$ $(k\in\mathbf{Z})$ 的图像，如图 6-9-2 所示，并把它称为正切曲线.

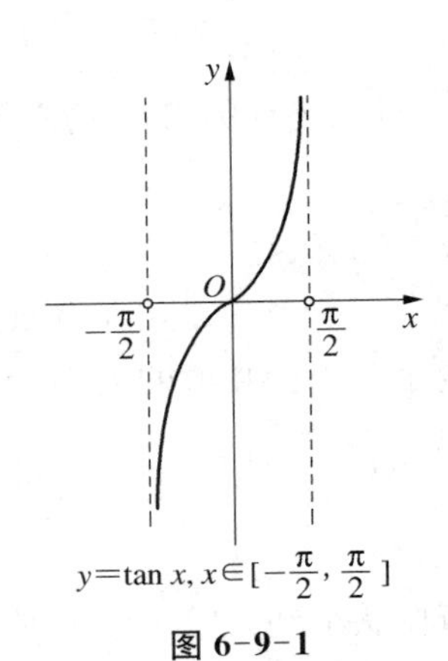

$y=\tan x, x\in[-\frac{\pi}{2}, \frac{\pi}{2}]$

图 6-9-1

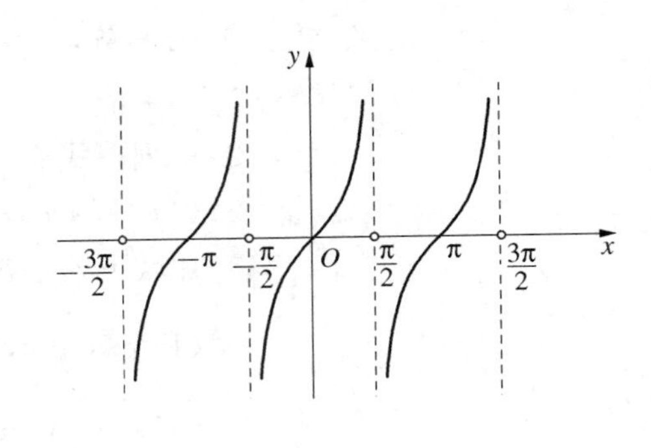

图 6-9-2

可以看出，正切曲线是由相互平行的直线 $x=k\pi+\frac{\pi}{2}$ $(k\in\mathbf{Z})$ 隔开的无穷多支曲线组成的.

由正切函数的图像可以得到正切函数的主要性质如下.

(1) 定义域

正切函数的定义域是 $\left\{x \mid x\in\mathbf{R} \text{ 且 } x\neq\frac{\pi}{2}+k\pi,\ k\in\mathbf{Z}\right\}$.

(2) 值域

正切函数的值域是实数集 $\mathbf{R}$.

(3) 周期性

由 $\tan(x+\pi)=\tan x$ 可知，正切函数是周期函数，周期是 π.

(4) 奇偶性

由 $\tan(-x)=-\tan x$ 可知，正切函数是奇函数，所以正切函数的图像关于原点对称.

(5) 单调性

由图像可以看出，正切函数在每个开区间 $\left(-\frac{\pi}{2}+k\pi,\ \frac{\pi}{2}+k\pi\right)$ $(k\in\mathbf{Z})$ 内都是增函数.

思考

正切函数在整个定义域内是增函数吗？

例 1 求函数 $y=\tan\left(2x-\frac{\pi}{4}\right)$ 的定义域.

解 因为 $y=\tan z$ 的定义域是

$$\left\{z \,\middle|\, z\neq\frac{\pi}{2}+k\pi,\ k\in\mathbf{Z}\right\},$$

令 $z=2x-\frac{\pi}{4}$，由 $2x-\frac{\pi}{4}\neq\frac{\pi}{2}+k\pi$，可得

$$x\neq\frac{3}{8}\pi+k\cdot\frac{\pi}{2},$$

所以 $y=\tan\left(2x-\frac{\pi}{4}\right)$ 的定义域是

$$\left\{x \middle| x \neq \frac{3}{8}\pi + k \cdot \frac{\pi}{2},\ k \in \mathbf{Z}\right\}.$$

练习

1. 观察正切曲线,写出满足下列条件的 x 的取值范围:
   (1) $\tan x > 0$; (2) $\tan x = 0$; (3) $\tan x < 0$.
2. 求函数 $y = \tan 3x$ 的定义域.
3. 不通过求值,比较下列各组中两个正切函数值的大小:
   (1) $\tan 138°$与$\tan 143°$; (2) $\tan\left(-\frac{13}{4}\pi\right)$与$\tan\left(-\frac{17}{5}\pi\right)$.

6.10 已知三角函数值求角

问题

我们知道,已知任意一个角,可以求出它的三角函数值;那么已知一个三角函数值,我们能求出与它对应的角吗?

例 1 已知 $\sin\alpha = \frac{\sqrt{2}}{2}$,且 $0 \leqslant \alpha \leqslant 2\pi$,求 α 的集合.

解 因为 $\sin\alpha = \frac{\sqrt{2}}{2} > 0$,所以 α 是第一或第二象限的角.由

$$\sin\frac{\pi}{4} = \frac{\sqrt{2}}{2},\ \sin\left(\pi - \frac{\pi}{4}\right) = \sin\frac{\pi}{4} = \frac{\sqrt{2}}{2}$$

可知,符合条件的角有两个,即第一象限的$\frac{\pi}{4}$或第二象限的$\frac{3\pi}{4}$.所以所求的角 α 的集合是

$$\left\{\frac{\pi}{4},\ \frac{3\pi}{4}\right\}.$$

例 2 已知 $\cos\alpha = \frac{1}{2}$,$\alpha \in [0,\ 2\pi]$,求 α 的集合.

解 因为 $\cos\alpha = \frac{1}{2} > 0$,所以 α 是第一或第四象限的角.由

$$\cos\frac{\pi}{3} = \frac{1}{2},\ \cos\left(2\pi - \frac{\pi}{3}\right) = \cos\frac{\pi}{3} = \frac{1}{2}$$

可知,符合条件的角有两个,即第一象限的$\frac{\pi}{3}$或第四象限的$\frac{5\pi}{3}$.所以所求的角 α 的集合是

$$\left\{\frac{\pi}{3},\ \frac{5\pi}{3}\right\}.$$

例 3 已知 $\tan x=\frac{\sqrt{3}}{3}$，求 x 的集合.

解 因为 $\tan x=\frac{\sqrt{3}}{3}>0$，所以 x 是第一或第三象限的角.

由
$$\tan\frac{\pi}{6}=\frac{\sqrt{3}}{3},\ \tan\left(\pi+\frac{\pi}{6}\right)=\tan\frac{\pi}{6}=\frac{\sqrt{3}}{3}$$
可知，所求的 x 的集合是
$$\left\{x\,\middle|\,x=\frac{\pi}{6}+2k\pi,\ k\in\mathbf{Z}\right\}\cup\left\{x\,\middle|\,x=\frac{7\pi}{6}+2k\pi,\ k\in\mathbf{Z}\right\}$$
$$=\left\{x\,\middle|\,x=\frac{\pi}{6}+k\pi,\ k\in\mathbf{Z}\right\}.$$

例 4 已知 $\tan x=\frac{1}{3}$，求 x 的集合.

解 因为 $\tan x=\frac{1}{3}>0$，所以 x 是第一或第三象限的角.查表得
$$\tan 18°26'=\frac{1}{3},$$
又
$$\tan(180°+18°26')=\tan 18°26'=\frac{1}{3},$$
因此，所求的 x 是
$$18°26'+k\cdot 360°=18°26'+2k\cdot 180°\ (k\in\mathbf{Z}), \qquad ①$$
或者
$$(180°+18°26')+k\cdot 360°$$
$$=18°26'+(2k+1)\cdot 180°\ (k\in\mathbf{Z}), \qquad ②$$
所以，把①、②两式合并，所求的 x 就是
$$\{x\mid x=18°26'+k\cdot 180°,\ k\in\mathbf{Z}\}.$$

已知三角函数值求角的一般步骤：

(1) 根据已知三角函数值确定所求角在第几象限或终边落在坐标轴上的位置；

(2) 求出这个三角函数值的绝对值所对应的一个锐角 α_1；

(3) 写出 0°～360°间的适合条件的角，其中第二、第三、第四象限的角依次是 $180°-\alpha_1$，$180°+\alpha_1$，$360°-\alpha_1$；

(4) 根据终边相同的角的同一个三角函数值相等，写出适合条件的所有角.

练 习

1. 求适合下列条件的 α：

(1) $\cos\alpha=\dfrac{\sqrt{3}}{2}$，且 $\dfrac{3\pi}{2}<\alpha<2\pi$；　(2) $\sin\alpha=-\dfrac{1}{2}$，且 $\pi<\alpha<\dfrac{3\pi}{2}$；

(3) $\tan\alpha=1$，且 $0^\circ<\alpha<360^\circ$.

2. 求适合下列条件的 x：

(1) $\sin x=\dfrac{1}{2}$，且 x 在第一象限；　(2) $\cos x=\dfrac{\sqrt{2}}{2}$，且 x 在第四象限.

3. 求适合下列条件的 x 的集合：

(1) $\cos x=-\dfrac{\sqrt{3}}{2}$；　(2) $\sin x=-1$.

4. 根据下列条件，求△ABC 的内角 A

(1) $\sin A=\dfrac{\sqrt{3}}{2}$；　(2) $\cos A=-\dfrac{\sqrt{3}}{2}$；　(3) $\tan A=\dfrac{\sqrt{3}}{3}$.

6.11 复习与巩固

一、知识结构

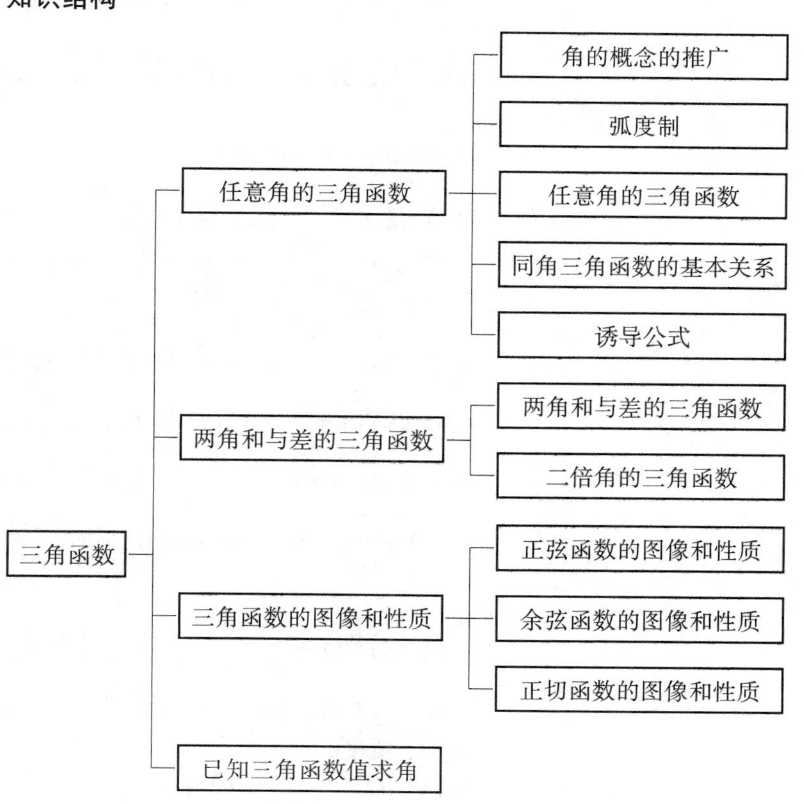

二、回顾与思考

1. 角包括任意大小的正角、负角和零角，你能结合实例进行角的度数与弧度数的换算吗？

2. 任意角的三角函数是用坐标来定义的.在这种定义中，由于每一个角都有确定的终边，而终边上所取的一点都有确定的坐标和象限，因而它的各个三角函数也都是唯一确定的，这就说明三角函数具有存在性、唯一性和符号确定性.你能结合实际来说明三角函数的这些基本特征吗？

3. 运用等价转化思想，可以将同角三角函数的基本关系式变成“1”的代换问题，如

$$1=\sin^2\alpha+\cos^2\alpha.$$

4. 利用诱导公式，你能把任意角的三角函数转化为 0° 到 90° 之间的角的三角函数吗？

5. 三角函数的性质包括函数的定义域、值域、奇偶性、有界性、周期性、单调性和最大(小)值.能熟练地画出正弦、余弦函数在一个周期内的图像，并看出它们的性质.

6. 两角和的三角函数公式，其内涵是揭示同名不同角的三角函数的运算规律.在实际运用中，要注意掌握角的演变规律，准确地使用公式进行求值、化简和证明.

复习参考题

A组

1. 填空题：

(1) 设 $\alpha=-\dfrac{\pi}{6}$，则与 α 终边相同的最小正角是________；

(2) 已知 $\sin\alpha=\dfrac{1}{3}$，且 $\alpha\in\left(\dfrac{\pi}{2},\ \pi\right)$，则 $\cos\alpha$ 的值是________；

(3) $\tan\dfrac{19}{6}\pi$ 的值是________；

(4) 设 $0<\alpha<2\pi$，且 $\tan\alpha=-\sqrt{3}$，则 $\alpha=$________；

(5) 化简 $\sin^2 10^\circ+\sin^2 80^\circ=$________；

(6) 函数 $y=\sin x+1$ 当 $x=$________时取得最大值________；

(7) 函数 $y=\dfrac{1}{1+\cos x}$ 的定义域是________________；

(8) 已知 $\tan(\alpha+\beta)=5$，$\tan\alpha=2$，则 $\tan\beta=$________；

(9) 已知 $\cos\alpha=-\dfrac{3}{5}$，$\pi<\alpha<\dfrac{3\pi}{2}$，则 $\sin 2\alpha=$________；

(10) 钟摆的摆长是 40 cm，当钟摆转动 0.2 rad 时，它所对的弧长是________；

(11) 函数 $y=\dfrac{1}{1+\tan x}$ 的定义域是________；

(12) 时针的分针走 12 min 时，时针、分针分别所转的角是________弧度；

(13) 第二象限角构成的集合为________；

(14) 已知扇形周长是 8 cm，圆心角为 2 rad，该扇形的面积为________.

2. 选择题：

(1) $-2\ 370^\circ$是(　　)；

A. 第一象限的角　　B. 第二象限的角

C. 第三象限的角　　D. 第四象限的角

(2) 已知 $\alpha=4$ 弧度，则 α 的终边在(　　)；

A. 第一象限　　B. 第二象限　　C. 第三象限　　D. 第四象限

(3) 已知角 α 的终边过点 $P(-3,\ 4)$，则 $\sin\alpha+\cos\alpha+\tan\alpha$ 是(　　)；

A. $-\dfrac{23}{15}$　　B. $-\dfrac{17}{15}$　　C. $-\dfrac{1}{15}$　　D. $\dfrac{17}{15}$

(4) $\sqrt{1-\sin^2 1\ 540^\circ}$化简为(　　)；

A. $\cos 100^\circ$　　B. $\sin 20^\circ$　　C. $\sin 10^\circ$　　D. $\cos 10^\circ$

(5) 设 $\alpha=2$，则有(　　)；

A. $\sin\alpha>0$ 且 $\cos\alpha>0$　　B. $\sin\alpha<0$ 且 $\cos\alpha>0$

C. $\sin\alpha>0$ 且 $\cos\alpha<0$　　D. $\sin\alpha<0$ 且 $\cos\alpha<0$

(6) 设 $\theta\in\mathbf{R}$，则 $\sin\left(\theta-\dfrac{\pi}{2}\right)$恒等于(　　)；

A. $\sin\left(\dfrac{3\pi}{2}+\theta\right)$　　B. $\cos\left(\dfrac{\pi}{2}+\theta\right)$

C. $\cos\left(\dfrac{\pi}{2}-\theta\right)$　　D. $\sin\left(\dfrac{\pi}{2}-\theta\right)$

(7) 在 0 到 2π 之间满足 $\sin\alpha=-\dfrac{1}{2}$ 的 α 的值是(　　)；

A. $\dfrac{2\pi}{3}$或$\dfrac{5\pi}{3}$　　B. $\dfrac{4\pi}{3}$或$\dfrac{5\pi}{3}$

C. $\dfrac{7\pi}{6}$或$\dfrac{5\pi}{6}$　　D. $\dfrac{7\pi}{6}$或$\dfrac{11\pi}{6}$

(8) 若 α 在第三象限，则 $k\cdot 360^\circ-\alpha\ (k\in\mathbf{Z})$是(　　)；

A. 第一象限角　　B. 第二象限角

C. 第三象限角　　D. 第四象限角

(9) $\cos 12^\circ\cos 98^\circ-\sin 12^\circ\sin 98^\circ=$(　　)；

A. $\cos 20^\circ$　　B. $\sin 20^\circ$　　C. $-\cos 20^\circ$　　D. $-\sin 20^\circ$

(10) $y=\sin\left(x-\dfrac{\pi}{3}\right)$ 的单调减区间是(　　)

A. $\left[k\pi-\dfrac{\pi}{6},\ k\pi+\dfrac{5\pi}{6}\right],\ k\in\mathbf{Z}$;

B. $\left[2k\pi-\dfrac{\pi}{6},\ 2k\pi+\dfrac{5\pi}{6}\right],\ k\in\mathbf{Z}$;

C. $\left[k\pi-\dfrac{7\pi}{6},\ k\pi-\dfrac{\pi}{6}\right],\ k\in\mathbf{Z}$;

D. $\left[2k\pi-\dfrac{7\pi}{6},\ 2k\pi-\dfrac{\pi}{6}\right],\ k\in\mathbf{Z}$.

3. 已知 $\sin\alpha=2\cos\alpha$，求 $\sin\alpha$，$\cos\alpha$，$\tan\alpha$.

4. 已知 $\cos\alpha=\dfrac{1}{3}$ 且 α 在第四象限，若 $P(1,\ x)$为角 α 的终边上一点，求 x

的值.

5. 求下列三角函数的值：

(1) $\sin\left(-\frac{3\pi}{4}\right)$； (2) $\tan\frac{2\pi}{3}$； (3) $\cos 495^\circ$.

6. 确定下列三角函数值的符号：

(1) $\sin 3.45$； (2) $\cos(-3.45)$.

7. 已知 $\sin(\pi+\alpha)=-\frac{1}{2}$，计算：

(1) $\cos(5\pi-\alpha)$； (2) $\tan(\alpha-3\pi)$.

8. 求函数 $y=\sqrt{\sin x}$ 的定义域.

9. 比较下列各组数的大小：

(1) $\cos\frac{\pi}{5}$与$\cos\frac{\pi}{10}$； (2) $\sin 57^\circ$与$\sin 122^\circ$；

(3) $\tan 3$与$\tan 4$.

10. 不查表，求 $\cos 15^\circ\cos 30^\circ\cos 75^\circ$的值.

11. 已知 $\cos 2\alpha=\frac{3}{5}$，求 $\cos^4\alpha+\sin^4\alpha$ 的值.

12. 一个三角形的两个内角的正切分别是$-\frac{1}{2}$和$\frac{1}{3}$，求第三个内角的正切.

13. 化简：

(1) $\cos 10^\circ\cos 20^\circ-\cos 80^\circ\cos 70^\circ$；

(2) $\cos(30^\circ+x)-\cos(30^\circ-x)$；

(3) $\sin 14^\circ\cos 16^\circ+\sin 76^\circ\sin 16^\circ$；

(4) $\frac{\tan 80^\circ\tan 20^\circ-1}{\tan 80^\circ+\tan 20^\circ}$.

14. 求证：

(1) $(\cos\alpha-1)^2+\sin^2\alpha=2-2\cos\alpha$；

(2) $\cos^4\alpha-\sin^4\alpha=1-2\sin^2\alpha$.

15. 已知 $\cos\alpha+\cos^2\alpha=1$，求 $\sin^2\alpha+\sin^6\alpha+\sin^8\alpha$ 的值.

16. 求使 $y=\sin x+\cos x$，$x\in\mathbf{R}$ 取得最大值的 x 的集合，并写出最大值.

17. 已知 $\sin x=-\frac{1}{2}$，求 x.

B组

18. 已知 $\alpha,\beta\in\left(\frac{3\pi}{4},\pi\right)$，$\sin(\alpha+\beta)=-\frac{3}{5}$，$\sin\left(\beta-\frac{\pi}{4}\right)=\frac{12}{13}$，求 $\cos\left(\alpha+\frac{\pi}{4}\right)$.

19. 在$\triangle ABC$中，已知 $\cos A=\frac{3}{5}$，$\sin B=\frac{5}{13}$，求 $\sin C$ 的值.

20. 已知 $\alpha+\beta=\frac{\pi}{3}$，求 $\tan\alpha+\tan\beta+\sqrt{3}\tan\alpha\tan\beta$ 的值.

21. 化简 $\frac{\sin 2\alpha}{1+\cos 2\alpha}-\frac{\cos\alpha}{1+\cos\alpha}$.

22. 设 $\tan\frac{\theta}{2}=t$，证明 $\frac{1+\sin\theta}{1+\sin\theta+\cos\theta}=\frac{1}{2}(t+1)$.

23. 已知 $2\tan A=3\tan B$，求证：$\tan(A-B)=\dfrac{\sin 2B}{5-\cos 2B}$.

24. 已知方程 $2x^2-(\sqrt{3}+1)x+m=0$ 的两根分别为 $\sin\theta$，$\cos\theta$.

(1) 求 m 的值； (2) 求 $\dfrac{\sin^2\theta}{\sin\theta-\cos\theta}+\dfrac{\cos\theta}{1-\tan\theta}$.

25. 在△ABC 中，已知 $\tan A$，$\tan B$ 是 x 的方程 $x^2+px+p+1=0$ 的两个实根，求∠C.

26. 用 $\sin\alpha$ 表示 $\sin 3\alpha$，用 $\cos\alpha$ 表示 $\cos 3\alpha$.

27. 求 $\sin 10^\circ\cos 20^\circ\cos 40^\circ\cos 60^\circ$的值.

28. 已知 $2\cos^2 x-\sin x-1=0$，求 x 的集合.

第 25 题解题参考

第 26 题解题参考

第 27 题解题参考

第 28 题解题参考

第七单元　排列与组合

7.1　分类计数原理和分步计数原理

7.2　排列

7.3　组合

　　7.3.1　组合及组合数公式

　　7.3.2　组合数的两个性质

7.4　复习与巩固

某校一年级一班为准备学校组织的女子四人接力赛，现要从班内10名女运动员中任选4人参加比赛.

问题一：从10名女运动员中任选4人去参加比赛，问共有多少种选法？

问题二：从10名女运动员中任选4人，并排出出场比赛的先后顺序，问有多少种参赛方法？

回答上述问题，就需要用到排列与组合的知识.在本章我们将学习排列与组合的一些初步知识，并运用这些知识来解决一些实际问题.

7.1 分类计数原理和分步计数原理

问题

(1) 从甲地去乙地，可以乘火车，也可以乘汽车，一天中火车有3班，汽车有2班，那么一天中，乘坐这些交通工具从甲地到乙地共有多少种不同的走法？

(2) 从甲地到乙地，在一天中，要从甲地先乘火车到丙地，再从丙地乘汽车到乙地.一天中，火车有3班，汽车有2班，那么在这一天中，从甲地到乙地共有多少种不同的走法？

试比较上面的两个问题，有什么联系与区别？

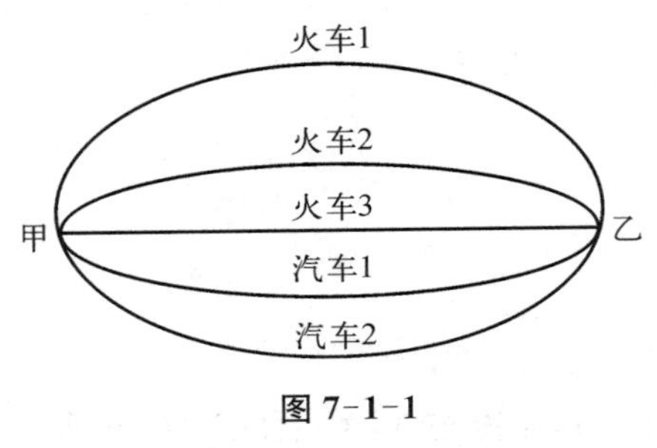

图 7-1-1

在问题(1)中，因为一天中乘火车有3种走法，乘汽车有2种走法，无论选择了哪一种走法都可以从甲地到乙地，如图7-1-1所示.因此，一天中乘坐这些交通工具从甲地到乙地共有

$$3+2=5$$

种不同的走法.

分类计数原理：做一件事，完成它有 n 类办法，在第一类办法中有 m_1 种不同的方法，在第二类办法中有 m_2 种不同的方法……在第 n 类办法中有 m_n 种不同的方法.那么，完成这件事共有

$$N=m_1+m_2+\cdots+m_n$$

种不同的方法.这个原理也叫**加法原理**.

而问题(2)与问题(1)不同.在前一问题中，采用乘火车或乘汽车中的任何一种方式，都可以从甲地到乙地；而在后一问题中，只乘火车不能从甲地直接到乙地，必须经过先乘火车、后乘汽车两个步骤，才能从甲地到乙地.

这里，因为乘火车有3种不同的走法，乘汽车有2种不同的走法，所以一天中从甲地到乙地共有

$$3\times2=6$$

种不同的走法，如图7-1-2所示.

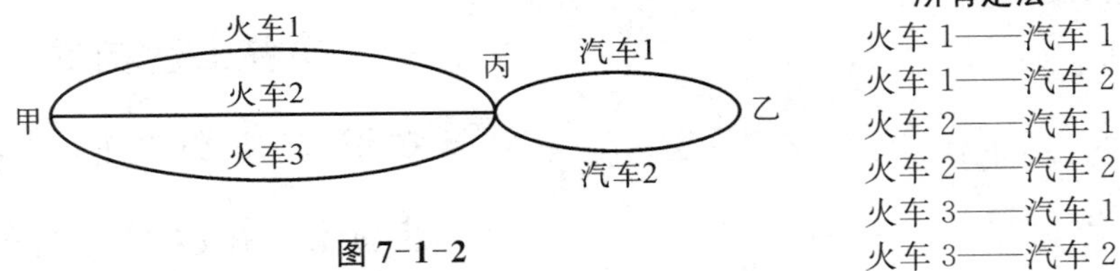

图 7-1-2

所有走法

火车1——汽车1
火车1——汽车2
火车2——汽车1
火车2——汽车2
火车3——汽车1
火车3——汽车2

分步计数原理：完成一件事，需要分 n 个步骤，做第一步有 m_1 种不同的方法，做第二步有 m_2 种不同的方法……做第 n 步有 m_n 种不同的方法．那么，完成这件事共有

$$N=m_1\times m_2\times\cdots\times m_n$$

种不同的方法．这个原理也叫**乘法原理**．

注意　在"分类"问题中，各类方法中的任何一种都可以把这件事做完；在"分步"问题中，每一个步骤中的任何一种方法都不能把这件事完成，只有把这几个步骤都完成，才能把这件事做完．

例 1　某班同学分成甲、乙、丙、丁 4 个科技小组，甲组 9 人，乙组 11 人，丙组 10 人，丁组 8 人，现要求该班选派一人去参加某项活动，问有多少种不同的选法？

解　该班学生分成甲、乙、丙、丁 4 个小组，从任何一个小组中选出一名同学去参加活动，任务就完成．因为从甲组中任选一人有 9 种不同的选法，从乙组中任选一人有 11 种不同的选法，从丙组中任选一人有 10 种不同的选法，从丁组中任选一人有 8 种不同的选法．根据分类计数原理，所以一共得到不同选法的种数是

$$N=9+11+10+8=38(\text{种}).$$

答　选派一人去参加活动，共有 38 种不同选法．

例 2　一个 3 层书架的上层放有 5 本不同的数学书，中层放有 3 本不同的语文书，下层放有 2 本不同的英语书．

(1) 现从中任取一本书，问有多少种不同的取法？

(2) 现从中取出数学、语文、英语书各一本，问有多少种不同的取法？

解　(1) 从书架上任取一本书，有 3 类办法：

第一类办法：从书架上层任取一本数学书，有 5 种不同的方法；

第二类办法：从书架中层任取一本语文书，有 3 种不同的方法；

第三类办法：从书架下层任取一本英语书，有 2 种不同的方法．

只要在书架上任意取出一本书，任务即完成．由分类计数原理，不同的取法共有

$$N=5+3+2=10.$$

答　从书架上任取一本书共有 10 种不同的取法．

(2) 从书架上取数学、语文、英语书各一本，可以分 3 个步骤：第一步取数学书一本，有 5 种不同的取法；第二步取语文书一本，有 3 种不同的取法；第三步取英语书一本，有 2 种不同的取法．根据分步计数原理，从书架的上、中、下 3 层各取一本书，不同的取法种数是

$$N=5\times3\times2=30.$$

答　从书架上任取数学、语文、英语书各一本，有 30 种不同的取法．

例 3 用 0，1，2，3，4 这 5 个数字可以组成多少个无重复数字的：

(1) 银行存折的四位密码?

(2) 四位数?

(3) 四位奇数?

分析 (1) 可以分步选取数字，作四位密码的 4 个位置上的数字，且所取数字不能重复；

(2) 可以分步选取数字，分别作千位数字、百位数字、十位数字和个位数字，且所取数字不能重复，与(1)的不同之处是千位数字不能取 0；

(3) 四位奇数的个位只能是 1 或 3，因此符合条件的四位奇数可以分为个位数字是 1 和个位数字是 3 的两类，每一类中再分步，并要注意千位数字不能取 0，且所取数字不能重复.

解 (1) 完成“组成无重复数字的四位密码”这件事，可以分 4 个步骤：

第一步 选取左边第一个位置上的数字，有 5 种不同的选取方法；

第二步 选取左边第二个位置上的数字，有 4 种不同的选取方法；

第三步 选取左边第三个位置上的数字，有 3 种不同的选取方法；

第四步 选取左边第四个位置上的数字，有 2 种不同的选取方法.

由分步计数原理，可组成的四位密码共有

$$N=5\times4\times3\times2=120(\text{个}).$$

(2) 完成“组成无重复数字的四位数”这件事，可以分 4 个步骤：

第一步 从 1，2，3，4 中选取一个数字作千位数字，有 4 种不同的选取方法；

第二步 从 1，2，3，4 中剩余的 3 个数字和数字 0 共 4 个数字中选取一个数字作百位数字，有 4 种不同的选取方法；

第三步 从剩余的 3 个数字中选取一个数字作十位数字，有 3 种不同的选取方法；

第四步 从剩余的两个数字中选取一个数字作个位数字，有 2 种不同的选取方法.

由分步计数原理，可组成不同的四位数共有

$$N=4\times4\times3\times2=96(\text{个}).$$

(3) 完成“组成无重复数字的四位奇数”这件事，有两类办法：

第一类办法 四位奇数的个位数字为 1，这件事分 3 个步骤完成：

第一步 从 2，3，4 中选取一个数字作千位数字，有 3 种不同的选取方法；

第二步 从 2，3，4 中剩余的两个数字与数字 0 共 3 个数字中选取一个数字作百位数字，有 3 种不同的选取方法；

第三步 从剩余的两个数字中，选取一个数字作十位数字，有 2 种不同的选取方法.

由分步计数原理，第一类中的四位奇数共有

$$N_1=3\times3\times2=18(\text{个}).$$

第二类办法　四位奇数的个位取数字为3，这件事分3个步骤完成：

第一步　从1，2，4中选取一个数字作千位数字，有3种不同的选取方法；

第二步　从1，2，4中剩余的两个数字和数字0共3个数字中选取一个数字作百位数字，有3种不同的选取方法；

第三步　从剩余的两个数字中，选取一个数字作十位数字，有2种不同的选取方法.

由分步计数原理，第二类中的四位奇数共有

$$N_2=3\times3\times2=18(\text{个}).$$

最后，由分类加法计数原理，符合条件的四位奇数共有

$$N=N_1+N_2=18+18=36(\text{个}).$$

答　可以组成无重复数字的银行存折四位密码120个，四位数96个，四位奇数36个.

用分类计数原理和分步计数原理解决的问题各有什么特点？请举出用分类计数原理和分步计数原理完成任务的几个具体实例.

1. 在读书活动中，一个学生要从5本科技书、2本政治书、3本文艺书里任选一本，共有多少种不同的选法？如果是从这3种不同的图书中各选一本，可以有多少种不同的选法？
2. 幼儿园大班的一名小朋友做加法游戏.在一个红口袋中装着20张分别标有1，2，…，20的红卡片，从中任意抽取一张，把卡片上的数作为被加数；在另一个黄口袋内装有10张分别标有1，2，…，10的黄卡片，从中任意抽取一张，把卡片上的数作为加数.问这名小朋友一共可以列出多少个不同的加法式子？
3. 乘积$(a_1+a_2+a_3)(b_1+b_2+b_3+b_4)(c_1+c_2+c_3+c_4+c_5)$展开后共有多少项？
4. 一城市的某电话局管辖范围内的电话号码由八位数字组成，其中前四位数字是统一的，后四位的数字都是0到9之间的一个数字，那么不同的电话号码最多有多少个？
5. 从5位同学中产生一名组长和一名副组长，有多少种不同的选法？
6. 桌子上有3个苹果和2个梨子：

   (1) 从中任意取出一个水果，共有多少种不同的取法？

   (2) 从中分别取出一个苹果和一个梨子，共有多少种不同的取法？

知识与实践

结合本节所学知识，设计一个幼儿园的“糖果分类”活动：送糖果宝宝回家.

物品准备：自制糖果图片、篮筐8个，分别贴好颜色、大小等标记.

7.2 排　　列

北京、上海、广州 3 个民航站之间的直达航线，共有多少种不同的飞机票？

这个问题就是从北京、上海、广州 3 个民航站中，每次取出两个站，按照起点站在前、终点站在后的顺序排列，求一共有多少种不同的排法的问题.

解决这个问题需要分两个步骤，第一步先确定起点站，在 3 个民航站中任选一个，有 3 种方法；第二步确定终点站，当选定起点站后，终点站就只能从其余两个站中去选择，因此只有 2 种选法.

根据分步计数原理，在 3 个民航站中，每次选两个，按照起点站在前、终点站在后的顺序排列的不同方法共有

$$3\times2=6$$

种.这就是说，共有 6 种飞机票(如图 7-2-1 所示)：

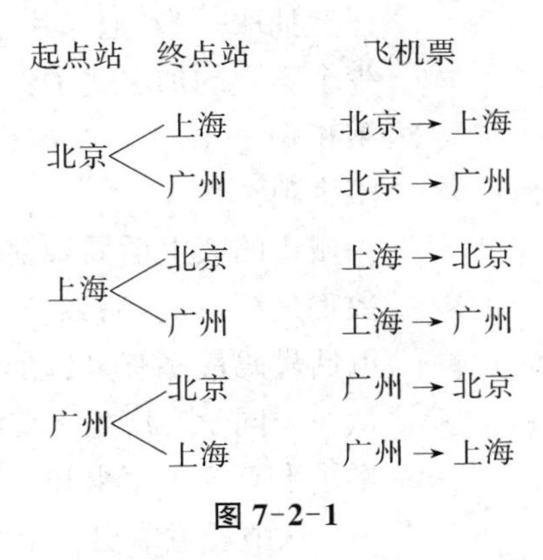

图 7-2-1

我们把上述问题中被选取的对象叫做**元素**.于是上面所提出的问题就是从 3 个不同的元素 a, b, c 中，任取 2 个，然后按照一定的顺序排列成一列，求一共有多少种不同的排列方法.所有不同的排列是

$$ab,\ ac,\ ba,\ bc,\ ca,\ cb.$$

这些排列的种数是 $3\times2=6$.

一般地，从 n 个不同元素中，任取 $m(m\leqslant n)$ 个元素，按照一定的顺序

排成一列，叫做从 n 个不同的元素中取出 m 个元素的一个**排列**.如果 $m<n$，这样的排列叫**选排列**；如果 $m=n$，也就是说每次取出所有的元素，这样的排列叫**全排列**.

问题 2

从 10 名女运动员中选出 4 人参加接力赛，并排好出场的先后次序，问有多少种参赛方法？（本章引言中提到的问题二）

解决这个问题需要分 4 个步骤：

第一步是在 10 名女运动员中任选一名运动员首先出场，从 10 人中选 1 名有 10 种选法；

第二步是确定第二个出场的运动员，因为第一个出场运动员已经确定，并且她不能再次出场，所以第二个出场的运动员只能从余下的 9 名女运动员中选出，有 9 种选法；

第三步是从剩余的 8 名女运动员中任选一名第三个出场，有 8 种选择方法；

第四步是从再剩余的 7 名女运动员中任选一名第四个出场，有 7 种选择方法.

根据分步计数原理，共有

$$10\times 9\times 8\times 7=5\,040$$

种参赛方法.

从排列的定义可知，如果两个排列相同，那么不仅要求这两个排列的元素必须完全相同，而且元素的排列顺序也必须完全相同.如本节的问题 1，两个排列如“北京→上海”和“上海→北京”，它们的元素虽然完全相同，但由于排列顺序不同，所以它们是不同的排列.

从 n 个不同元素中取出 $m(m\leqslant n)$ 个元素的所有排列的个数，叫做从 n 个不同元素中取出 m 个元素的**排列数**，用符号 A_n^m 表示（A 表示排列的英文“arrangement”的第一个字母）.

例如，本节中的问题 1，是求从 3 个不同元素中取出 2 个元素的排列数，用符号 A_3^2 表示，即

$$A_3^2=3\times 2=6.$$

再比如，从 n 个不同元素中取出 2 个元素的排列数记为 A_n^2，取出 3 个元素的排列数为 A_n^3，取出 m 个元素的排列数记为 A_n^m.那么，如何计算 A_n^2，A_n^3 和 A_n^m 呢？

首先我们来研究 A_n^2.

假设有排好顺序的两个空位（如图 7-2-2 所示），从 n 个不同元素 a_1，a_2，…，a_n 中任取 2 个去填空，一个空位填一个元素，每一种填法就得到一个排列；反过来，任一个排列总可以由这样的一种填法得到.因此，所有不同填法的种数就是排列数 A_n^2.

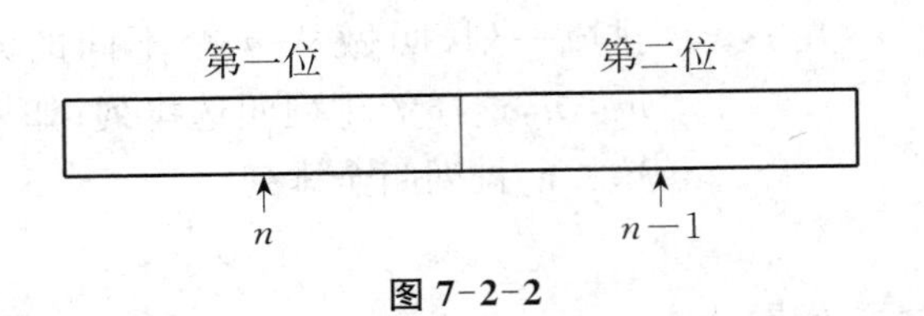

图 7-2-2

现在我们计算有多少种不同的填法.完成填空这件事可分为两个步骤：

第一步，填第一个位置的元素，可以从这 n 个元素中任选一个填空，有 n 种方法；

第二步，确定填在第二个位置的元素，可以从剩下的 $n-1$ 个元素中任选一个填空，有 $n-1$ 种方法.

于是，根据分步计数原理，得到排列数为

$$A_n^2=n(n-1).$$

类似地，求排列数 A_n^3 可以按照依次填 3 个空位的办法来考虑，得到

$$A_n^3=n(n-1)(n-2).$$

求排列数 A_n^4 可以按照依次填 4 个空位的办法来考虑，得到

$$A_n^4=n(n-1)(n-2)(n-3).$$

一般地，求排列数 A_n^m，可以按照依次填 m 个空位的办法来考虑，得到

$$A_n^m=n(n-1)(n-2)\cdots[n-(m-1)].$$

因此，我们有下列排列数的计算公式为

$$\boldsymbol{A_n^m=n(n-1)(n-2)\cdots(n-m+1).}$$

这里 $m,n\in\mathbf{N}^*$，且 $m\leqslant n$.这个公式叫做**排列数公式**.其中，公式右边第一个因数(也是最大的因数)是 n，后面的每个因数依次都比它前面一个因数少 1，最后一个因数是 $n-m+1$，共有 m 个因数相乘.

现在可以解决本章引言中的问题二：从 10 名女运动员中任选 4 人，并排出出场比赛的先后顺序，一共有

$$A_{10}^4=10\times9\times8\times7=5\,040$$

种不同的参赛方法.

在排列数公式中，当 $m=n$ 时，有

$$A_n^n=n(n-1)(n-2)\cdots3\times2\times1,$$

自然数 1 到 n 的连乘积，叫做 n 的**阶乘**，用 $n!$ 表示.所以，上面的公式也可以写成

$$\boldsymbol{A_n^n=n!.}$$

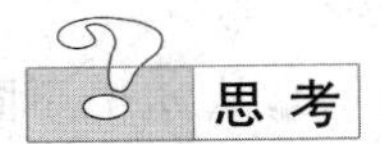

$A_{n+1}^{n+1}=A_{n+1}^n$ 成立吗？

$(n+1)!=(n+1)n!$ 成立吗？

排列数公式可作如下变形：

$$\begin{aligned}A_n^m &= n(n-1)(n-2)\cdots(n-m+1)\\ &= \frac{n(n-1)(n-2)\cdots(n-m+1)(n-m)\cdots 3\cdot 2\cdot 1}{(n-m)\cdots 3\cdot 2\cdot 1}\\ &= \frac{n!}{(n-m)!}.\end{aligned}$$

因此，排列数公式还可以写成

$$A_n^m = \frac{n!}{(n-m)!}.$$

规定 为了使这个公式 $m=n$ 时也成立，我们规定 $0!=1$.

例 1 计算 A_{16}^3 及 A_6^6.

解 $A_{16}^3=16\times 15\times 14=3\,360$.

$A_6^6=6\times 5\times 4\times 3\times 2\times 1=720$.

例 2 某年全国足球中超联赛共有 12 个队参加，每队都要与其他各队在主客场分别比赛一场，共进行多少场比赛？

解 将参加比赛的 12 个队看作 12 个元素，每一场比赛即为 12 个不同元素中任取 2 个元素的一个排列（设排在前面的队为主场队）. 总共比赛的场次，就是从 12 个不同元素中任取 2 个元素的排列数，即

$$A_{12}^2=12\times 11=132.$$

答 共进行 132 场比赛.

例 3 有 3 名大学生，到 5 个招聘雇员的公司应聘，若每个公司至多招聘一名新雇员，且 3 名大学毕业生全都被应聘，并且不允许兼职，共有多少种不同的招聘方案？

解 将 5 个招聘雇员的公司看作 5 个不同的位置，从中任选 3 个位置给 3 名大学生，则本题即为从 5 个不同元素中任取 3 个元素的排列问题. 所以，不同的招聘方案共有

$$A_5^3=5\times 4\times 3=60(\text{种}).$$

答 共有 60 种不同的招聘方案.

例 4 用 0 到 9 这 10 个数字，可以排成多少个没有重复数字的三位数？

解 **解法 1** 因为要用 0 到 9 这 10 个数字组成三位数，每一个三位数可以看成从这 10 个数字中任取 3 个的一个排列（0 排在首位的除外），由于百位上的数字不能是 0，我们可以分成两个步骤考虑：先排百位上的数字，再排十位和个位上的数字.

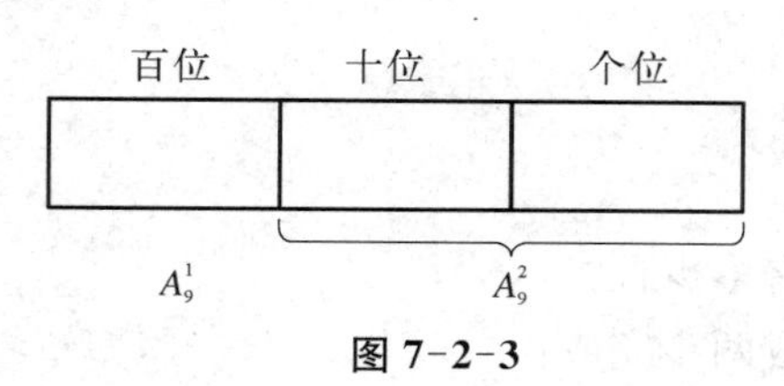

图 7-2-3

百位上的数字只能从除 0 以外的 1 到 9 这 9 个数字中任选一个，有 A_9^1 种选法；十位和个位上的数字，可以从余下的 9 个数字中任选 2 个，有 A_9^2 种（如图 7-2-3 所示）.

根据乘法原理，所求的三位数的个数是

$$A_9^1 \cdot A_9^2 = 9 \times 9 \times 8 = 648.$$

解法 2　从 0 到 9 这 10 个数字中任取 3 个数字的排列数，减去其中以 0 为排头的排列数，就是用这 10 个数字组成的没有重复数字的三位数.

从 0 到 9 这 10 个数字中任取 3 个数字的排列数为 A_{10}^3，其中以 0 为排头的排列数 A_9^2，因此所求的三位数的个数是

$$A_{10}^3 - A_9^2 = 10 \times 9 \times 8 - 9 \times 8 = 648.$$

解法 3　如图 7-2-4 所示，符合条件的三位数可以分成 3 类：

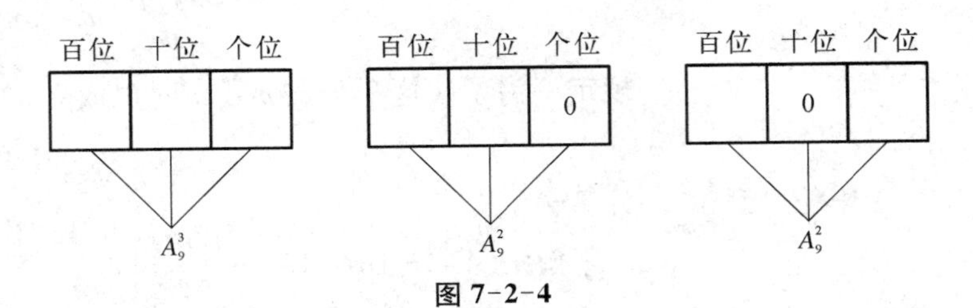

图 7-2-4

每一位数字都不为 0 的三位数有 A_9^3；
个位上的数字是 0 的三位数有 A_9^2；
十位上的数字是 0 的三位数有 A_9^2.
根据分类计数原理，符合条件的三位数是

$$A_9^3 + A_9^2 + A_9^2 = 648 \text{ 个}.$$

答　可以组成 648 个没有重复数字的三位数.

例 5　某信号兵用红、黄、蓝三面旗子从上到下挂在竖直的旗杆上表示信号，每次可以任挂一面、两面或三面，并且不同的顺序表示不同的信号，一共可以表示多少种不同的信号？

解　表示信号这件事，可以分为 3 类：

第一类　挂一面旗子表示的信号，是从 3 个不同元素中任取 1 个元素的排列，共有 A_3^1 种不同的方法；

第二类　挂两面旗子表示的信号，是从 3 个不同元素中任取 2 个元素的排列，共有 A_3^2 种不同的方法；

第三类　挂三面旗子表示的信号，是从 3 个不同元素中任取 3 个元素的排列，共有 A_3^3 种不同的方法.

由分类计数原理，可以表示的信号种数共有

$$A_3^1 + A_3^2 + A_3^3 = 3 + 3 \times 2 + 3 \times 2 \times 1 = 15(\text{种}).$$

答　一共可以表示 15 种不同的信号.

例 6　有 6 个人排成一排.

(1) 甲、乙两人相邻的排法有多少种？

(2) 甲、乙两人必须站在两端的排法有多少种？

解　(1) 甲和乙两人相邻的排法，分成两步完成：

第一步　将甲、乙两人当作一个元素，与其余4个人共5个元素排列有 A_5^5 种排法；

第二步　将甲、乙两人排列，有 A_2^2 种排法.

由分步计数原理，共有的不同排法种数是

$$A_5^5 \cdot A_2^2 = 5! \times 2! = 240(\text{种}).$$

(2) 甲和乙两人必须站在两端的排法，分成两步完成：

第一步　先排甲、乙两人，有 A_2^2 种排法；

第二步　排中间的4个人，有 A_4^4 种不同的排法.

由分步计数原理，共有的不同排法

$$A_2^2 \cdot A_4^4 = 2! \times 4! = 48(\text{种}).$$

答　符合条件的排法分别是240种、48种.

练习

1. 写出：

(1) 从1，2，3，4中任取2个元素的所有排列；

(2) 从5个元素 a，b，c，d，e 中任取2个元素的所有排列.

2. 有红球、黄球、白球各一个，现从这3个小球中任取2个，分别放入甲、乙2个盒子里，有多少种不同的放法？

3. 写出由1，2，3，4这4个数字组成的没有重复数字的所有四位数.

4. 计算：

(1) A_{15}^4；(2) A_6^6；(3) $A_8^4 - A_8^2$；(4) $A_4^1 + A_4^2 + A_4^3 + A_4^4$；(5) $\dfrac{A_7^5}{A_7^4}$.

5. 计算2～8的阶乘，并填入表7-2-1中：

表 7-2-1

n	2	3	4	5	6	7	8
$n!$							

6. 求证：(1) $n! = \dfrac{(n+1)!}{n+1}$；　　(2) $A_8^8 - 8A_7^7 + 7A_6^6 = A_7^7$.

7. 已知 $\dfrac{A_n^7 - A_n^5}{A_n^5} = 89$，求 n 的值.

8. 从4种不同的蔬菜品种中选出3种，分别种植在不同土质的3块土地上进行实验，有多少种不同的种植方法？

9. 6位同学排成一排照相，有多少种不同的拍法？

10. 由0，1，2，3，4，5这6个数字可组成多少个：

(1) 三位数？

(2) 没有重复数字的三位数？

(3) 没有重复数字的能被5整除的三位数？

知识与实践

根据下面给出的幼儿园活动案例“豆豆排队”，结合本节所学知识，自

图 7-2-5

编题目并完成实践活动.

活动目标:

(1) 能按图形上的线将豆豆一颗颗按规律紧密排列,并手眼协调地进行黏贴;(参见图 7-2-5)

(2) 练习双面胶的使用方法.

活动材料:

双面胶,各种各样的豆子,画有各种形状的操作纸.

活动内容:

幼儿沿着图形线贴上双面胶,贴一条撕一条,把豆豆沿着线按规律紧密排队,最后为图形穿上一件漂亮的衣服.

7.3 组　　合

7.3.1 组合及组合数公式

北京、上海、广州 3 个民航站之间的直达航线,有多少种不同的飞机票价(假定两地间的往返票价是一样的)?

从 3 个民航站中选出 2 个由此便确定一种机票价格.假定飞机票的价格只与两地的距离有关,与起点、终点的顺序无关,因而它是从 3 个不同元素中选出 2 个,不管怎样的顺序并成一组,求一共有多少个不同的组,这就是本节要研究的组合问题.

一般地,从 n 个不同元素中,任意取出 $m(m \leqslant n)$ 个元素并成一组,叫做从 n 个不同元素中取出 m 个元素的一个**组合**.

从排列和组合的定义可以知道,排列与元素的顺序有关,而组合与元素的顺序无关.如果两个组合中的元素完全相同,那么不管元素的顺序如何,都是相同的组合;只有当两个组合的元素不完全相同时,才是不同的组合.例如,ab 和 ba 是两个不同的排列,但它们却是同一个组合,而 abc 与 abd 就是不同的组合.

在上面的问题中,要确定有几种不同的飞机票价,就是要确定从 3 个不同元素中取出 2 个元素的所有组合.

显然，飞机票的价格有如下 3 种：

北京—上海，上海—广州，广州—北京.

问题 2

在 4 个不同元素 a，b，c，d 中取出 2 个，共有多少种不同的组合？

为了回答这个问题，可以先画图，如图 7-3-1 所示.

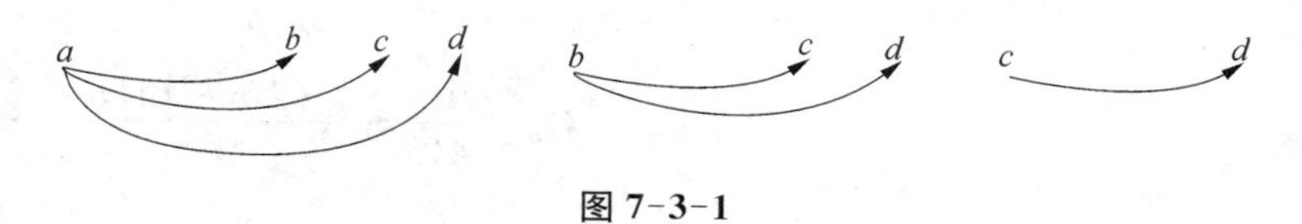

图 7-3-1

由此可以写出所有的组合：ab，ac，ad，bc，bd，cd. 共 6 种不同的组合.

从 n 个不同元素中取 $m(m \leqslant n)$ 个元素的所有组合的个数，叫做从 n 个不同元素中取出 m 个元素的**组合数**. 用 C_n^m 表示（C 是组合的英文 "combination" 的第一个字母）.

例如，在本节的问题 1 中从 3 个不同元素中任意取出 2 个元素的组合数表示为 C_3^2.

现在我们从研究组合数 C_n^m 与排列数 A_n^m 的关系入手，去寻找组合数 C_n^m 的计算公式.

首先，我们来研究 C_4^3 与 A_4^3 的关系. 从 a，b，c，d 这 4 个不同元素中取出 3 个的排列和组合的关系如图 7-3-2 所示：

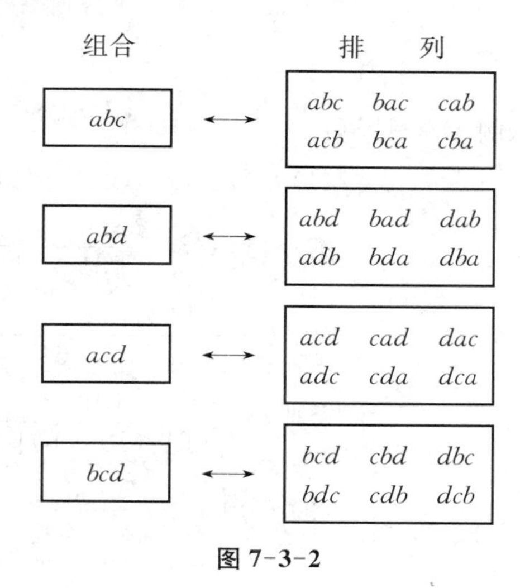

图 7-3-2

由图 7-3-2 可以看出，每一个组合都对应着 6 个不同的排列. 因此，求从 4 个不同元素中取出 3 个元素的排列数 A_4^3，可以分为以下两步：

第一步，从 4 个不同元素中取出 3 个元素做组合，共有 C_4^3 个，由图 7-3-2 可知 $C_4^3=4$ 个；

第二步，对每一个组合中的 3 个不同元素做全排列，各有 $A_3^3=6$ 个.

根据分步计数原理，得

$$A_4^3=C_4^3A_3^3.$$

一般地，从 n 个不同元素中取出 $m(m\leqslant n)$ 个元素的排列数 A_n^m，可以分为以下两步完成：

第一步，求从 n 个不同元素中取出 m 个元素的组合数 C_n^m；

第二步，对每一个组合中的 m 个不同元素做全排列 A_m^m.

根据分步计数原理，可得

$$A_n^m=C_n^m A_m^m.$$

因此，我们有下列组合数的计算公式为

$$\boldsymbol{C_n^m=\frac{A_n^m}{A_m^m}=\frac{n\cdot(n-1)(n-2)\cdots(n-m+1)}{m!}}.$$

这里 $n,m\in\mathbf{N}^*$，并且 $m\leqslant n$，现在我们来解决本章引言中的问题一.从班内 10 名女运动员中任选 4 人参加接力赛，共有

$$C_{10}^4=\frac{A_{10}^4}{A_4^4}=\frac{10\times9\times8\times7}{4\times3\times2\times1}=210$$

种不同的参赛方法.

因为 $$A_n^m=\frac{n!}{(n-m)!},$$

所以组合数公式还可以写成

$$\boldsymbol{C_n^m=\frac{n!}{m!\,(n-m)!}}.$$

例 1 计算：

(1) C_7^3； (2) C_{10}^6； (3) $C_7^3+C_7^4$.

解 (1) $C_7^3=\dfrac{7\times6\times5}{3!}=35$.

(2) $C_{10}^6=\dfrac{10\times9\times8\times7\times6\times5}{6!}=210$

或 $C_{10}^6=\dfrac{10!}{6!\,(10-6)!}=\dfrac{10\times9\times8\times7}{4!}=210$.

(3) $C_7^3+C_7^4=\dfrac{7\times6\times5}{3\times2\times1}+\dfrac{7\times6\times5\times4}{4\times3\times2\times1}=35+35=70$.

例 2 平面内有 10 个点，其中任何 3 点不共线，以其中任意 2 个点为端点的：

(1) 线段有多少条？

(2) 有向线段有多少条？

解 (1) 所求线段的条数，即为从 10 个元素中任取 2 个元素的组合数，共有

$$C_{10}^2=\frac{10\times9}{2\times1}=45(\text{条}).$$

(2) 所求有向线段的条数，即为从 10 个元素中任取 2 个元素的排列数，共有

$$A_{10}^{2}=10\times 9=90(\text{条}).$$

答 以 10 个点中的 2 个点为端点的线段共有 45 条；以 10 个点中的 2 个点为端点的有向线段共有 90 条.

注意 在例 2 中，第(1)小题不考虑线段两个端点的顺序，是组合问题；第(2)小题要考虑线段两个端点的顺序，是排列问题.

例 3 (1) 从全班 40 人中选出班委 7 人，共有多少种不同的选法？

(2) 从全班 40 人中选出班长、副班长、学习委员、体育委员、宣传委员、生活委员、文娱委员各一人，共有多少种不同的选法？

解 (1) 从全班 40 人中选出班委 7 人的所有不同选法种数，就是从 40 个不同元素中取出 7 个元素的组合数，即

$$C_{10}^{7}=\frac{40!}{7!\ (40-7)!}=18\ 643\ 560.$$

(2) 从全班 40 人中选出班长、副班长、学习委员、体育委员、宣传委员、生活委员、文娱委员各一人，虽然也是选出 7 人，但是这 7 人与他们担任的职务有关，所以这个问题是求从 40 个不同元素中取出 7 个元素的排列数，即

$$A_{10}^{7}=40\times 39\times 38\times 37\times 36\times 35\times 34=93\ 963\ 542\ 400.$$

答 从全班 40 人中选出班委 7 人，共有 18 643 560 种不同的选法；从全班 40 人中选出班长、副班长、学习委员、体育委员、宣传委员、生活委员、文娱委员各一人，共有 93 963 542 400 种不同的选法.

例 4 在 100 件产品中，有 98 件合格品，2 件次品，从这 100 件产品中任意抽出 3 件.

(1) 一共有多少种不同的抽法？

(2) 抽出的 3 件产品中恰好有 1 件是次品的抽法有多少种？

(3) 抽出的 3 件产品中至少有 1 件是次品的抽法有多少种？

解 (1) 所求的不同抽法的种数，就是从 100 件产品中取出 3 件的组合数，即

$$C_{100}^{3}=\frac{100\times 99\times 98}{3!}=161\ 700.$$

答 共有 161 700 种抽法.

(2) 从 2 件次品中抽出 1 件次品的抽法有 C_{2}^{1} 种，从 98 件合格品中抽出 2 件合格品的抽法有 C_{98}^{2} 种.因此，抽出 3 件产品中恰好有 1 件次品的抽法种数是

$$C_{2}^{1}\cdot C_{98}^{2}=2\times 4\ 753=9\ 506.$$

答　抽出的 3 件产品中恰好有 1 件是次品的抽法有 9 506 种.

(3) **解法 1**　从 100 件产品中抽出的 3 件至少有 1 件是次品的抽法，包括有 1 件是次品和 2 件是次品这两种情况，在第(2)小题中已经求出 1 件是次品的抽法有 $C_2^1 \cdot C_{98}^2$ 种.同理，抽出的 3 件中恰好有 2 件是次品的抽法有 $C_2^2 \cdot C_{98}^1$.

因此，抽出的 3 件产品中至少有 1 件是次品的抽法种数是

$$C_2^1 \cdot C_{98}^2 + C_2^2 \cdot C_{98}^1 = 9\,506 + 98 = 9\,604.$$

解法 2　从 100 件产品中抽出的 3 件至少有 1 件是次品的抽法种数，就是从 100 件产品中抽出的 3 件的种数减去抽出的 3 件都是合格品的种数，即

$$C_{100}^3 - C_{98}^3 = 161\,700 - 152\,096 = 9\,604.$$

答　抽出的 3 件产品中至少有 1 件是次品的抽法有 9 604 种.

例 5　有 9 本不同的课外书，分给甲、乙、丙 3 名同学，求在下列条件下，各有多少种不同的分法？

(1) 甲得 4 本，乙得 3 本，丙得 2 本；

(2) 一人得 4 本，一人得 3 本，一人得 2 本；

解　(1) 甲得 4 本，乙得 3 本，丙得 2 本这件事分 3 步完成：

第一步　从 9 本不同的书中，任取 4 本分给甲，有 C_9^4 种方法；

第二步　从余下的 5 本中，任取 3 本分给乙，有 C_5^3 种方法；

第三步　把剩下的 2 本书给丙，有 C_2^2 种方法.

根据分步计数原理，共有不同的分法

$$C_9^4 \cdot C_5^3 \cdot C_2^2 = 1\,260(\text{种}).$$

所以甲得 4 本，乙得 3 本，丙得 2 本的分法共有 1 260 种.

(2) 一人得 4 本，一人得 3 本，一人得 2 本这件事，分两步完成：

第一步　按 4 本、3 本、2 本分成 3 组，有 $C_9^4 \cdot C_5^3 \cdot C_2^2$ 种方法；

第二步　将分成的 3 组分给甲、乙、丙 3 人，有 A_3^3 种分法.

根据分步计数原理，共有不同的分法

$$C_9^4 \cdot C_5^3 \cdot C_2^2 \cdot A_3^3 = 7\,560(\text{种}).$$

所以一人得 4 本，一人得 3 本，一人得 2 本的分法共有 7 560 种.

练 习

1. 下面的问题是排列问题还是组合问题？

(1) 从 4 个风景点中选出 2 个安排旅游，有多少种不同的方法？

(2) 从 4 个风景点中选出 2 个安排旅游，并确定这 2 个景点的旅游顺序，有多少种不同的方法？

(3) 从 1, 2, 3 这 3 个数中每次取 2 个相乘，一共可以得到多少个不同的积？

(4) 从 1, 2, 3 这 3 个数中每次取出 2 个相除，一共可以得到多少个不同的商？

2. 写出：

(1) 从 5 个元素 a，b，c，d，e 中任取 2 个元素的所有组合；

(2) 从 5 个元素 a，b，c，d，e 中任取 3 个元素的所有组合.

3. 计算：

(1) C_{10}^{3}；　　(2) $C_{4}^{4}+C_{8}^{4}$；　　(3) $3C_{7}^{3}-2C_{5}^{2}$；

(4) $C_{5}^{0}+C_{5}^{1}+C_{5}^{2}+C_{5}^{3}+C_{5}^{4}+C_{5}^{5}$；　　(5) $\dfrac{C_{n}^{5}}{C_{n}^{3}}$.

4. 从 3，5，7，11 这 4 个质数中任取两个相乘，可以得到多少个不相等的积？

5. 学校开设了 6 门选修课，要求每个学生从中选学 3 门，共有多少种不同的选法？

6. 圆上有 10 个点：

(1) 过每 2 个点画一条弦，一共可以画多少条弦？

(2) 过每 3 个点画一个圆内接三角形，一共可以画多少个圆内接三角形？

7. 用壹元、贰元、伍元、拾元的人民币各一张，可以组成多少种不同的币值？

8. 有 13 个球队参加学校篮球赛，比赛时先分为两组，第一组 7 个队，第二组 6 个队，各组都进行单循环赛（即每队都要与其余各队比赛一场），然后各组的前两名共 4 个队再进行单循环赛决定冠、亚军，共需要比赛多少场？

知识与实践

结合本节所学知识，设计一个幼儿园活动“握手游戏”，并思考下面的问题：若每两个小朋友都要握一次手，则全班共要握多少次手？

7.3.2 组合数的两个性质

求出组合数 C_{8}^{3} 与 C_{8}^{5} 的值，观察它们有什么特点？

$$C_{8}^{3}=\frac{8!}{3!\,(8-3)!}=\frac{8!}{3!\cdot 5!}=56,$$

$$C_{8}^{5}=\frac{8!}{5!\,(8-5)!}=\frac{8!}{5!\cdot 3!}=56.$$

显然 $C_{8}^{3}=C_{8}^{5}$.一般地，我们有组合数的两个性质.

性质 1 $\boldsymbol{C_{n}^{m}=C_{n}^{n-m}}$.

证明 因为 $C_{n}^{m}=\dfrac{n!}{m!\,(n-m)!}$，

$$C_n^{n-m}=\frac{n!}{(n-m)!\,[n-(n-m)]!}=\frac{n!}{m!\,(n-m)!},$$

所以 $C_n^m=C_n^{n-m}$.

组合数的这一性质,也可以利用组合的定义进行解释.

当 $m>\frac{n}{2}$ 时,通常将计算 C_n^m 改为计算 C_n^{n-m}.

例如,计算 C_9^7 可以改为计算

$$C_9^7=C_9^2=\frac{9\times8}{2!}=36.$$

注意 为了使这个公式在 $m=n$ 时也成立,我们规定

$$C_n^0=1.$$

例 6 一个口袋内装有大小相同的 7 个白球和 1 个黑球.

(1) 从口袋内取出 3 个球,共有多少种取法?

(2) 从口袋内取出 3 个球,使其中含有一个黑球,有多少种取法?

(3) 从口袋内取出 3 个球,使其中不含有黑球,有多少种取法?

解 (1) 从口袋内的 8 个球中取出 3 个球,取法的种数是

$$C_8^3=\frac{8\times7\times6}{3!}=56.$$

答 口袋内取出 3 个球,共有 56 种取法.

(2) 从口袋内取出 3 个球,使其中含有一个黑球,于是还要从 7 个白球中再取出 2 个,取法的种数是

$$C_7^2=\frac{7\times6}{2\times1}=21.$$

答 从口袋内取出 3 个球,使其中含有一个黑球,有 21 种取法.

(3) 从口袋内取出 3 个球,使其中不含有黑球,因此只需从 7 个白球中取出 3 个球,取法的种数是

$$C_7^3=\frac{7\times6\times5}{3!}=35.$$

答 从口袋内取出 3 个球,使其中不含有黑球,共有 35 种取法.

通过上面的例 4,我们发现

$$C_8^3=C_7^2+C_7^3.$$

这个等式的成立,是确有理论依据,还是纯属巧合呢?

事实上,从口袋内 8 个球中取出的 3 个球,可以分成两类:一类含有黑球,一类不含有黑球,因此根据分类计数原理,上面的等式成立.

一般地,从 $a_1,a_2,\cdots,a_{n+1}$ 这 $n+1$ 个不同的元素中取出 m 个元素的组合数是 C_{n+1}^m,这些组合可以分为两类:一类含有 a_1,一类不含有 a_1,

含有a_1的组合是从a_2, a_3, …, a_{n+1}这n个元素中取出$m-1$个元素组成的,共有C_n^{m-1}个;不含有a_1的组合是从a_2, a_3, …, a_{n+1}这n个元素中取出m个元素组成的,共有C_n^m个.根据加法原理,有$C_{n+1}^m=C_n^{m-1}+C_n^m$,由此得如下性质.

性质 2 $\boldsymbol{C_{n+1}^m=C_n^{m-1}+C_n^m}$.

证明
$$C_n^{m-1}+C_n^m=\frac{n!}{m!\,(n-m)!}+\frac{n!}{(m-1)!\,[n-(m-1)]!}$$
$$=\frac{n!\,(n-m+1)+n!\cdot m}{m!\,(n-m+1)!}$$
$$=\frac{(n-m+1+m)n!}{m!\,(n+1-m)!}$$
$$=\frac{(n+1)!}{m!\,[(n+1)-m]!}$$
$$=C_{n+1}^m.$$

即
$$C_{n+1}^m=C_n^{m-1}+C_n^m.$$

例 7 计算$C_{99}^{96}+C_{99}^{97}$.

解 由性质 2,得
$$C_{99}^{96}+C_{99}^{97}=C_{100}^{97}.$$

由性质 1,得
$$C_{100}^{97}=C_{100}^{3}=\frac{100\times 99\times 98}{3\times 2\times 1}=161\ 700.$$

练 习

1. 计算:

(1) C_{100}^{98}; (2) $C_{12}^5+C_{12}^6$;

(3) $C_5^1+C_5^2+C_5^3+C_5^4+C_5^5$; (4) $C_m^8-C_{m+1}^8+C_m^7$.

2. 求证:

(1) $C_{n-1}^{m-2}+C_{n-1}^{m-1}+C_n^m=C_{n+1}^m$;

(2) $C_7^3+C_7^4+C_8^5=C_9^5$.

3. 选择题:

(1) 在下列各式中与组合数C_{10}^7相等的式子是(　　).

A. $C_{11}^7-C_{11}^8$ B. $C_{10}^6+C_{10}^5$

C. $C_9^7+C_9^6$ D. $C_9^7-C_9^6$

(2) 集合$A=\{1, 2, 3, 4, 5\}$的含有元素 1,但不含有元素 4 的真子集的个数是(　　).

A. $C_4^0+C_4^1+C_4^2+C_4^3+C_4^4$ B. $C_3^0+C_3^1+C_3^2+C_3^3-1$

C. $C_3^0+C_3^1+C_3^2+C_3^3+1$ D. $C_3^0+C_3^1+C_3^2+C_3^3$

4. (1) 空间有 8 个点,其中任何 4 点不共面,过每 3 个点作一个平面,一共可以作多少个平面？

(2) 空间有 10 个点，其中任何 4 点不共面，以每 4 点为顶点作一个四面体，一共可以作多少个四面体？

5. 某小组有 7 人：

(1) 选出 3 人参加植树劳动，可以有多少种不同的选法？

(2) 选出 4 人参加卫生扫除，可以有多少种不同的选法？

6. 某班有 42 名学生，其中正、副班长各一名，现选派 5 名学生参加某种课外活动：

(1) 如果班长和副班长必须在内，有多少种选派法？

(2) 如果班长和副班长必须有一人而且只有一人在内，有多少种选派法？

(3) 如果班长和副班长都不在内，有多少种选派法？

(4) 如果班长和副班长至少有一人在内，有多少种选派法？

7. 从 1，3，5，7，9 中任取 3 个数字，从 2，4，6，8 中任取 2 个数字，组成没有重复数字的五位数，一共可以组成多少个数？

知识与实践

结合所学知识，根据下列材料设计一个幼儿园活动“小鬼当家”：不同面值的“钱币”(真钱的替代)，物品的包装袋、价目表、纸，笔等.

7.4 复习与巩固

一、知识结构

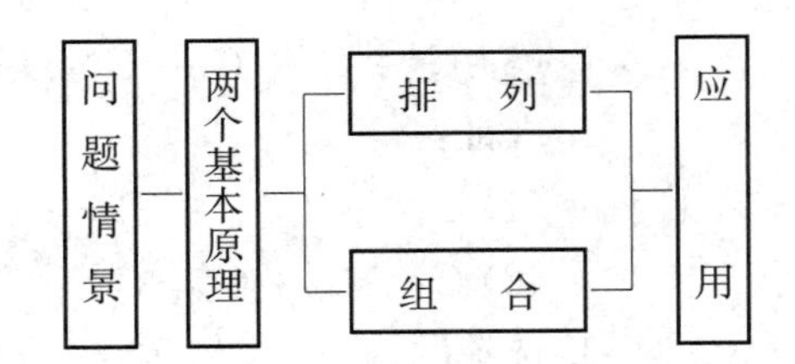

二、思考与回顾

1. 分类加法原理和分步乘法原理的根本区别是什么？在应用中各应该注意什么问题？学习完排列、组合后，你是否已经体会到了两个基本原理所起的重要作用？请谈谈你的体会.

2. 排列问题与组合问题有何区别？它们之间的相互关系如何？排列与组合的不同点以及相互之间的联系，在公式 $A_n^m = C_n^m A_m^m$ 中是怎样体现的？

3. 请你小结排列、组合应用题的类型和解题方法.

复习参考题

A组

1. 填空：

(1) 乘积$(a_1+a_2+a_3+\cdots+a_m)(b_1+b_2+b_3+\cdots+b_n)$展开后，共有________项；

(2) 已知$C_{10}^x=C_{10}^3$，则$x=$________；

(3) 安排6名歌手的演出顺序时，要求某歌手不在第一个出场，也不是最后一个出场，共有________种不同的排法；

(4) 学生可以从本学期开设的7门选修课中任选3门，从6种课外活动小组中选择2个，则该学生可以有________种不同的选法.

2. 判断正误：

(1) $A_8^3=8\times7\times6\times5$；(　　)

(2) $A_4^4=4\times4\times4\times4$；(　　)

(3) $0!=0$；(　　)

(4) $C_n^0=n!$；(　　)

(5) $A_n^m=\dfrac{n!}{n!\,(n-m)!}$；(　　)

(6) $A_{90}^2-A_{90}^{88}=0$；(　　)

(7) 从5名男生中选出3人，4名女生中选出2人排成一列，共有$C_5^2\cdot C_4^2A_5^5$种排法.(　　)

3. 根据排列的定义及排列数公式选择正确的答案.

(1) $18\times17\times16\times\cdots\times9\times8$等于(　　).

A. A_{18}^8　　B. A_{18}^9　　C. A_{18}^{10}　　D. A_{18}^{11}

(2) 用1, 2, 3, 4, 5这5个数字，组成没有重复数字的三位数，其中偶数共有(　　).

A. 24个　　B. 30个　　C. 40个　　D. 60个

4. 已知$\dfrac{A_n^5+A_n^4}{A_n^3}=4$，那么$n=$________.

5. 计算：

(1) C_{20}^3；　　(2) $C_{n+1}^n\cdot C_n^{n-2}$；

(3) $C_6^2\cdot C_8^4$；　　(4) $C_7^5\cdot C_5^5$.

6. 证明：

(1) $C_{n+1}^m=C_n^{m-1}+C_{n-1}^m+C_{n-1}^{m-1}$；　　(2) $C_n^{m+1}+C_n^{m-1}+2C_n^m=C_{n+2}^{m+1}$.

7. 用1, 5, 9, 13中任意一个数作分子，4, 8, 12, 16中任意一个数作分母，可构造多少个不同的分数？可构造多少个不同的真分数？

8. 一部纪录片在4个单位轮映，每一单位放映一场，有多少种轮映次序？

9. 用2, 3, 4, 5可以组成多少个没有重复数字且能被5整除的数？

10. 某信号兵用红、黄、蓝三面旗子从上到下挂在竖直的旗杆上表示信号，每次可以任挂一面、两面或三面，并且不同的顺序表示不同的信号，一共可以表示多少种不同的信号？

11. (1) 一个集合有8个不同元素组成，这个集合含有3个元素的子集共有多少个？

(2) 一个集合由 5 个元素组成，其中含有 1 个、2 个、3 个、4 个元素的子集共有多少个？

12. 生产某种产品 200 件，其中有 2 件是次品，现在抽取 5 件进行检查（只列式）：

(1)“其中恰有 2 件是次品”的抽法有多少种？

(2)“其中恰有 1 件是次品”的抽法有多少种？

(3)“其中没有次品”的抽法有多少种？

(4)“其中至少有 1 件次品”的抽法有多少种？

13. 7 个人站成一排：

(1) 如果甲必须站在正中间，有多少种排法？

(2) 如果甲、乙两人必须站在两端的排法有多少种？

(3) 甲、乙两人必须相邻的排法有多少种？

(4) 甲、乙两人必须不相邻的排法有多少种？

14. 由 0，1，2，3 这 4 个数字，可组成多少个：

(1) 无重复数字的三位数？

(2) 可以有重复数字的三位数？

(3) 无重复数字的三位偶数？

(4) 能被 5 整除且无重复数字的三位数？

15. (1) 已知$\frac{1}{C_5^m}-\frac{1}{C_6^m}=\frac{7}{10C_7^m}$，求 C_8^m.

(2) 已知$\frac{C_n^{m-1}}{2}=\frac{C_n^m}{3}=\frac{C_n^{m+1}}{4}$，求 n 与 m.

16. 5 名教师分到 4 个学校，每个学校至少 1 名，全部分完，有几种不同的分配方案？

17. 把 5 件不同产品摆成一排，产品 A 与产品 B 相邻，且产品 A 与产品 C 不相邻，共有几种不同的排法.

C组

18. 甲、乙、丙、丁、戊、己六人站队，要求甲、乙两个之间最多有两人，共有几种站法？

19. 有 6 本不同的书平均分成 3 堆，每堆 2 本，共有多少种分法？

第 18 题答案

第 19 题答案

第八单元　概率与统计

8.1　概率
8.1.1　随机事件的概率
8.1.2　古典概型
8.1.3　互斥事件有一个发生的概率
8.1.4　相互独立事件同时发生的概率
*8.1.5　独立重复试验
*8.2　统计
8.2.1　抽样方法
8.2.2　总体分布的估计
8.3　复习与巩固

在日常生活中，我们有时要用抽签的方法来决定一件事情，如足球比赛用抛硬币的方法决定甲、乙两支球队谁先开球，那么甲队先开球的可能性有多大？

另一方面，随着当今社会信息化程度的日益提高，“抽样调查”一词已成为常用词汇，我们关注的是怎样抽取样本、收集数据？如何研究和分析样本数据，并对总体作出估计？

概率论是研究可能性大小的数学分支，它探讨随机现象的规律性，在抽样调查、收集数据和分析数据等统计学领域中有着广泛的应用。本章我们将学习概率和统计的一些基本知识，并运用它们来解决一些实际问题。

8.1 概　　率

8.1.1 随机事件的概率

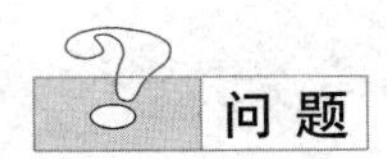

福利彩票为什么能集中大量资金用于福利事业？买一张彩票，正好中奖的机会有多大？如何用数学方法刻画可能性的大小？

1. 随机事件

自然界和人类活动中，经常遇到各种现象，这些现象大致可分为两类：一类是在一定条件下必然发生或不可能发生，我们称作**确定性现象**；另一类则是在一定条件下可能发生也可能不发生，我们称做**随机现象**.观察下列现象：

(1) 抛出一块石块，下落；

(2) 在标准大气压下，把水加热到100℃，沸腾；

(3) 异性电荷，互相排斥；

(4) 煮熟的种子，发芽；

(5) 掷一枚硬币，正面朝上；

(6) 在幼儿园投篮游戏中，小明正好命中.

其中，(1)、(2)两种现象必然发生，(3)、(4)两种现象不可能发生，都是确定性现象；

(5)、(6)两种现象可能发生，也可能不发生，是随机现象.

对于某个现象，如果能让其条件实现一次，就是进行了一次实验.我们把实验的每一种可能的结果，都叫一个**事件**.

其中，一定会发生的事件叫必然事件，如(1)、(2)；

不可能发生的事件叫不可能事件，如(3)、(4)；

可能发生也可能不发生的事件叫随机事件，如(5)、(6).

我们一般用 A，B，C 等大写英文字母表示随机事件，简称为事件.

试判断下列事件是随机事件、必然事件还是不可能事件：

(1) 抛一个骰子，向上的数字是5；

(2) 明天下雨；

(3) 若 a 是实数，则 $a^2<0$；

(4) 导体通电后发热.

解 (1)、(2)是随机事件；(3)是不可能事件；(4)是必然事件.

2. 频率与概率

不同的随机事件，其发生的可能性有大、有小，如掷一枚骰子出现偶数点的可能性就比出现 2 点的可能性大些.这种可能性的大小能不能用一个数来度量呢？

人们发现，事件在一次实验中，可能发生也可能不发生，带有不确定性，但在大量重复实验时，事件的发生还是有一定规律的.

一个典型的例子是大量重复掷硬币的实验，结果如表 8-1-1 所示.

表 8-1-1

实验者	投掷次数	正面向上的次数	频　率
蒲　丰	4 040	2 048	0.508 0
费　勒	10 000	4 979	0.497 9
皮尔逊	12 000	6 019	0.501 6
皮尔逊	24 000	12 012	0.500 5

在相同条件下，进行 n 次试验，其中，事件 A 发生 m 次，那么，比值 $\frac{m}{n}$ 称为事件 A 发生的**频率**.从表 8-1-1 可以看到，当实验次数很大时，随机事件"掷一枚硬币，正面向上"发生的频率总在 0.5 附近摆动且稳定于 0.5.

一般地，对于给定的随机事件 A，在相同条件下，随着试验次数的增加，事件 A 发生的频率会在某个常数附近摆动并趋于稳定，我们用这个常数来刻画随机事件 A 发生的可能性的大小，并把这个常数称为随机事件 A 的**概率**，记作 $P(A)$.

通常当实验的次数 n 很大时，我们将事件 A 发生的频率 $\frac{m}{n}$ 作为 $P(A)$ 的近似值，即 $P(A)\approx\frac{m}{n}$.

容易看出概率具有以下**性质**：

(1) $0\leqslant P(A)\leqslant 1$；

(2) $P(\Omega)=1$，Ω 为必然事件；

(3) $P(\varnothing)=0$，$\varnothing$ 为不可能事件.

例 2 某射击运动员进行 7 轮飞碟射击训练，各轮训练的成绩如表 8-1-2 所示.

表 8-1-2

射击次数	100	120	150	100	150	160	150
击中飞碟次数	81	95	123	82	119	127	121

(1) 试计算该运动员每一轮中击中飞碟的频率(精确到 0.01)；

(2) 该运动员击中飞碟的概率约为多少?

解 (1) 该运动员在第一轮中击中飞碟的频率为$\frac{81}{100}=0.81$,其他各轮击中飞碟的频率依次为 0.79, 0.82, 0.82, 0.79, 0.79, 0.80.

(2) 各轮击中飞碟的频率在 0.79～0.82 之间,所以该运动员击中飞碟的概率约为 0.80.

1. 举出一些随机事件、必然事件和不可能事件的实例.
2. 指出下列事件中,哪些是随机事件、必然事件或不可能事件：
   (1) 任画 3 条线段,恰好能组成一个直角三角形；
   (2) 7 个奇数相加,和为奇数；
   (3) 任取长方体的 3 个顶点,这 3 点不共面；
   (4) 明天下午下雨；
   (5) 把 9 分成两个数的和,其中有一个数小于 5.
3. 某城市的天气预报中有"降水概率预报",如预报"明天降水概率为 90%",这是指(　　).
   A. 明天该地区约 90%的地方会降水,其余的地方不会降水
   B. 明天该地区约 90%的时间会降水,其余时间不会降水
   C. 气象台的专家中,有 90%认为明天会降水,其余的专家认为不降水
   D. 明天该地区降水的可能性为 90%
4. 抛一枚硬币,连续出现 5 次正面朝上.李军认为第六次抛出出现反面的概率大于$\frac{1}{2}$,你认为正确吗? 为什么?
5. 某人射击击中靶心的概率是$\frac{1}{4}$,前 3 次均未击中,他第四次就一定能击中靶心吗?
6. π 的前 n 位小数中数字 6 出现的次数如表 8-1-3 所示.

表 8-1-3

n	100	200	500	1 000	2 000	5 000	10 000	50 000	1 000 000
数字 6 出现的次数	9	16	48	94	200	512	1 004	5 017	99 548
数字 6 出现的频率									

   (1) 将数字 6 出现的频率填入表 8-1-3；
   (2) 数字 6 在 π 的各位小数数字中出现的概率是多少?
7. 如果将一粒骰子抛1 000次,你估计抛出的点数大于 3 的次数大约是多少?

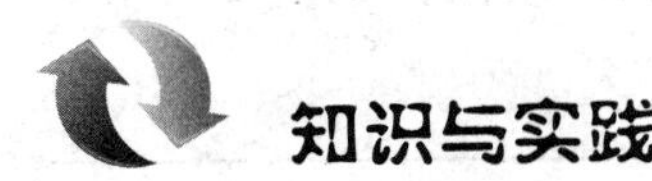

活动与探究：

两个同学为一队,准备两组相同的牌,每组两张,两张牌的牌面数字分

别是 1 和 2，从每组牌中各摸出一张，称为一次试验.

(1) 一次试验中两张牌的牌面数字和可能有哪些值？

(2) 每队做 30 次试验并做好记录；

(3) 两张牌面数字和等于 3 的频率是多少？

(4) 分别统计 60 次、90 次、120 次、150 次、180 次时，两张牌的牌面数字和等于 3 的频率，求得概率约为多少？

8.1.2 古典概型

随机事件的概率，一般可以通过大量重复试验求得其近似值.但对于某些随机事件，如果不通过重复试验，而只通过对一次试验中可能出现的结果的分析进行计算，能得出相应的概率吗？

例如实验一：掷一枚均匀的硬币，可能出现的结果有：正面向上，反面向上.由于硬币是均匀的，可以认为出现这两种结果的可能性是相同的，即可以认为出现“正面向上”的概率是$\frac{1}{2}$，出现“反面向上”的概率也是$\frac{1}{2}$.这与前面表 8-1-1 中提供的大量重复试验的结果是一致的.

又如实验二：抛掷一个骰子，向上的数可能是 1，2，3，4，5，6 这 6 个数中之一，即可能出现的结果有 6 种.由于骰子是均匀的，可以认为这 6 种结果出现的可能性都相同，即出现每一种结果的概率都是$\frac{1}{6}$.

在一次实验中可能出现的每一个结果称为一个基本事件.如实验一中的“正面朝上”即为一个基本事件.若在一次实验中，每一个基本事件发生的可能性都相同，则称这些基本事件为**等可能基本事件**.

上面的两个实验都具有以下两个特点：

(1) 所有的基本事件只有有限个；

(2) 所有的基本事件为等可能基本事件.

我们将满足上述条件的随机实验的概率模型称为**古典概型**.

如果一次实验的等可能基本事件共有 n 个，那么每一个等可能基本事件发生的概率都是$\frac{1}{n}$.如果某个事件 A 包含了其中 m 个等可能基本事件，那么事件 A 的概率为 $P(A)=\frac{m}{n}$.

例 3 有 10 个型号相同的杯子，其中一等品 6 个、二等品 3 个、三等品 1 个.从中任取 1 个，

(1) 共有多少个基本事件？

(2) 取到一等品、二等品和三等品的概率分别是多少？

解 (1) 取到各个杯子的可能性是相等的.由于是从 10 个杯子中任取 1 个,共有 10 种等可能的结果.因此,共有 10 个基本事件.

(2) 又其中有 6 个一等品,从这 10 个杯子中取到一等品的结果有 6 种.因此,取到一等品的概率是 $\frac{6}{10}=\frac{3}{5}$;同理,取到二等品的概率是 $\frac{3}{10}$,取到三等品的概率是 $\frac{1}{10}$.

例 4 一只口袋里装有大小相同的 5 个球,其中 3 个白球、2 个黑球,从中一次摸出 2 个球.

(1) 共有多少个基本事件?

(2) 摸出的 2 个球都是白球的概率是多少?

解 解法一(列举法)

(1) 分别记白球为 1, 2, 3 号,黑球为 4, 5 号,从中一次摸出 2 个球,有如下基本事件(摸到 1, 2 号球用(1, 2)表示):

(1, 2), (1, 3), (1, 4), (1, 5), (2, 3), (2, 4), (2, 5), (3, 4), (3, 5), (4, 5),共有 10 个基本事件.

(2) 记事件 A 为“从 5 个球中一次摸出 2 个球,结果都是白球”.上述 10 个基本事件发生的可能性相同,其中只有(1, 2), (1, 3), (2, 3)结果摸到两个白球,所以 $P(A)=\frac{3}{10}$.

解法二

(1) 从 5 个球中一次摸出 2 个球,基本事件共有 $C_5^2=10$ 个.

(2) 摸到两个白球的事件(记为事件 A)所包含的基本事件共有 $C_3^2=3$ 个,所以 $P(A)=\frac{3}{10}$.

例 5 在 100 件产品中,有 95 件合格品、5 件次品.从中任取 2 件,计算:

(1) 2 件都是合格品的概率;

(2) 2 件都是次品的概率;

(3) 1 件是合格品、1 件是次品的概率.

分析 从 100 件产品中任取 2 件可能出现的结果数,就是从 100 个元素中任取 2 个元素的组合数.由于是任意抽取,这些结果出现的可能性都相同.又由于在所有产品中有 95 件合格品、5 件次品,取到 2 件合格品的结果数,就是从 95 个元素中任取 2 个元素的组合数;取到 2 件次品的结果数,就是从 5 个元素中任取 2 个元素的组合数;取到 1 件合格品、1 件次品的结果数,就是从 95 个元素中任取 1 个元素的组合数与从 5 个元素中任取 1 个元素的组合数的积,从而可以分别得到所求各个事件的概率.

解 (1) 从 100 件产品中任取 2 件,可能出现的结果共有 $C_{100}^2=4\ 950$ 种,且这些结果出现的可能性都相同.又在4 950种结果中,取到 2 件合格品的结果有 $C_{95}^2=4\ 465$ 种.记“任取 2 件,结果都是合格品”为事件 A,那么

$$P(A)=\frac{4\ 465}{4\ 950}=\frac{893}{990}.$$

(2) 记“任取 2 件，结果都是次品”为事件 B.由于在4 950种结果中，取到 2 件次品的结果有 $C_5^2=10$ 种，那么

$$P(B)=\frac{10}{4\ 950}=\frac{1}{495}.$$

(3) 记“任取 2 件，结果 1 件是合格品、1 件是次品”为事件 C.由于在 4 950 种结果中，取到 1 件合格品、1 件次品的结果有 $C_{95}^1\cdot C_5^1=475$ 种，那么

$$P(C)=\frac{475}{4\ 950}=\frac{19}{198}.$$

练 习

1. 一个家庭有两个小孩，则所有等可能的基本事件是(　　).

A. (男，女)，(男，男)，(女，女)

B. (男，女)，(女，男)

C. (男，女)，(男，男)，(女，女)，(女，男)

D. (男，男)，(女，女)

2. 3 个小朋友在一起做游戏时，需要确定做游戏的先后顺序，他们约定用“锤子、剪刀、布”的方式确定.请问在一个回合中 3 个人都出“布”的概率是多少？

3. 口袋中有形状、大小都相同的一只白球和一只黑球，先摸出一只球，记下颜色后放回口袋，然后再摸出一只球.

(1) 一共可能出现多少种不同的结果？

(2) 出现“一只白球、一只黑球”的结果有多少种？

(3) 出现“一只白球、一只黑球”的概率是多少？

4. 某幼儿园班有男孩 20 人、女孩 23 人.其中，男孩有 18 人在园午睡，女孩有 20 人在园午睡.现从该班随机抽一人，求：

(1) 抽到一名男孩的概率是多少？

(2) 抽到一名在园午睡男孩的概率是多少？

(3) 抽到一名在园午睡女孩的概率是多少？

5. 将分别标有数字 1，2，3 的 3 张卡片洗匀后，背面朝上放在桌上.

(1) 随机抽取一张，求抽到奇数的概率；

(2) 随机抽取一张作为十位上的数字(不放回)，再抽取一张作为个位上的数字，能组成哪些两位数？恰好是 32 的概率是多少？

6. 一个密码箱由五位数字组成，5 个数字都可以设定为 0～9 中的任何一个数字，假设某人已经设定了五位密码.

(1) 若此人忘了密码的所有数字，则他一次就能把锁打开的概率是多少？

(2) 若此人只记得密码的前四位数字，则一次就能把锁打开的概率是多少？

7. 某种产品共 100 件，其中一等品 28 件、二等品 65 件，一等品与二等品都是正品，其余是次品.某人买了这些产品中的 1 件，问：

(1) 他买到一等品的概率是多少？

(2) 他买到正品的概率是多少？

8. 连续 2 次抛同一粒骰子，求 2 次掷得的点数之和为 8 的概率.

9. 从一副 54 张的扑克牌中任意抽取一张，求：

(1) 抽取一张 10 的概率；

(2) 抽取一张红桃的概率；

(3) 抽取一张红桃 10 的概率.

10. 袋中有红、黄、蓝 3 种颜色的小球各 3 个，从中任取 3 个，求：

(1) 3 个小球均为红色的概率；

(2) 恰好有 2 个为红球的概率；

(3) 3 个球都同色的概率.

11. 某工厂生产的 100 件产品中，有 90 件是正品、10 件是次品，正品与次品在外观上没有区别.从中任取 10 件，计算(只列式)：

(1) 10 件都是正品的概率；

(2) 10 件中有 3 件次品的概率.

知识与实践

结合本节所学知识，设计一个幼儿园"掷骰子涂色"游戏活动.游戏的玩法如下：将两颗骰子(颜色、数字)掷出，按照骰子上的颜色和数字给格子纸涂上相应的颜色.

8.1.3 互斥事件有一个发生的概率

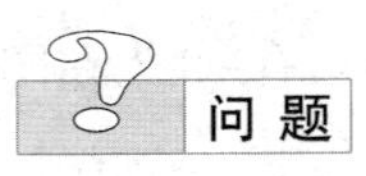

问题

一个盒子内放有 10 个大小相同的小球，其中有 7 个红球、2 个绿球、1 个黄球.如果我们把"从盒中摸出 1 个球，得到红球"叫做事件 A；"从盒中摸出 1 个球，得到绿球"叫做事件 B；"从盒中摸出 1 个球，得到黄球"叫做事件 C.那么，这些事件之间有何关系？

如果从盒中摸出的 1 个球是红球，即事件 A 发生，那么事件 B 就不发生；如果从盒中摸出的 1 个球是绿球，即事件 B 发生，那么事件 A 就不发生.就是说，事件 A 与 B 不可能同时发生.这种不可能同时发生的两个事件叫做**互斥事件**(也称为互不相容事件).容易看到，事件 B 与 C 也是互斥事件，事件 A 与 C 也是互斥事件.

对于上面的事件 A, B, C，其中任何两个都是互斥事件，这时我们说事件 A, B, C **彼此互斥**.一般地，如果事件 A_1, A_2, $\cdots$, A_n 中的任何两个都是互斥事件，那么就说事件 A_1, A_2, $\cdots$, A_n 彼此互斥.

在上面的问题中，"从盒中摸出 1 个球，得到红球或绿球"是一个事件，即 A, B 中有一个发生，我们把这个事件记作 $A+B$，那么事件 $A+B$ 的概率是多少？

因为从盒中摸出 1 个球有 10 种等可能的方法，而得到红球或绿球的方

法有 7+2 种，所以

$$P(A+B)=\frac{9}{10}.$$

另一方面 $$P(A)=\frac{7}{10},\ P(B)=\frac{2}{10},$$

可以看到

$$P(A+B)=P(A)+P(B).$$

一般地，如果事件 A，B 互斥，那么事件 $A+B$（即 A，B 中有一个发生）的概率，等于事件 A，B 分别发生的概率的和.

如果事件 A_1，A_2，…，A_n 彼此互斥，那么事件 $A_1+A_2+\cdots+A_n$（即 A_1，A_2，…，A_n 中有一个发生）的概率，等于这 n 个事件分别发生的概率的和，即

$$P(A_1+A_2+\cdots+A_n)=P(A_1)+P(A_2)+\cdots+P(A_n).$$

在上面的问题中，事件"从盒中摸出 1 个球，结果不是红球"与事件 A 互斥，并且其与 A 必有一个发生.这种其中必有一个发生的两个互斥事件叫做**对立事件**.事件 A 的对立事件记作 $\overline{A}$.对立事件 A 与 $\overline{A}$ 必有一个发生，故 $A+\overline{A}$ 是必然事件，即

$$P(A+\overline{A})=P(A)+P(\overline{A})=1.$$

由此，我们可以得到一个重要公式

$$P(\overline{A})=1-P(A).$$

例 6 判断下列各对事件是否是互斥事件，并说明道理.

某小组有 3 名男生和 2 名女生，从中任选 2 名同学去参加演讲比赛.其中，

(1) 恰有 1 名男生和恰有 2 名男生；

(2) 至少有 1 名男生和至少有 1 名女生；

(3) 至少有 1 名男生和全是男生；

(4) 至少有 1 名男生和全是女生.

分析 判断两个事物是否为互斥事件，就是考查它们能否同时发生，如果不能同时发生，则是互斥事件，不然就不是互斥事件.

解 (1) 是互斥事件.

因为在所选的 2 名同学中，"恰有 1 名男生"实质上选出的是"1 名男生和 1 名女生"，它与"恰有两名男生"不可能同时发生，所以是一对互斥事件.

(2) 不是互斥事件.

因为"至少有 1 名男生"包括"1 名男生、1 名女生"和"两名都是男生"两种结果."至少有 1 名女生"包括"1 名女生、1 名男生"和"两名都是女生"两种结果，它们可同时发生.

(3) 不是互斥事件.

因为"至少有一名男生"包括"1 名男生、1 名女生"和"两名都是男生"，这与"全是男生"可同时发生.

(4) 是互斥事件.

因为"至少有 1 名男生"包括"1 名男生、1 名女生"和"两名都是男生"

两种结果，它和"全是女生"不可能同时发生.

例 7 某班50位同学参加期中数学考试，结果如表8-1-4所示，

表 8-1-4

优(85分以上)	9人	中(60～74分)	21人
良(75～84分)	15人	不及格(60分以下)	5人

(1) 从中任选1人成绩不及格的概率；

(2) 从中任选1人成绩及格的概率.

解 (1) 记事件"任选1人成绩不及格"为B，则$P(B)=\frac{5}{50}=\frac{1}{10}$.

答 任选1人成绩不及格的概率为$\frac{1}{10}$.

(2) **解法一** 记事件"任选1人成绩是及格"为事件A，"任选1人成绩是优"为事件C，"任选1人成绩是良"为事件D，"任选1人成绩是中"为事件E.

因为$A=C+D+E$且C, D, E为互斥事件，所以

$$\begin{aligned}P(A)&=P(C+D+E)\\&=P(C)+P(D)+P(E)\\&=\frac{9}{50}+\frac{15}{50}+\frac{21}{50}=\frac{9}{10}.\end{aligned}$$

答 任选1人成绩及格的概率$\frac{9}{10}$.

解法二 因为A与B互为对立事件，所以

$$P(A)=1-P(B)=1-\frac{1}{10}=\frac{9}{10}.$$

答 任选1人成绩及格的概率$\frac{9}{10}$.

例 8 在20件产品中，有15件一级品、5件二级品.从中任取3件，其中至少有1件为二级品的概率是多少?

解 **解法一** 记从20件产品中任取3件，其中恰有1件二级品为事件A_1，恰有2件二级品为事件A_2，3件全是二级品为事件A_3.根据题意，事件A_1，A_2，A_3彼此互斥.由互斥事件的概率加法公式，3件产品中至少有1件为二级品的概率是

$$\begin{aligned}P(A_1+A_2+A_3)&=P(A_1)+P(A_2)+P(A_3)\\&=\frac{C_5^1C_{15}^2+C_5^2C_{15}^1+C_5^3}{C_{20}^3}\\&=\frac{137}{228}.\end{aligned}$$

答 从中任取3件,其中至少有1件为二级品的概率是$\frac{137}{228}$.

解法二 记从20件产品中任取3件,3件全是一级品为事件A,那么由对立事件的概率加法公式,得到所求概率是

$$1-P(A)=1-\frac{C_{15}^{3}}{C_{20}^{3}}=\frac{137}{228}.$$

答 从中任取3件,其中至少有1件为二级品的概率是$\frac{137}{228}$.

1. 抛掷一颗骰子1次,记"向上的点数是1,2,3"为事件A,"向上的点数是4,5,6"为事件B,"向上的点数是1,2"为事件C,"向上的点数是1,2,3,4"为事件D.判断下列事件是否为互斥事件,如果是,再判断它们是否为对立事件.

   (1) A与B;　　(2) B与C;　　(3) B与D.

2. 从装有5只红球、5只白球的袋中任意取出3只球,有事件:①"取出2只红球和1只白球"与"取出2只白球和1只红球";②"取出2只红球和1只白球"与"取出3只红球";③"取出3只红球"与"取出3只球中至少有一只白球";④"取出3只红球"与"取出3只白球".其中,对立事件有(　　).

   A. ①与④　　B. ②与③　　C. ③与④　　D. ③

3. 从1,2,3,…,9这9个数字中任取两个数,分别有下列事件:

   (1) 恰好有一个奇数和恰好有一个偶数;

   (2) 至少有一个奇数和两个都是奇数;

   (3) 至少有一个奇数和两个都是偶数;

   (4) 至少有一个奇数和至少有一个偶数.

   其中哪两个事件是对立事件?

4. 袋中有9个编号为1,2,…,9的小球,从中随机地取出2个,求至少有一个球的编号为奇数的概率.

5. 某幼儿园中班学生体重(单位:kg)在下列范围内的概率如表8-1-5所示.

表8-1-5

体重(kg)	15	16	17	18	19	20	21	22
概率	0.10	0.20	0.20	0.15	0.10	0.10	0.10	0.05

   (1) 求该班小朋友体重在[17,21)内的概率;

   (2) 如果体重大于等于20 kg,就超重,求该幼儿园学生超重的概率.

6. 某种电视机的一等品率是90%、二等品率是8%、次品率是2%,某人买了一台该种电视机,求:

   (1) 这台电视机是正品(一等品或二等品)的概率;

   (2) 这台电视机不是正品的概率.

7. 口袋中有若干红球、黄球和白球,摸出红球的概率为0.45,摸出黄球的

概率是0.33，求：

(1) 摸出红球或黄球的概率；

(2) 摸出白球的概率.

8. 一架轰炸机向目标投弹，目标被击毁的概率是0.3，目标未受损的概率是0.4，目标受损但未完全击毁的概率是多少？

9. 一个箱子内有20张卡片，其号数分别为1，2，…，20，从中任取3张，其号数至少有一张为5的倍数的概率是多少？

10. 今有标号为1，2，3，4，5的5封信，另有同样标号的5个信封，现将5封信任意地装入5个信封中，每个信封一封信，试求至少有两封信与信封标号一致的概率.

8.1.4 相互独立事件同时发生的概率

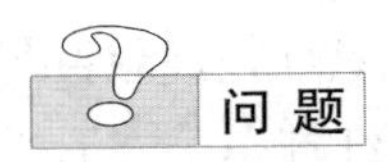

甲坛子里有3个白球、2个黑球，乙坛子里有2个白球、2个黑球，从这两个坛子里分别摸出1个球，它们都是白球的概率是多少？

我们把“从甲坛子里摸出1个球，得到白球”叫做事件A，把“从乙坛子里摸出1个球，得到白球”叫做事件B.很明显，从一个坛子里摸出的是白球还是黑球，对从另一个坛子里摸出白球的概率没有影响.这就是说，事件A(或B)是否发生对事件B(或A)发生的概率没有影响，这样的两个事件叫做**相互独立事件**.

“从两个坛子里分别摸出1个球，都是白球”是一个事件，它的发生，就是事件A，B同时发生，我们将它记作AB.怎样求事件AB的概率$P(AB)$呢？

从甲坛子里摸出1个球，有5种等可能的结果；从乙坛子里摸出1个球，有4种等可能的结果.于是从两个坛子里各摸出1个球，共有5×4种等可能的结果，表示如下(其中每个结果的左、右分别表示从甲、乙坛子里取出的球的颜色)：

(白，白)(白，白)(白，黑)(白，黑)
(白，白)(白，白)(白，黑)(白，黑)
(白，白)(白，白)(白，黑)(白，黑)
(黑，白)(黑，白)(黑，黑)(黑，黑)
(黑，白)(黑，白)(黑，黑)(黑，黑)

在上面5×4种结果中，同时摸出白球的结果有3×2种.因此，从两个坛子里分别摸出1个球，都是白球的概率是$\frac{3\times2}{5\times4}=\frac{3}{10}$.

另一方面，从甲坛子里摸出1个球，得到白球的概率是$\frac{3}{5}$；从乙坛子里

摸出1个球，得到白球的概率是$\frac{2}{4}$.可以看到有

$$P(AB)=P(A)P(B).$$

一般地，两个相互独立事件同时发生的概率，等于每个事件发生的概率的积.即若 A,B 相互独立，则 $P(AB)=P(A)P(B)$.

思考　如果 A,B 是两个相互独立事件，那么 $1-P(A)P(B)$ 表示什么？

例9　设生产某种产品分两道工序，第一道工序的次品率为10%，第二道工序的次品率为3%，生产这种产品只要有一道工序出次品就出次品，且两道工序相互间没有影响，求此产品的合格率.

解　记第一道工序出合格品为事件 A_1，第二道工序出合格品为事件 A_2，则生产此产品是合格品为事件 A_1A_2.

因为　$P(A_1)=1-0.1=0.9, P(A_2)=1-0.03=0.97$,

所以　$P(A_1A_2)=P(A_1)P(A_2)=0.9\times 0.97=0.873$.

答　此产品的合格率为87.3%.

例10　甲、乙2人各进行1次射击，如果2人击中目标的概率都是0.6，计算：

(1) 2人都击中目标的概率；

(2) 其中恰有1人击中目标的概率；

(3) 至少有1人击中目标的概率.

解　(1) 记"甲射击1次，击中目标"为事件 A，"乙射击1次，击中目标"为事件 B.由于甲（或乙）是否击中，对乙（或甲）击中的概率是没有影响的，因此 A 与 B 是相互独立事件.又"2人各射击1次，都击中目标"就是事件 A，B 同时发生，根据相互独立事件的概率乘法公式，得到

$$P(AB)=P(A)P(B)=0.6\times 0.6=0.36.$$

答　2人都击中目标的概率是0.36.

(2) "2人各射击1次，恰有1人击中目标"包括两种情况：一种是甲击中，乙未中；一种是甲未中，乙击中，即可表示为 $A\overline{B}+\overline{A}B$.根据互斥事件的加法公式和独立事件的乘法公式，得所求的概率为

$$\begin{aligned}&P(A\overline{B}+\overline{A}B)\\=&P(A\overline{B})+P(\overline{A}B)\\=&P(A)P(\overline{B})+P(\overline{A})P(B)\\=&0.6\times(1-0.6)+(1-0.6)\times 0.6\\=&0.24+0.24\\=&0.48.\end{aligned}$$

答　其中恰有1人击中目标的概率是0.48.

(3) **解法一**　“2 人各射击 1 次，至少有 1 人击中目标”的概率为

$$P(AB+A\overline{B}+\overline{A}B)$$
$$=P(AB)+P(A\overline{B}+\overline{A}B)$$
$$=0.36+0.48=0.84.$$

解法二　“2 人都未击中目标”的概率为

$$P(\overline{A}\,\overline{B})$$
$$=P(\overline{A})P(\overline{B})$$
$$=0.4\times0.4=0.16.$$

因此，至少有 1 人击中目标的概率为

$$1-0.16=0.84.$$

答　至少有 1 人击中目标的概率是 0.84.

练习

1. 一个口袋内装有 2 个白球和 2 个黑球，把“从中任意摸出 1 个球，得到白球”记作事件 A，把“从剩下的 3 个球中任意摸出 1 个球，得到白球”记作事件 B.那么，在先摸出白球后，再摸出白球的概率是多少？在先摸出黑球后，再摸出白球的概率是多少？这里事件 A 与事件 B 是相互独立的吗？
2. 生产一种零件，甲车间的合格率是 96%，乙车间的合格率是 97%，从它们生产的零件中各抽取 1 件，都抽到合格品的概率是多少？
3. 在某段时间内，甲地下雨的概率是 0.2，乙地下雨的概率是 0.3.假定在这段时间内两地是否下雨相互之间没有影响，计算在这段时间内：
(1) 甲、乙两地都下雨的概率；
(2) 甲、乙两地都不下雨的概率；
(3) 其中至少 1 个地方下雨的概率.
4. 某校去一高中学校挑选飞行员，已知该校学生身体素质的合格率为0.04，心理素质的合格率为 0.25，学习成绩的合格率为 0.7，求该校学生可入选飞行员的概率(假定身体素质、心理素质与学习成绩合格与否相互之间没有影响).
5. 某射手射击 1 次，击中目标的概率是 0.9.他连续射击 4 次，且各次射击是否击中相互之间没有影响，那么他第二次未击中、其他 3 次都击中的概率是多少？
6. 一个工人照看 3 台机床，在 1 h 内，甲机床需要照看的概率是 0.9，乙机床和丙机床需要照看的概率分别是 0.8 和 0.85，求在 1 h 内：
(1) 没有一台机床要照看的概率；
(2) 至少有一台机床要照看的概率.
7. 有两门高射炮，每门击中敌机的概率是 0.6，两炮同时射击，求击中敌机的概率.
8. 一个袋子中有 5 个白球和 3 个黑球，从袋中分两次取出 2 个球.设第一次取出的球是白球叫做事件 A，第二次取出的球是白球叫做事件 B.
(1) 若第一次取出的球仍放回去，求事件 B 发生的概率；
(2) 若第一次取出的球不放回去，求事件 B 发生的概率.

*8.1.5 独立重复试验

某射手射击1次，击中目标的概率是0.9，那么他射击4次，恰好击中目标3次的概率是多少？

> 一般地，如果 n 个事件 $A_1, A_2, A_3, \cdots,$ 相互独立，则有 $P(A_1A_2\cdots A_n)=P(A_1)P(A_2)\cdots P(A_n)$.

记射击一次击中目标为事件 A，则 $P(A)=0.9$，从而未击中目标为事件 $\overline{A}$，且 $P(\overline{A})=1-P(A)=0.1$，那么射击4次，恰好击中3次共有下面4种情况：

$$AAA\overline{A},\ AA\overline{A}A,\ A\overline{A}AA,\ \overline{A}AAA.$$

上述每一种情况，都可看成是在4个位置上取出3个写上 A，另一个写上 $\overline{A}$，所以这些情况的种数等于从4个元素中取出3个元素的组合数 C_4^3，即4种.

由于各次射击是否击中相互之间没有影响，根据相互独立事件的概率乘法公式，前3次击中、第四次未击中的概率是

$$\begin{aligned}P(AAA\overline{A})&=P(A)P(A)P(A)P(\overline{A})\\&=0.9\times0.9\times0.9\times(1-0.9)\\&=0.9^3(1-0.9)^{4-3}.\end{aligned}$$

同理，其余3种情况的概率都是 $0.9^3(1-0.9)^{4-3}$.

这就是说，在上面射击4次、击中3次的4种情况中，每一种发生的概率都是 $0.9^3(1-0.9)^{4-3}$.因为这4种情况彼此互斥，根据互斥事件的概率加法公式，射击4次、击中3次的概率为

$$4\times0.9^3(1-0.9)^{4-3}=4\times0.9^3\times0.1\approx0.29.$$

在上面的例子中，4次射击可以看成进行4次独立重复试验.其概率为

$$P_4(3)=C_4^3\times0.9^3\times(1-0.9)^{4-3}.$$

一般地，如果在1次试验中事件发生的概率是 p，那么在 n 次独立重复试验中事件 A 恰好发生 k 次的概率为

$$P_n(k)=C_n^k\times p^k\times(1-p)^{n-k}(k=0,\ 1,\ 2,\ \cdots,\ n).$$

例 11 某气象站天气预报的准确率为80%，计算(结果保留两个有效数字)：

(1) 5次预报中恰有4次准确的概率；

(2) 5次预报中至少有4次准确的概率.

解 (1) 记“预报1次，结果准确”为事件 A.预报5次相当于作5次独立重复试验，根据 n 次独立重复试验中事件发生 k 次的概率公式，5次预报

中恰有 4 次准确的概率为

$$P_5(4)=C_5^4\times0.8^4\times(1-0.8)^{5-4}\approx0.41.$$

答 5 次预报中恰有 4 次准确的概率约为 0.41.

(2) 5 次预报中至少有 4 次准确的概率,就是 5 次预报中恰有 4 次准确的概率与 5 次预报都准确的概率的和,即

$$\begin{aligned}P&=P_5(4)+P_5(5)\\&=C_5^4\times0.8^4\times(1-0.8)^{5-4}+C_5^5\times0.8^5\times(1-0.8)^{5-5}\\&=5\times0.8^4\times0.2+0.8^5\\&\approx0.410+0.328\\&\approx0.74.\end{aligned}$$

答 5 次预报中至少有 4 次准确的概率约为 0.74.

1. 连续 5 次抛一枚硬币,3 次正面朝上的概率是多少?
2. 有特效药对某种疾病的治愈率达 95%,有 10 人临床服用,求恰好有 5 人被治愈的概率(只列式).
3. 甲与乙进行乒乓球单打比赛,打一局甲获胜的概率是 0.6,若甲与乙比赛三局,通过计算填写表 8-1-6.

表 8-1-6

甲获胜局数	0	1	2	3
相应概率				

4. 某篮球运动员投三分球的准确率为 60%,他连续投 10 次,求:
   (1) 恰好 3 次命中的概率;
   (2) 至少有 1 次命中的概率.
5. 生产一种零件,出现次品的概率是 0.04.生产这种零件 4 件,其中恰有 1 件次品、恰有 2 件次品、至多有 1 件次品的概率各是多少?
6. 有甲、乙、丙 3 批电子元件,每批 1 000 个,各有 10 个次品,从 3 种元件中各抽取 1 个,求:
   (1) 3 个中只有 1 个次品的概率;
   (2) 3 个中至少有 1 个次品的概率.
7. 某工厂的产品的合格率为 95%,任意抽取 10 件,求:
   (1) 8 件合格的概率;
   (2) 至少有 8 件合格的概率.

*8.2 统　　计

8.2.1 抽样方法

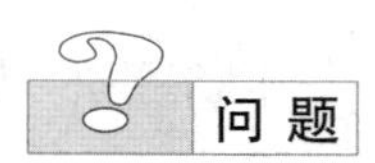

若要了解某市25 000名学生的视力状况，如果对每一位学生都进行视力检查，那将浪费大量的人力和物力，有没有更好的方法解决这一问题呢？

统计的基本思想方法是用样本估计总体.即当总体数量很大或检测过程具有一定的破坏性时，不直接去研究总体，而是通过从总体中抽取一个样本，根据样本的情况去估计总体的相应情况.

统计学中，所有考察对象的全体称为**总体**，总体中的每一个考察对象称为**个体**，从总体中抽取的一部分个体称为总体的一个**样本**，样本中个体的数目称为**样本容量**.当我们逐个地从总体中抽取个体时，如果每次抽取的个体不再放回总体，这种抽样叫做**不放回抽样**；如果每次抽取一个个体，收集数据后把它放回总体，然后再抽取下一个个体，这种抽样叫做**放回抽样**.

用样本估计总体，首先要从总体中抽取适当的样本，那么，怎样从总体中抽取样本呢？

1. 简单随机抽样

从个体数为 N 的总体中不重复地取出 k 个个体($k<N$)，每个个体都有相同的机会被取到.这样的抽样方法称为**简单随机抽样**，它有下列特点：

(1) 它要求被抽取样本的总体的个体数有限；

(2) 它是从总体中逐个进行抽取；

(3) 它是一种不放回抽样；

(4) 它是一种等概率抽样.

抽签法和随机数表法是两种常用的简单随机抽样.

(1) 抽签法

为了了解某班 50 名学生的视力状况，从中抽取 10 名学生进行检查，应该怎样抽取？

通常我们使用抽签法：将 50 名学生从 1 到 50 进行编号，再制作 1 到 50 的 50 个号签，把 50 个号签均匀混合，最后随机地从中抽取 10 个号签.编号与抽中的号签号码相一致的学生即为所抽取的学生.

一般地，用抽签法从个体个数为 N 个的总体中抽取一个容量为 $n(n<N)$ 的样本的步骤为：

(1) 将总体中的 N 个个体编号；

(2) 将这 N 个号码写在形状、大小相同的号签上；

(3) 将号签放在同一箱中，并均匀混合；

(4) 从箱中每次抽取 1 个号签(不放回)，连续抽取 n 次；

(5) 将总体中与抽取的号签的编号一致的 n 个个体取出.

这样就得到一个容量为 n 的样本.

(2) 随机数表法

用抽签法的过程中，编号的过程有时可以省略，但制签的过程就难以省去，而且制签也比较麻烦.怎样简化抽样的过程呢？

制作一个数表，其中的每个数都是用随机方法产生的，这样的表称为**随机数表**.只要按一定的规则到随机数表中选取号码就可以了.这种抽样方法叫做**随机数表法**.

用随机数表抽取样本的步骤为：

① 对总体中的个体进行编号(每个号码位数一致).

② 在随机数表中任选一个数作为开始.

③ 从选定的数开始按一定的方向读下去，若得到的数码在编号中，则取出；若得到的号码不在编号中或前面已经取出，则跳过；如此继续下去，直到取满为止.

④ 根据选定的号码抽取样本.

例如，用随机数表法从 50 名学生中抽取 10 名学生的步骤如下：

① 对 50 个同学编号，号码依次为 01，02，03，…，50.

② 在随机数表中随机地确定一个数作为开始，如从第 8 行第 29 列的数 7 开始.为便于说明，我们将某随机数表中的第 6 行至第 10 行摘录如下：

16 22 77 94 39 49 54 43 54 82 12 37 93 23 78 87 35 20 96 43 84 26 34 91 64
84 42 17 53 31 57 24 55 06 88 77 04 74 47 67 21 76 33 50 25 83 92 12 06 76
63 01 63 78 59 16 95 55 67 19 98 10 50 71 75 12 86 73 58 07 44 39 52 38 79
33 21 12 34 29 78 64 56 07 82 52 42 07 44 38 15 51 00 13 42 99 66 02 79 54
57 60 86 32 44 09 47 27 96 54 49 17 46 09 62 90 52 84 77 27 08 02 73 43 28

③ 从数 7 开始向右读下去，每次读两位，凡不在 01 到 50 中的数跳过不读，遇到已经读过的数也跳过去，便可依次得到

12，07，44，39，38，33，21，34，29，42.

这 10 个号码，就是所要抽取的容量为 10 的样本.

1. 在简单随机抽样中，某一个个体被抽到的可能性是(　　).

A. 与第几次抽样有关,第一次抽的可能性最大

B. 与第几次抽样有关,第一次抽的可能性最小

C. 与第几次抽样无关,每次抽到的可能性相等

D. 与第几次抽样无关,与抽取几个样本无关

2. 一个总体有 8 个个体,要通过逐个抽取的方法从中抽取一个容量为 4 的样本,求:

(1) 每次抽取时,各个个体被抽到的概率;

(2) 指定的个体 a 在四次抽取时,各自被抽到的概率;

(3) 整个抽样过程中,个体 a 被抽到的概率.

3. 判断:下列抽取样本的方式是否属于简单随机抽样?请说明理由.

(1) 从无限多个个体中抽取 100 个个体作样本;

(2) 盒子里共有 80 个零件,从中选出 5 个零件进行质量检测.在抽样操作时,从中任意拿出一个零件进行质量检测后,把它放回盒子再抽取下一个.

2. 系统抽样

当总体中的个体数较多时,采用简单随机抽样比较费事,这时可将总体平均分成几个部分,然后按照预先定出的规则,从每个部分中抽取一个个体,得到所需的样本,这样的抽样方法称为系统抽样(也称等距抽样).

例 1 某单位在岗职工共 624 人,为了调查工人用于上班途中的时间,决定抽取 10%的工人进行调查.如何采用系统抽样方法完成这一抽样?

分析 因为 624 的 10%约为 62,624 不能被 62 整除,为了保证"等距"分段,应先剔除 4 人.

解 第一步 将 624 名职工用随机方式进行编号;

第二步 从总体中剔除 4 人(剔除方法可用随机数表法),将剩下的 620 名职工重新编号(分别为 000, 001, 002, …, 619),并分成 62 段;

第三步 在第一段 000,001,002, …,009 这 10 个编号中,用简单随机抽样确定起始号码 i;

第四步 将编号为 i, $i+10$, $i+20$, …, $i+610$ 的个体抽出,组成样本.

一般地,从个体个数为 N 个的总体中抽取一个容量为 n 的样本,系统抽样的步骤如下:

(1) 采用随机的方式将总体中 N 个个体编号.

(2) 将整个的编号按一定的间隔(设为 k)分段,当$\frac{N}{n}$(N 为总体中的个体数,n 为样本容量)是整数时,k 取$\frac{N}{n}$;当$\frac{N}{n}$不是整数时,从总体中剔除一些个体,使剩下的总体中个体的个数 N'能被 n 整除,这时 k 取$\frac{N'}{n}$,并将剩下的总体重新编号.

(3) 在第一段中,用简单随机抽样确定起始的个体编号 i.

(4) 将编号为 i, $i+k$, $i+2k$, … 的个体抽出,即得容量为 n 的样本.

1. 采用系统抽样的方法，从个体数为1 003的总体中抽取一个容量50的样本，则在抽样过程中，被剔除的个体数为______，抽样间隔为______.
2. 要从已编号(1～50)的50部新生产的赛车中随机抽取5部进行检验，用每部分选取的号码间隔一样的系统抽样方法确定所选取的5部赛车的编号可能是(　　).

   A. 5，10，15，20，25　　　B. 3，13，23，33，43

   C. 5，8，11，14，17　　　D. 4，8，12，16，20
3. 要从1 002个学生中选取一个容量为20的样本，试用系统抽样的方法给出抽样过程.

3. 分层抽样

某幼师学校一、二、三年级分别有学生1 000,800,700名，为了了解全校学生的视力情况，从中抽取容量为100名的样本，怎样抽取样本？

分析　为准确反映实际客观，不仅要使每个个体被抽到的机会相等，而且要注意总体中个体的层次性.

一个有效的方法是将总体按年级分为3个部分，然后按照各部分所占的比例进行抽样.因为样本容量与总体的个体数之比为100∶2 500＝1∶25，所以，应抽取一年级学生$\frac{1}{25}\times 1\,000$名＝40名，二年级学生$\frac{1}{25}\times 800$名＝32名，三年级学生$\frac{1}{25}\times 700$名＝28名.

这种抽样方法叫分层抽样，分层抽样的步骤如下：

(1) 将总体按一定标准分层；

(2) 确定抽取的比例；

(3) 由分层情况，确定各层抽取的样本数(对于不能取整的数，求其近似值，各层的抽取数之和应等于样本容量)；

(4) 对每层进行抽样(可用简单随机抽样或系统抽样).

一个单位的职工有500人，其中不到35岁的有125人，35～49岁的有280人，50岁以上的有95人.为了了解该单位职工年龄与身体状况的有关指标，从中抽取100名职工作为样本，应该怎样抽取？

分析　该总体具有某些特征，采用分层抽样比较好.可以根据年龄分为3个层：不到35岁、35～49岁、50岁以上，再在每一个层中实行简单随机抽样.

解　抽取人数与职工总数的比是100∶500＝1∶5，则各年龄段(层)的职工人数依次是25人、56人、19人，然后分别在各年龄段(层)运用简单随机抽样方法抽取.

答　在分层抽样时，不到35岁、35～49岁、50岁以上的3个年龄段分别抽取25人、56人和19人.

练 习

1. 某幼儿园共有幼儿160人,其中小班有64人、中班56人、大班40人,现用分层抽样从中抽取一容量为20的样本,则抽取中班(　　)人.
   A. 3　　B. 4　　C. 7　　D. 12
2. 为了了解1 200名学生对学校某项教改试验的意见,打算从中抽取一个容量为30的样本,考虑采用系统抽样,则分段间隔 k 为(　　).
   A. 40　　B. 30　　C. 20　　D. 12
3. 某工厂生产产品,用传送带将产品送放下一道工序,质检人员每隔10 min在传送带的某一个位置取一件检验,则这种抽样方法是(　　).
   A. 抽签法　　B. 随机数表法
   C. 系统抽样　　D. 分层抽样
4. 如果用简单随机抽样从个体数为 N 的总体中抽取一个容量为 n 的样本,那么每个个体被抽到的概率都等于________.
5. 将总体平均分成几个部分,然后按照预先定出的规则,从每个部分中抽取一个个体,得到所需的样本,这样的抽样方法称为________;用这种抽样方法抽取样本时,每个个体被抽到的可能性________.
6. 为了了解一次知识竞赛的1 252名学生的成绩,决定采用系统抽样的方法抽取一个容量为50的样本,那么总体中应随机剔除的个体数目是________.
7. 某个车间工人已加工一种轴100件,为了解这种轴的直径,要从中抽出10件在同一条件下测量,如何采用简单随机抽样的方法抽取上述样本?
8. 将全班同学按学号编号,制作相应的卡片号签,放入同一个箱子里均匀搅拌,从中逐个地抽出8个号签,就相应的8名学生对看足球比赛的喜爱程度(很喜爱、喜爱、一般、不喜爱、很不喜爱)进行调查.
9. 假设一个总体有5个元素,分别记为 a, b, c, d, e,从中采用逐个不放回抽取样品的方法,抽取一个容量为2的样本,这样的样本共有多少个?写出全部可能的样本.
10. 某大学数学系共有本科生5 000人,其中一、二、三、四年级的学生比为4∶3∶2∶1,用分层抽样的方法抽取一个容量为200人的样本,应该怎样抽取?

8.2.2 总体分布的估计

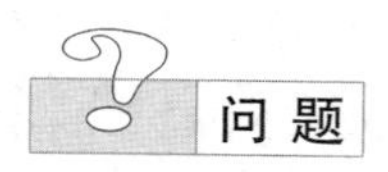
问 题

总体取值的概率分布规律通常称为总体分布.抽样过程中,加大样本容量,排除抽样造成的误差,这样样本的分布能精确地反映出总体的分布规律.那么怎样研究样本的分布呢?

1. 频率分布表

国际奥委会 2003 年 6 月 29 日决定，2008 年北京奥运会的举办日期将比原定日期推迟两周，改在 8 月 8 日至 8 月 24 日举行.原因是 7 月末 8 月初北京地区的气温高于 8 月中上旬.这一结论是如何得到的?

为了了解 7 月 25 日至 8 月 24 日北京地区的气温分布状况，我们对北京往年这段时间的日最高气温进行抽样，并对得到的数据进行分析.通过随机抽取近年来北京地区 7 月 25 日至 8 月 24 日的日最高气温，得到样本如表 8-2-1 所示(单位：℃).

表 8-2-1

时间									
7 月 25 日至 8 月 10 日	41.9	37.5	35.7	35.4	37.2	38.1	34.7	34.7	33.3
	32.5	34.6	33.0	30.8	31.0	28.6	31.5	31.5	
8 月 8 日至 8 月 24 日	28.6	31.5	28.8	33.2	32.5	30.3	30.2	30.2	33.1
	32.8	29.4	25.6	24.7	30.0	30.1	30.1	29.5	

根据表 8-2-1 中的数据，分析比较两段时间内的高温(≥33℃)情况，可以得到上面两样本的高温天数的频率，用表 8-2-2 表示.

表 8-2-2

时　　间	总天数	高温天数(频数)	频　率
7 月 25 日至 8 月 10 日	17	11	0.647
8 月 8 日至 8 月 24 日	17	2	0.118

由此可看到，近年来，北京地区 7 月 25 日至 8 月 10 日的高温天气的频率明显高于 8 月 8 日至 8 月 24 日.

上例说明，当总体很大或不便于获得时，可以用样本的频率分布估计总体的频率分布.我们把反映总体频率分布的表格称为频率分布表.如 8.1 节中的表 8-1-1 也是频率分布表.

从规定尺寸为 25.40 mm 的一堆产品中任取 100 件，测得它们的实际尺寸如下：

25.39	25.36	25.34	25.42	25.45	25.38	25.39	25.42	25.47	25.35
25.41	25.43	25.44	25.48	25.45	25.43	25.46	25.40	25.51	25.45
25.40	25.39	25.41	25.36	25.38	25.31	25.56	25.43	25.40	25.38
25.37	25.44	25.33	25.46	25.40	25.49	25.34	25.42	25.50	25.37
25.35	25.32	25.45	25.40	25.43	25.54	25.39	25.45	25.43	25.40
25.43	25.44	25.41	25.53	25.37	25.38	25.24	25.44	25.40	25.36
25.42	25.39	25.46	25.38	25.35	25.31	25.34	25.40	25.36	25.41
25.32	25.38	25.42	25.40	25.33	25.37	25.41	25.49	25.35	25.47
25.34	25.30	25.39	25.36	25.46	25.29	25.40	25.37	25.33	25.40
25.35	25.41	25.37	25.47	25.39	25.42	25.47	25.38	25.39	25.28

列出频率分布表.

分析 该组最小值为 25.24，最大值为 25.56，它们相差 0.32，可取区间[25.235, 25.565]，并将此区间分为 11 个小区间，每个小区间的长度为 0.03，再统计出每个区间内的频数并计算相应的频率.我们将整个区间的长度称为全距，分成的小区间的长度称为组距.

解 (1) 在全部数据中找出最大值 25.56 与最小值 25.24，两者之差为 0.32，确定全距为 0.33，决定以组距 0.03 将区间[25.235, 25.565]分成 11 组.

(2) 从第一组[25.235, 25.265)开始，分别统计各组的频数，并计算出各组的频率，将结果填入表 8-2-3 中.

表 8-2-3

分　　组	频　　数	频　　率	累计频率*
[25.235, 25.265)	1	0.01	0.01
[25.265, 25.295)	2	0.02	0.03
[25.295, 25.325)	5	0.05	0.08
[25.325, 25.355)	12	0.12	0.20
[25.355, 25.385)	18	0.18	0.38
[25.385, 25.415)	25	0.25	0.63
[25.415, 25.445)	16	0.16	0.79
[25.445, 25.475)	13	0.13	0.92
[25.475, 25.505)	4	0.04	0.96
[25.505, 25.535)	2	0.02	0.98
[25.535, 25.565]	2	0.02	1.00
合　　计	100	1.00	

表 8-2-3 给出了此产品长度处于各个区间内的个数和频率，由此可以估计此产品的长度分布情况.

一般地，编制频率分布表的步骤如下：

(1) 求全距，决定组数和组距，组距＝全距÷组数；

(2) 分组，一般对一组内数值所在区间取左闭右开，最后一组取闭区间；

(3) 登记频数，计算频率，列出频率分布表.

2. 频率分布直方图

反映样本的频率分布规律，我们还可以用频率分布直方图的方法.绘制频率分布直方图步骤如下：

(1) 先制作频率分布表.

(2) 绘制频率分布直方图.作直角坐标系，把横轴分为若干段，每一线段对应一个组的组距，然后以此线段为底作一矩形，它的高等于该组的

$\frac{频率}{组距}$，这样得到一系列矩形，每一矩形的面积恰好是该组的频率，这些矩形就构成了频率分布直方图.

例 4 下面是某气象站记录到当地 50 年间的降雨量统计气象资料，以 200 mm 为统计组距，在某一降雨量组里出现年数为频数，如表 8-2-4 所示.

表 8-2-4

组别(单位：mm)	频数(年)	组别(单位：mm)	频数(年)
900～1 100	1	1 700～1 900	8
1 100～1 300	3	1 900～2 100	2
1 300～1 500	18	2 100～2 300	2
1 500～1 700	16	合　计	50

(1) 列出频率分布表(含累积频率)；

(2) 画出频率分布直方图.

解 (1) 列出频率分布表如表 8-2-5 所示.

表 8-2-5

组别(单位：mm)	频　　数	频　　率	累计频率*
900～1 100	1	0.02	0.02
1 100～1 300	3	0.06	0.08
1 300～1 500	18	0.36	0.44
1 500～1 700	16	0.32	0.76
1 700～1 900	8	0.16	0.92
1 900～2 100	2	0.04	0.96
2 100～2 300	2	0.04	1.00
合　　计	50	1.00	

(2) 画出频率分布直方图，如图 8-2-1 所示.

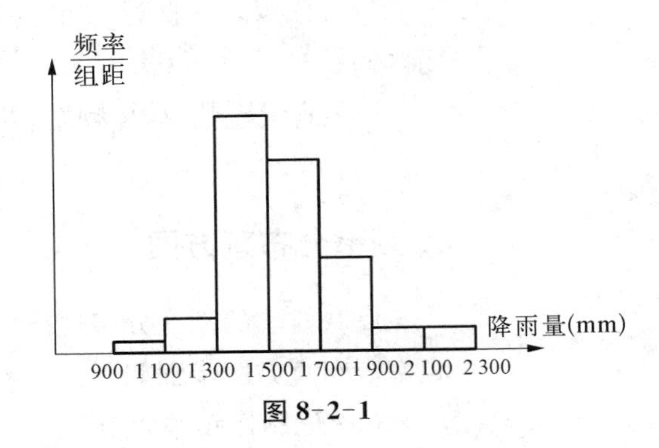

图 8-2-1

如果将频率分布直方图中各相邻的矩形的上底的中点顺次连接起来，就得到频率分布折线图，简称频率折线图. 如果将样本容量取得足够大，分组的组距取得足够小，则相应的频率折线图将趋于一条光滑曲线，我们称这条光滑曲线为总体分布的密度曲线.

练 习

1. 为检测某种产品的质量，抽取了一个容量为 30 的样本，检测结果为一级品 5 件、二级品 8 件、三级品 13 件、次品 14 件. 列出该样本的频率分布表.

2. 一个容量为 20 的数据样本，分组与频数如下：

$$[10,\ 20]2\text{ 个、}(20,\ 30]3\text{ 个、}(30,\ 40]4\text{ 个、}(40,\ 50]5\text{ 个、}(50,\ 60]4\text{ 个、}(60,\ 70]2\text{ 个，}$$

则样本数据在区间[10, 50]上的可能性为(   ).

A. 5%　　B. 25%　　C. 50%　　D. 70%

3. 为了了解一批灯泡(共 10 000 只)的使用寿命，从中抽取了 100 只进行测试，其使用寿命如表 8-2-6 所示.

表 8-2-6

使用寿命/h	500	600	700	800	900	1 000	1 100	1 200	1 300	1 400
只　数	1	4	8	15	20	24	18	7	2	1

(1) 列出频率分布表；

(2) 画出频率分布直方图；

(3) 根据样本的频率分布，估计使用寿命不低于 1 000 h 的灯泡约有多少只？

4. 对某电子元件进行寿命追踪调查，情况如表 8-2-7 所示.

表 8-2-7

寿命(h)	100～200	200～300	300～400	400～500	500～600
个　数	20	30	80	40	30

(1) 列出频率分布表；

(2) 画出频率分布直方图；

(3) 估计电子元件寿命在 100～400 h 以内的概率；

(4) 估计电子元件寿命在 400 h 以上的概率.

5. 为了解幼儿园大班小朋友的生长发育情况，随机抽取 40 名小朋友进行测量，得到下表(长度单位：cm).

123	112	115	127	119	120	127	116	121	124
127	122	123	113	118	112	126	125	117	119
115	114	120	122	117	120	125	115	121	116
128	124	122	118	115	127	118	123	122	125

(1) 列出频率分布表；

(2) 画出频率分布直方图；

(3) 估计大班小朋友身高不小于 120 cm 的人数约占多少.

6. 我国是世界上严重缺水的国家之一，城市缺水问题较为突出，某市政府为了节约生活用水，计划在本市试行居民生活用水定额管理，即：确定一个居民月用水量标准 a，用水量不超过 a 的部分按平价收费，超出 a 的部分按议价收费.如果希望大部分居民的日常生活不受影响，那么标准 a 定为多少比较合理呢？你认为为了较为合理地确定出这个标准，需要做哪些工作？

知识与实践

结合本节所学知识，设计一个幼儿园活动，以生日为主题，让小朋友调查全班同学生日的月份，在初步收集数据的基础上，学做图表.

8.3 复习与巩固

一、知识结构

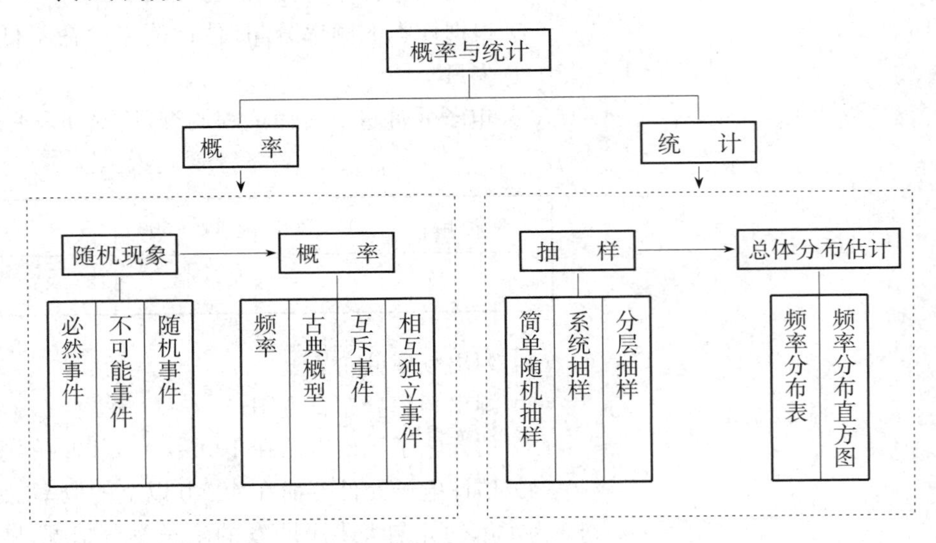

二、回顾与思考

1. 概率论是一门研究现实世界中广泛存在的随机现象的规律性的数学分支，你会用互斥事件的概率加法公式与独立事件的概率乘法公式计算一些事件的概率吗？

2. 数理统计学的核心问题是如何根据样本的情况对总体的情况作出一种推断，在统计中涉及的抽样方法有很多，你能根据实际情况选择合适的抽样方法进行抽样吗？

3. 在抽样完成之后，你会对数据进行整理，得出其频率分布(包括频率分布表和频率分布直方图)，并用其去估计总体分布吗？

复习参考题

1. 下述事件中,不可能事件是(　　).

   A. 太阳东升西落

   B. 某人过十字路口遇到红灯

   C. 明天下雨

   D. 在一标准大气压下,水温达80℃,沸腾

2. 从装有 n 个红球、m 个黑球的袋中,随即取出一个黑球,则这个事件的概率是(　　).

   A. $\frac{m}{n}$　　B. $\frac{n}{m}$　　C. $\frac{n}{m+n}$　　D. $\frac{m}{m+n}$

3. 一个总体的50个个体编号为00, 01, 02, …, 49,现需从中抽取一容量为6的样本,现从随机数表的第五行第六列的38开始,依次向上,到第一行后向右,直到取足样本,则抽取的样本号码是(　　).

   A. 38, 96, 56, 42, 36, 96　　B. 38, 96, 56, 42, 36, 47

   C. 38, 42, 36, 47, 36, 46　　D. 38, 42, 36, 47, 46, 33

4. 为了检验某种产品的质量,决定从30件产品中抽取5件进行检查,在利用随机数表抽取样本时,首先应进行的步骤为(　　).

   A. 对30件产品编号　　B. 在数表中选定开始读数的数

   C. 确定数表中读数的方向　　D. 取5件产品编号

5. ① 某社区有500个家庭,高收入家庭125户、中等收入家庭280户、低收入家庭95户,为了解社会购买力的某项指标,要从中抽取一个容量为50的样本;② 从20名同学中抽取6人参加座谈会.那么,问题与方法的配对正确的是(　　).

   A. ① 简单随机抽样,② 分层抽样

   B. ① 分层抽样,② 简单随机抽样

   C. ①、②均为分层抽样

   D. ①、②均为简单随机抽样

6. 在100张奖券中,有4张有奖,从中任意抽取2张,求2张都中奖的概率.

7. 袋中共有5个白球、3个黑球,现从中任意摸出4个,求下列事件发生的概率:

   (1) 摸出2个或3个白球;

   (2) 至少摸出1个黑球.

8. 对于一段外语录音,甲能听懂的概率是80%、乙能听懂的概率是70%,两人同时听这段录音,求其中至少有一人能听懂的概率.

9. 某校高中共有1 000人,且3个年级的学生人数之比为5∶3∶2.现要用分层抽样方法从所有的学生中抽取一个容量为20的样本,问:这3个年级分别应抽取多少人?

10. 某校2007年有624名高三应届毕业生,在一次模拟考试之后,学校为了了解数学复习中存在的问题,计划抽取10%的学生进行调查,试采用系统抽样方法抽取所需的样本.

11. 某班学生在一次数学测验中成绩分布如下表所示.

分数	[0, 80)	[80, 90)	[90, 100)	[100, 110)
人数	2	5	6	8
分数	[110, 120)	[120, 130)	[130, 140)	[140, 150)
人数	12	6	4	2

问：分数在[100, 110)中的频率和分数不满110分的频率分别是多少？

12. 某单位有职工750人，其中青年职工350人，中年职工250人，老年职工150人，为了了解该单位职工的健康状况，用分层抽样的方法从中抽取样本，若样本中的青年职工为7人，求样本容量.

13. 从5个男生、4个女生中任意选两人，求至少有一个女生的概率.

14. 甲、乙两人独立地破译一个密码，他们能破译出密码的概率分别是$\frac{1}{3}$和$\frac{1}{4}$，求：

(1) 两人都能译出密码的概率；

(2) 恰有一人能译出密码的概率；

(3) 至少有一人能译出密码的概率.

15. 有5条长度分别为1, 3, 5, 7, 9的线段，任取其中3条线段，求能构成三角形的概率.

16. 考察某校高三年级男生的身高，随机抽取40名男生，实测身高数据(单位：cm)如下：

171	163	163	169	166	168	168	160	168	165
171	169	167	159	151	168	170	160	168	174
165	168	174	161	167	156	157	164	169	180
176	157	162	166	158	164	163	163	167	161

(1) 列出频率分布表；

(2) 画出频率分布直方图(注：组距为4).

17. 某宿舍有4位同学，求至少有2人生日相同的概率(一年按365天计算).

18. 甲、乙两队进行乒乓球团体比赛，甲队与乙队的实力之比为3∶2，假定比赛时均能正常发挥水平，求在5局3胜制中，甲打完4局才胜的概率.

第18题答案

附　　录

阅读材料 1

古今中外话数列

中国数学家很早就认识了等差级数,在中国古代数学书《周髀算经》里就谈到“七衡”(日月运行的圆周),七衡的直径和周长都是等差数列.约在公元 1 世纪的中国重要数学著作《九章算术》里,在“衰分”和“均输”两章里的问题就和等差级数有关.宋朝时对等差级数和高阶等差级数研究最有卓越贡献的是数学家杨辉、沈括等.在沈括之后,13 世纪时的杨辉发展了“垛积术”,他提出的一个问题是:“今有圭垛草一堆,顶上一束,底阔八束.问共几束?”他还提出下列三角垛公式:

$$1+(1+2)+(1+2+3)+\cdots+(1+2+3+\cdots+n)=\frac{1}{6}n(n+1)(n+2).$$

中国对等比数列的研究也有许多记载.例如,《九章算术》中有这样一个问题:“今有女子善织,日自倍,五日织五尺.问日织几何?”题意为,女子每天织布的尺数是前一天的两倍,五天共织布 5 尺,问每天各织多少尺?又如,明代的《算法统宗》卷共有三道用歌诀写出的等比数列问题,其一为“远望巍巍塔七层,红光点点倍加增.共灯三百八十一,请问尖头几盏灯?”

1785 年,德国数学家高斯年仅 8 岁,在农村的一所小学里念一年级.一天,老师给学生们出了一道算术题:“你们算一算,1 加 2 加 3,一直加到 100,等于多少?”不到 1 分钟的功夫,小高斯说:“老师,我算出来了......”

老师低头一看,看见上面端端正正地写着“5 050”,不禁大吃一惊.他简直不敢相信,这样复杂的题,一个 8 岁的孩子,用不到 1 分钟时间就算出了正确的得数.要知道他自己算了一个多小时,算了 3 遍才把这道题算对.他问小高斯:“你是怎么算的?”小高斯回答说:“我不是按照 1、2、3 的次序一个一个往上加的.老师,你看,一头一尾的两个数的和都是一样的:1 加 100 是 101,2 加 99 是 101,3 加 98 也是 101……把一前一后的数相加,一共有 50 个 101,101 乘以 50,得 5 050.”小高斯的这种算法就是古代数学家长期努力才找出来的求等差级数的和的方法.

据说,印度数学家西萨·班在当宰相的时候,发明了国际象棋,国王打算重赏这位聪明的宰相.一天,国王把宰相叫来:“说吧,你要什么,我都能满足你.” 宰相说:“陛下,我想向你要一点粮食,然后将它们分给贫困的百姓.” 国王高兴地同意了.

“请您派人在这张棋盘的第一个小格内放上一粒麦子,在第二格放两粒,第三格放四粒……照这样下去,每一格内的数量是前一格数量的 2 倍.” 国王许诺了宰相这个看起来微不足道的请求.

当时所有在场的人眼看着仅用一小碗麦粒就填满了棋盘上十几个方格,禁不住笑了起来,连国王也认为西萨太傻了.随着放置麦粒的方格不断增多,搬运麦粒的工具也由碗换成盆,又由盆换成箩筐.即使到这个时候,大臣们还是笑声不断,甚至有人提议不必如此费事了,干脆装满一马车麦子给西萨就行了!

不知从哪一刻起,喧闹的人们突然安静下来,大臣和国王都惊诧得张大了嘴:因为,即使倾全国所有,也填不满下一个格子了!

千百年后的今天,我们都知道事情的结局:国王无法实现自己的承诺.这是一个长达20位的天文数字(18 446 744 037 709 551 618 颗麦粒)!这样多的麦粒相当于当时全世界两千年的小麦产量.

再看这个例子。现在有 1 000 个苹果,分别装到 10 个箱子里,要求不拆箱,随时可以拿出任何数目的苹果来,是否可行?若不行,请说明理由;若行,如何设计?

这是美国微软公司副总裁在北京招聘两所知名大学的大学生的面试题.

分析:条件中没有给出足够多的箱子,总共只有 10 个箱子,因此应尽量少用箱子,看是否可行.联想到我们平时使用的货币面额的种类进行购物,有助于我们研究该问题.

通过探索可发现一个结论:每新用的一个箱子所装的苹果数应是已装各箱子内的苹果数的总和加一.

因此,不难判断,可设计一个可行的方案,各箱子所装的苹果数应为:1,2,4,8,16,32,64,128,256,489.可见这是一个基本的等比数列问题.

阅读材料 2

对数发明者:纳皮尔

对数是初等数学中的重要内容,那么当初是谁首创了“对数”呢?在数学史上,一般认为对数的发明者是 16 世纪末到 17 世纪初的苏格兰数学家——纳皮尔.在纳皮尔那个时代,“指数”这个概念还尚未形成,因此纳皮尔并不是像现在代数课本中那样,通过指数来引出对数,而是通过研究直线运动得出对数的概念.

那么,当时纳皮尔所发明的对数运算,是怎么一回事呢?在那个时代,计算多位数之间的乘积,还是十分复杂的运算,因此纳皮尔首先发明了一种计算特殊多位数之间乘积的方法.让我们来看看下面这个例子:

0	1	2	3	4	5	6	7	8	9	10	11	12	13	14	…
1	2	4	8	16	32	64	128	256	512	1 024	2 048	4 096	8 192	16 384	…

这两行数字之间的关系是极为明确的：第一行表示 2 的指数，第二行表示 2 的对应幂.如果我们要计算第二行中两个数的乘积，可以通过第一行对应数字的加和来实现.

比如，计算 64×256 的值，就可以先查询第一行的对应数字：64 对应 6，256 对应 8；然后再把第一行中的对应数字加和起来：$6+8=14$；第一行中的 14，对应第二行中的 16 384，所以有：$64\times256=16\ 384$.

经过多年的探索，纳皮尔于 1614 年出版了他的名著《奇妙的对数定律说明书》，向世人公布了他的这项发明，并且解释了这项发明的特点.纳皮尔对数的诞生竟然比底数和幂指数的普遍使用还要早，真可谓数学史上的珍闻.所以，纳皮尔是当之无愧的对数缔造者.恩格斯在他的著作《自然辩证法》中，曾经把笛卡尔的坐标、纳皮尔的对数、牛顿和莱布尼兹的微积分共同称为 17 世纪的三大数学发明.法国著名的数学家、天文学家拉普拉斯曾说："对数，可以缩短计算时间，在实效上等于把天文学家的寿命延长了许多倍."

对数的发明和使用，是计算方法的一次革命.对数由于实用方便，使计算技术得以大大简化.因此，它的发明不到一个世纪，几乎传遍了全世界，成为不可缺少的计算工具.对数计算技术在当时所产生的影响，正如今天计算机对现代科学的促进，尤其是天文学家几乎以狂喜的心情来接受这一发现.开普勒发现行星运动的三大定律，曾得益于纳皮尔的对数表；伽利略甚至说："给我一个空间、时间及对数表，我即可创造一个宇宙."

阅读材料 3

三角学的历史

早期"三角学"不是一门独立的学科，而是依附于天文学，是天文观测结果推算的一种方法，三角学的发展大致分为三个时期.

第一时期：三角测量(从远古到 11 世纪).埃及、巴比伦、中国、印度等文明古国很早就开始利用三角形的性质，借助于圭表进行天文测量、测高、测远的研究，这就是三角测量.这一时期的数学家著作还未涉及角函数的概念，甚至没有提出三角形中边与角之间的关系.

第二时期：三角学的建立(11 世纪到 18 世纪).三角学脱离天文学而独立为数学的一个分支.在这一时期编制了大量的三角函数表.16 世纪三角函数表的制作首推奥地利数学家雷蒂库斯，雷蒂库斯首次编制出全部 6 种三角函数的数表.应该说三角函数表的应用一直占据重要地位，在科学研究与生产生活中发挥着不可替代的作用.

第三时期：三角函数及其应用(18 世纪以后).以欧拉的《无穷小分析引论》为代表，三角学才完全演变成研究三角函数及其应用的一门数学学科.

中国有关三角的测量出现很早.传说公元前21世纪大禹治水时,就曾运用“规”“矩”(矩是直角尺),依据三角形的边角关系进行测量,《周髀算经》中有较详细的记载.

我国古代最重要的数学经典——《九章算术》有专门的“勾股”章,其中八个问题都是测量问题,并详细给出了利用三角形和出入相补原理进行测量的方法.《九章算术》中的测量问题,大都通过一次测量就可以解决,对于通过两次测量求解的问题,这就是古代的“重差术”.我国古代著名的数学家刘徽对于此法有独到的研究,他所撰写的“重差”一卷,列为《九章算术注》的第十章,它由第一个提问“今有望海鸟……”所引出的9个问题,都是利用出入相补原理解三角形的.这些题目的创造性、复杂性和代表性足以看出刘徽在测量术方面造诣之深.

刘徽的“重差术”为历史上数学家们所效仿,在宋元时期,秦九韶的《数书九章》是一部划时代的巨著,书中关于测量问题共有9个,其中“遥度圆城”“望敌圆营”等都是创新的.近代的数学家李治《测圆海镜》也有重要的测量原理,总之,我国早期在测量术方面的成就,当时在世界上是遥遥领先的.

公元7世纪至15世纪,阿拉伯人建立了平面三角与球面三角公式,创建了大量的三角函数表,建立了独立的三角函数分支;16世纪至18世纪,由欧洲的第一部系统的三角学专著《论各种三角形》发表,欧洲的三角学体系不断完备,逐步确立了它在科学界的地位.特别是在18世纪以后,瑞士的著名数学家欧拉对三角学的研究,使三角学从静态的研究三角形解法的束缚下解放出来,成为用三角函数反映客观世界的有关运动变化过程的一个分析学的分支,至此,一门具有广泛意义和实用价值的三角学体系就完全建立起来了.

中国古代一直没有出现角函数的概念,三角学范围内的一些实际问题,只用勾股定理和出入相补原理解决.在三角学体系发展、完备的过程中,三角学逐步地传入到我国.在明崇祯4年(1631年),我国出版了第一部三角学《大测》(瑞士传教士邓玉、德国传教士汤若望、徐光启合编).后徐光启又编写了《测图八线表六卷》《测图八线立成表四卷》三角函数表,“八线”是指八种三角函数:正弦、余弦、正切、余切、正割、余割、正失、余失.1653年的《三角算法》(薛风祚、波兰传教士穆尼阁合编),以“三角”取代了“大测”,确立了“三角”的名称.1873年华蘅芳与英国传教士傅兰雅合译了英国《三角数理》,这是三角学第二次传入我国,当时三角、八线并称,后来八线之名被淘汰,只剩下六线,实际常用的只有四线(正弦、余弦、正切、余切).1935年,中国数学学会名词审查委员会将 *trigonometry* 定为三角学(或三角法、三角术).

本书部分常用符号

符号	含义
$\in$ $x\in A$	x 属于 A；x 是集合 A 的一个元素
$\notin$ $y\notin A$	y 不属于 A；y 不是集合 A 的一个元素
$\{\mid\}$ $\{x\mid P(x), x\in A\}$	使命题 $P(x)$ 为真的元素 x 的集合
$\varnothing$	空集
$\mathbf{N}$	非负整数集；自然数集
$\mathbf{N}^*$ 或 $\mathbf{N}_+$	正整数
$\mathbf{Z}$	整数集
$\mathbf{Q}$	有理数集
$\mathbf{R}$	实数集
$\subseteq$ $B\subseteq A$	B 包含于 A；B 是 A 的子集
$\subset$ $B\subset A$	B 真包含于 A；B 是 A 的真子集
$\cup$ $A\cup B$	A 与 B 的并集
$\cap$ $A\cap B$	A 与 B 的交集
$\complement_U B$	U 中子集 B 的补集或余集
$f: A\rightarrow B$	集合 A 到集合 B 的映射
$\sin x$	x 的正弦
$\cos x$	x 的余弦
$\tan x$	x 的正切
$S_{\triangle ABC}$	$\triangle ABC$ 的面积
a_n	数列 $\{a_n\}$ 的通项公式
S_n	数列的前 n 项和

图书在版编目(CIP)数据

数学:合订本/孔宝刚主编. —3版. —上海:复旦大学出版社,2021.7
普通高等学校学前教育专业系列教材　“十二五”职业教育国家规划教材
ISBN 978-7-309-15695-9

Ⅰ.①数…　Ⅱ.①孔…　Ⅲ.①数学-高等学校-教材　Ⅳ.①O1

中国版本图书馆CIP数据核字(2021)第094996号

数学:合订本(第三版)
孔宝刚　主编
责任编辑/黄　乐

复旦大学出版社有限公司出版发行
上海市国权路579号　邮编:200433
网址:fupnet@fudanpress.com　http://www.fudanpress.com
门市零售:86-21-65102580　团体订购:86-21-65104505
出版部电话:86-21-65642845
浙江临安曙光印务有限公司

开本 890×1240　1/16　印张 12.5　字数 369 千
2021年7月第3版第1次印刷
印数 1—4 100

ISBN 978-7-309-15695-9/O·700
定价:38.00元